STEALTH

ステルス

ステルス機誕生の秘密

ピーター・ウェストウィック
Peter Westwick

高田 剛 訳
Takada Tsuyoshi

プレアデス出版

ステルス

ステルス機誕生の秘密

STEALTH

by Peter Westwick

Japanese translation published by arrangement with Peter Westwick c/o The Stuart Agency through The English Agency (Japan) Ltd.

ステルス

ステルス機誕生の秘密

◉目次

はじめに

一九九一年一月、月のない闇夜のバグダッド上空に一二機の軍用機が姿を現した。いや、姿が見えないので、飛来したとか、侵入して来たと言う方が良いかもしれない。黒く塗られた機体は、目視では見つけられなかった。しかし、もっと重要な意味を持っていたのは、折り紙で作ったかのような、平面ばかりで構成された奇妙な外形をしたこの機体を、イラク軍の高性能防空レーダーが探知出来なかった事だ。

これらの機体は、世界初のステルス機として有名なF‐117A戦闘機で、湾岸戦争のデザートストーム（砂漠の嵐）作戦が始まると、イラクに対する攻撃の第一波としてバグダッドに襲来したのだ。砂漠の嵐作戦は、クウェートを侵略したイラク軍をイラク領内に押し戻すための、米国が主導する多国籍軍の軍事作戦の名称である。米国内でこの攻撃をテレビで見ていた人は、F‐117型機がレーザー誘導爆弾を、バグダッド市内のビルの換気ダクトに突入させる、驚くべき映像を見る事が出来た。湾岸戦争ではステルス機のF‐117型機は一機も失われなかった。

F‐117戦闘機やB‐2爆撃機は、レーダーで探知されないステルス機だが、それを可能にした技術は軍事的に画期的な意味を持っている。F‐117戦闘機は全長一八メートル、全幅一二メートルの大きさ

図 1.1　飛行中の F-117 戦闘機。
（米空軍提供）

図 1.2　飛行中の B-2 爆撃機。
（ノースロップ・グラマン社提供）

だが、レーダーにはボールベアリングの鋼球一個と同じ程度にしか映らない。ずっと大型のＢ‐２爆撃機は、レーダーにはフリスビーのディスク程度にしか映らない。

注目すべきは、ステルス機を開発した二つの航空機製造会社が、互いに全く異なる機体を創り出した事である。二つの機体を見比べると、違いは明らかだ。Ｆ‐１１７戦闘機が平面を多用した鋭い角張った形をしているのに対し、Ｂ‐２爆撃機は角がない、滑らかな外形をしている。

なぜ同じステルス機でも、一方の機体は角張っていて、もう一方の機体は滑らかな曲面で出来ているのだろう？　この単純な質問に答える事が、この本の中心的なテーマの一つである。この本では、ロッキード社とノースロップ社の二つの会社の違い、航空機設計におけるレーダー工学担当者と空気力学担当者の考え方の違い、航空機設計におけるコンピューターの役割と、人間の直感に対する姿勢の違いなどについて考えてみる。こうしたステルス機の設計における違いは、開発に従事した、真面目で理論的な技術者、陽気で冗談が好きな技術者、仕事に厳しい管理者など、際立って個性的な人達が作り出した物である。

本書では、こうしたステルス機がどのような経緯で開発されるに至ったのか、なぜそのような形態になっているかを説明する。開発に関係したロッキード社とノースロップ社の技術者について述べ、ソ連との厳しい冷戦の最中に、両社が厳格な機密保持を要求された環境下で、本書で紹介する二つの機体を受注するために行った激しい競争について述べる。一九七〇年代中期から後期にかけての五年間は、ステルス技術に関して驚くほど大きな進歩があったが、この二つの会社の技術部門は、同じ革新的な成果、つまりレーダーに探知されない機体を実現する上で、それぞれが独自の解決方法を考え出した。

軍事史においては、新技術を万能の救世主のように見なす傾向がある。つまり、新兵器が戦場に突然現れ、戦争の様相を一変させたと考える事がよくある。こうした新兵器には、英仏百年戦争のアジンコートの戦いにおける長弓、第一次世界大戦における機関銃、そして最たる物として第二次大戦における原子爆弾がその例として挙げられる。しかし、こうした新技術はどのようにして生まれたのだろう？　なぜ、その時点で登場し、なぜ戦闘の当事者の一方がそれを利用でき、相手は利用できなかったのだろう？　端的に言えば、革新的な新兵器はどのような経緯で出現したのだろう？　こうした疑問は、軍事史が、大統領や将軍のような国家や軍のトップの人達の戦略的な観点から書かれるか、前線の兵士のような現場の立場から書かれる事が多いので、あまり取り上げられてこなかった。

　将軍達の叡智や、最前線の兵士達の勇気に勝利の原因を求めるのではなく、歴史家のポール・ケネディの言葉では「中間層が歴史を作った」とするような別の見方もある。これは、新しい軍事技術に精通した技術者や中級将校の果たした役割に注目する見方だ。ケネディは第二次大戦において、P‐51ムスタング戦闘機、対潜水艦作戦や水陸両用戦における技術革新、対戦車兵器の開発などにより、技術者達が戦争の流れを変えた事を例に挙げている。[訳注1]同様に、ステルス機は、軍の将軍達や前線の兵士達がそれを思いつくずっと前からロッキード社やノースロップ社の技術者が発想し、軍の技術開発担当幹部がその可能性を認めて支援してきた。

　しかし、関係する技術者達の間で、意見がいつも一致していた訳では無い。それどころか、会社間の競争も激しかったが、社内の技術者の間の主導権争いも同じくらい、いや時にはそれ以上に激しかった。別の表現をするなら、ステルス機の開発では、三つのレベルでの競争が存在した。米国とソ連の間の競争、ロッキード社とノースロップ社の間の競争、そして両社の社内における競争だ。

　英国の初期の頃の航空機製作者のハワード・テオフィラス・ライト（米国のライト兄弟との関係はない）は、一九一二年に「成功した飛行機は、他の多くの機械製品と同じく、様々な妥協の産物である」と述べている。

しかし、彼は設計者がどのように妥協をするかは述べていない。一九七〇年代中期、カリフォルニア州ホーソン市にあるノースロップ社の先進的航空機設計部門の設計室で、ノースロップ社のステルス機の設計作業の中心的人物であるジョン・キャッセンとアーブ・ワーランドが、いつもの事だが大声で激しい議論を始めると、それぞれの席にいる技術者達は、驚きながら頭を上げて議論を聞いていた。キャッセンとワーランドが、そこから三〇キロ離れたバーバンク市のロッキード社の設計室でも、同様に大声で議論が戦わされている事を知ったなら、それは二人にとって意外な事ではなく、むしろ当然だと思ったかもしれない。一般の人達は、航空宇宙関連の技術者は理性的で冷静、控え目な人達だと思っているだろうが、こうした激論を戦わせている技術者達は、理性的ではあるが、控え目で冷静だとはとても言えない。しかし、彼らの激しい情熱からステルス機は誕生したのだ。

ステルス機の開発については、多くの方面から厳しい反対意見があったので、それを克服するためには、設計者には強い信念と情熱が必要だった。技術的な面では、航空機産業界で伝説的な名声を持つ何名かの技術者も含めて、多くの技術者がステルス機の実現は困難だと考えていた。企業経営の面では、経営者の中には、実現性が疑わしい機体の研究開発に、多額の会社の資金を投入する価値は無いと考える人もいた。戦略的な観点や政治的な観点からは、ソ連の防空網を突破するのに、低空を高速で侵入するとか、電子妨害を利用する方が良いと主張する人もいた。

ロッキード社とノースロップ社の技術者達は、こうした反対を乗り越えてステルス機の実現に成功したが、この本ではこの二社のそれぞれの機体を比較検討しつつ、両社の設計の相違点と類似点を明らかにする。両社の違いは、ステルス性を考え始めた出発点にさかのぼる。ロッキード社はそれまでの飛行機における経験から考えたのに対し、ノースロップ社は宇宙空間用の飛行物体から発想を得た。宇宙空間飛行物体は、ステルス性の発想源としてこれまで注目されてこなかったが、重要な役割を果たしている。

両社はコンピューターの利用についても姿勢が異なる。コンピューターは設計の最初の段階から利用されたが、ロッキード社はレーダー波の反射、回折に関してコンピューターによる解析結果を重視したのに対して、ノースロップ社は物理学的な直感を重視した。コンピューターの利用については、重要ではあるが、その重要性が往々にして理解されていない用途として、フライバイワイヤ方式の飛行制御系統がある。ロッキード社のステルス機の最初の設計案の機体は、機体の縦、横、偏揺れの三軸全てについて不安定だった。ノースロップ社のステルス機の設計案の中には、機首が横に振れるとそのまま横を向いてしまうような機体もあった。ステルス機では、その設計に必要なだけでなく、まともに飛ぶためにもコンピューターが必要なのだ。言い方を変えれば、ステルス機ではステルス性を確保するための外形形状だけでなく、機体の内部の搭載電子機器も重要だと言う事だ。そのため、ステルス機の開発では、それまでに比べて大きな変化があった。つまり、設計構想全般のとりまとめでは、伝統的に空気力学担当の設計者が大きな役割を果してきたが、電気関係の技術者も大きな役割を果す事になったのだ。そして、ロッキード社とノースロップ社では、飛行制御系統へのコンピューターの導入方針が違っていた。

また、この二社は、航空機設計チーム内の担当分野間の力関係についても、考え方が分かれた。ライト兄弟以来、航空機の設計では空気力学担当の設計者が設計全般をリードしてきた。航空機設計チームのリーダーは、ロッキード社の有名な設計者のケリー・ジョンソンを筆頭に、空気力学の担当者が務めてきた。ステルス機の設計では、こうした伝統的な空気力学担当の設計者の地位を、電磁波を専門とする物理学者や技術者が脅かす事になった。この二つの設計分野間の対立が、設計室での激論の原因となったが、その論争から創造的な結論が導かれ、ステルス性を確保できる機体の外形形状が決まり、ひいては設計競争の結果が決まる事となった。

しかしこの二社には共通点がいくつもあった。まず工場の生産現場である。スマートな機体を設計する事も大事だが、設計図面に従って実際に飛行する機体を作り上げるのも大事な仕事である。ステルス機もそれは同じだが、新しい材料を用い、それまでに無い高い精度で機体を製作する事が必要になった。両社とも設計部門と製造部門が一体となって取り組んだが、それでもステルス機を製作するのは大変な作業だった。ステルス機の開発では、コンピューターや製図机に向かう技術者だけでなく、製造設備や現場の作業員も重要な役割を果たした。

ロッキード社とノースロップ社には、その他にも分かりやすい共通点がもう一つある。米国の主要な航空機製造企業の中で、ステルス機を開発したこの両社の所在地は、南カリフォルニアのロサンゼルス盆地内で、三〇キロメートルしか離れていないのだ。これは偶然ではない。南カリフォルニア地域は、昔から先見性や夢を持つ人達を引き付け、創造性、革新性を重んじる文化を育んできた。この創造性を重視する文化により、南カリフォルニアは航空機産業よりも娯楽産業が有名になった。技術者ではなく、イメージの創造者達が豊かなアイデアで娯楽産業を育てた。しかし、航空宇宙産業は地域経済を支えただけでなく、創造的で新事業の開拓に積極的な文化の振興にも貢献した。後で触れるように、ステルス機とディズニーランドの間には、意外なつながりがあるのだ。

こうしたステルス機に関係する事情については、この本の中心的なテーマであるF‐117戦闘機とB‐2爆撃機の開発を巡る、ロッキード社とノースロップ社の間の競争の歴史の中で取り上げる事にする。しかし、このF‐117型機とB‐2爆撃機が開発される中間の段階に、今ではほとんど忘れ去られている一機のステルス機が存在した。タシット・ブルーと呼ばれるこの機体は、平面で構成された外形のF‐117戦闘機から、曲面で構成された外形の全翼機であるＢ‐２爆撃機に至る中間段階の機体として、重要な役割を果たした。又、この機体があった事で、ロッキード社とノースロップ社の二つの設計チームの間に間接的なかかわりが生じ、そこから全翼機のステルス機の可能性が認識され、検討の対象になった。

ステルス機は特別な地域が産み出した機体であり、特別な時代が産み出した機体でもある。ステルス機が一般の人々に注目されたのは一九九〇年代初めの湾岸戦争においてだったが、その出現をもたらした政府の決定と、それを可能にした新技術の開発開始は、一九七〇年代にさかのぼる。そこには、ベトナム戦争の経験への対応などの軍事的な理由、コンピューターの普及などの技術的な理由、さらには文化的な要因も影響している。

第二次大戦後に米国の経済力と軍事力は拡大を続けたが、一九七〇年代になると、インフレの進行と失業者の増加、ベトナム戦争とウォーターゲート事件による政府への信頼感の低下により、将来への不安感が増した。カリフォルニア州のジェリー・ブラウン知事は「限界を感じる時代」と表現し、一九七九年の有名な演説でジミー・カーター大統領は「米国では国家に対する信頼感が著しく低下している……国家を支える国民の感情と意思が打撃を受けている危機的状況にある」と述べた。

しかし、一九七〇年代は、政治的、経済的、文化的に、米国が戦後の社会から、脱工業化、グローバル化した社会へ変化を遂げて行く激動の時代でもあった。その地殻変動的な社会の変化には、創造的な技術の爆発的な普及も含まれていた。そうした創造的な技術の中には、時代の限界を打破しようとする明確な目的意識で開発された技術もあり、そこからパソコン、遺伝子工学、そしてステルス機が生み出された。

この技術的な大変動は、社会の広い範囲に於ける変化の一部と見なせる。ステルス技術は一九七〇年代に突然出現した物ではなく、長期にわたる研究開発活動により実現した。この長期的な研究開発活動自体が、結果がどうなるか分からない研究テーマに対して、米国の社会が長期的な観点から投資を継続して行く意思を持っている事を表している。こうした研究開発に対する投資は、公的な機関も私企業も行なった。ステルス技術は、軍産複合体と呼ばれる、公的機関と私企業の高度な協力関係による成果の代表例である。冷戦の最中にあって、社会主義国の計画経済に対する自由経済の優位性を証明するために、米国は公的機関と私企業の緊密な協力関係の構築に努力してきた。

冷戦期の軍産複合体には、国が私企業へ不正な関与をしたり、逆に企業がその利益のために国の方針に影響を与えたりするなど、否定的なイメージがある。実際、ステルス機についても、評論家によっては、政府が秘密にする事で批判を逃れつつ、地元への利益誘導のために進めたもので、予算と頭脳の無駄遣いに過ぎず、軍備競争の一環として新兵器を開発しようとしただけではないかと言う人もいた。しかし、後になって、技術開発を重視する人達が、政府は技術革新に何も貢献していないとする批判に対して、ステルス機の開発は政府と企業の連携の成功例だとして反論するようになったので、今後も軍産複合体は活用されると思われる。

湾岸戦争でステルス機が決定的な役割を果たした事で、政府と企業の連携が成果を上げたと認められ、ソ連の戦略家が提唱し始めた「軍事における革命（ＲＭＡ）」の概念が広く知られるようになった。湾岸戦争のしばらく後に、ステルス機の開発を必要とさせた敵性国家のソ連は崩壊した。「冷戦の勝利はエルセグンド工場がもたらした」と言われる事もあるが、それは航空宇宙産業が集中しているロサンゼルス地区のエルセグンド市などの科学者や技術者が、ソ連では対抗できない軍事技術の進歩を実現したので、冷戦に勝利出来たとの意味である。その見方とは逆に、科学者や技術者は軍拡競争を激化させる事で冷戦を引き延ばし、米国の経済を破綻の間際に追い込み、人類を滅亡寸前にしたと主張する人もいる。

本章では双方の主張を取り上げるが、三番目の見方も紹介する。つまり、ステルス機は核兵器の代替え手段として、核戦略と言う予見不能な迷宮からの脱出手段になるとの見方だ。ステルス機は、従来の核戦略の支持者からは強い抵抗を受けたが、核戦略の再検討についての一つのきっかけとなった。

ステルス機について書く事は、かなり難しい事である。ステルス技術は、断片的な情報が洩れて来る事はあるかもしれないが、国家的に最も秘密管理が徹底されている技術である。多くの文書や技術的に詳しい内容は機密指定されたままだし、ステルス機の関係者はそれについて、今でも語ろうとしない。そのため、技術者によっては（歴史家もそうだが）、ステルス機の歴史を書こうとする事は時期尚早であり、うまくは行かないと思っている人もいる。

冷戦に影響した他の要因も同じだが、ステルス機が持つ重要性を考慮すると、その開発の経緯について述べるのを、全ての資料が公開される何十年も後まで待つ事は出来ない。そして、ある種の技術的な内容を除けば、関係者へのインタビューの記録も含め、公開されている情報によりステルス機の開発史の大部分は明らかにできる。この本では、入手できた情報の間で食い違いがある場合は、最も妥当と思われる解釈をするようにした。

私は最初からステルス機の歴史を書こうとした訳では無い。私はここ数年、南カルフォルニア大学とハンチントン図書館の共同プロジェクトとして行われている、南カリフォルニアにおける航空宇宙産業の歴史をまとめる作業のリーダーを務めてきた。過去の資料を集めて検討しているうちに、ステルス機は興味深いテーマである事に気付いた。そこには興味深い人物たちと、最近の軍事技術で重要視されるようになった内容が含まれている。これまで出版されている書籍では、そうした内容があまり紹介されていない事にも気付いた。機密指定のために利用できる情報が限られていた事が、その理由の一つと思われる。

我々の航空史研究プロジェクトでは、ステルス機に関して機密になっていない資料、特にロッキード社とノースロップ社の重要な立場に居た人たちへのインタビューの記録を数多く集めた。ステルス機に関する情報では、Ｆ－１１７戦闘機やＢ－２爆撃機のレーダー反射断面積の正確な数値など、いまだに秘密になっている情報もあるが、基本的な概念はすでに四〇年前に考えられており、ステルス機の技術的内容をある程度論じる事は可能である。又、冷戦の後期における技術的事項や戦略的事項について、新たな理解を深める事ができる資料を、他の研究機関等から利用させてもらう事ができた。

　ステルス機の歴史を語る上では、技術的な内容についてもある程度は触れざるを得ない。しかし、読者を微分方程式はもとより、周波数帯、サイドローブ、表面電流と言った専門用語で読者を困らせないようにした。専門用語を使用した場合は、この本の末尾に一般的な定義を載せておいた。同様に、軍用機の開発で良く使用される、ＳＰＯ、ＦＳＤ、ＰＤＲ、ＩＯＣ[訳注2]と言った略語も、できるだけ使用しないようにした。

第1章　ステルス性の発想の原点

ステルス性の発想は、狩猟の始まりと共に生まれた。原始時代の人間は、獲物にひそかに忍び寄るために、あるいは、肉食獣に発見されないために、豹の斑点やシマウマの縞をヒントに、周囲に溶け込んで目立たなくする事を思いついた。フランス語の偽装や変装を意味する「カモフラージュ」は、この発想に近い意味を持つ。シェイクスピアはこのステルス性の考え方を理解していた。『マクベス』の中では、マルコム方の兵士は木の葉でバーナムの森の木に偽装してダンシネインへ進軍した。近代的な軍隊ができると、最初は所属する軍への誇りを持たせ、敵と味方の区別を易しくするため、明るい色の軍服が使用された（英国軍の「レッドコート（赤服）」がその一例）。しかし、一九世紀になって兵器の殺傷可能距離が大きくなると、陸軍の兵士の軍服は、目立つよりも背景に溶け込むように、カーキ色やオリーブドラブ色に変わった。

迷彩は第一次大戦では盛んに用いられるようになったが、航空機では特に多く使用された。最初にフランス軍とドイツ軍、次いでイギリス軍とアメリカ軍が、敵から発見されにくくするために、機体の下面を白色や淡青色に塗装して、下から見た時に空に溶け込むようにしたり、機体の上面を暗緑色に塗装して、上から見た時に地面に溶け込むようにしたりする事を始めた。機体上面を、色の違う六角形や斑点模様で塗りつぶした迷彩塗装が使用される事もあった。

戦争中の迷彩塗装は、科学的と言うより、芸術的な感性で決められていたが、第一次大戦の後期になると、全米研究評議会は飛行機の迷彩に関する研究委員会を設置した。ゼネラル・エレクトリック社から派遣されたマシュー・ルキッシュが委員長だった。迷彩研究委員会は、バージニア州のラングレー基地で活動を始めた。研究委員会は、人間は物体の存在を周囲との輝度や色彩の差で識別するので、機体を背景と同じ輝度、色彩にすれば、発見されなくなると考えて研究を始めた。更に、自然界では、背景の明るさ、色彩とその濃淡が様々なので、単色で塗るより、模様を付けた方が有利だと考えた。そして、その模様は全体としては背景と類似した色彩と明るさにするのが良いとした。研究委員会は地面、空、水面の明度や色彩と、迷彩パターンの模様の大きさと形状に関して、体系的な研究を行った。研究委員会はその結果の一部を、報告書『航空機の視認性について』として、第一次大戦後の一九一八年に公表した。

第一次大戦の終結により、まだ最適な迷彩方法が確定する前に、航空機を発見され難くする研究のほとんどは打ち切られてしまった。防空への関心は低下し、それに伴い、飛行機が発見され難くする必要性の認識も失われた。一九二〇年代から一九三〇年代にかけては、航空戦理論の研究者は防空についてよりも、航空機を決定的な攻撃力を有する戦略的な攻撃兵器と考える事を提唱し始めた。特に、航空戦理論の研究者は、戦略爆撃は戦争の勝敗に重大な影響を与えると考えた。戦略爆撃は、市街地や工業地帯を目標とする爆撃作戦の事である。ドイツのヒトラー政権が空軍の再建を進めると、それまで英国は国土が大陸から海峡で隔てられているので、防衛には有利だと考えて来たのが、爆撃機によりその有利さはなくなる事に気付いた。良く引用される元首相のスタンリー・ボールドウィンの一九三二年の発言を借りれば、「爆撃機はいつでも飛んでくることが出来る」のだ。侵入してくる機体を発見する方法には、巨大なコンクリート製の音響反射装置を利用して、敵機のエンジン音で探知する方法があるが、爆撃機を二五キロメートルの距離で探知するのがやっとである。戦闘機を緊急出撃させて迎撃するには、その倍の距離で探知する必要がある。ボールドウィン元首相は防空の可能性について、「爆撃を阻止する事は不可能である。ヨーロッパにはそれを可能にできる方法を提案できる識者はいない」と付け加えている。一九三四年の演習では、ロンドンに対する爆撃機の攻撃を模擬したところ、爆撃機の半数は目標上空に到達する事ができた。

しかし、空爆を阻止する事は可能だとする識者もいた。一九三四年末に、英国では防空に関する科学的調査委員会が設置された。この委員会は会長である科学者のヘンリー・ティザードの名前にちなんで、ティザード委員会とも呼ばれている。この委員会は、最初はニコラ・テスラの非現実的とも言える防空方法を重点的に検討した。電気と電波に関して優れた先見性を持つ発明家のテスラは、一九三四年の始めには七八歳になっていて、だんだん独善的になりつつあったが、飛行中の飛行機を破壊できる粒子ビーム発射装置を発明したと公表した。殺人光線と呼ばれる（テスラ自身はその呼び名を使用していない）このビーム兵器は、新聞がドイツも同様のビーム兵器を試験中と報道してからは、一般大衆にも広く知られるようになった（無線通信分野の有名なイタリア人の発明家のグリエルモ・マルコーニも殺人光線を研究していた）。ティザード委員会は、大出力の電波を利用して飛行機の操縦者を加熱する事も含め、殺人光線のアイデアはすぐに断念した。しかし、この検討作業をしている時に、委員会の科学者は、ラジオ放送の受信機の近くを飛行機が飛ぶと放送の受信に影響がある場合がある、との報告書が以前に出ている事に気付いた。そこで、科学者達はこの現象を航空機の探知に利用できるかもしれないと考え、爆撃機にBBC放送の送信機の近くを飛行させる試験を行なってみる事にした。試験の結果は有望だった。送信機から発信された電波は、爆撃機に当たると反射し、その反射波を受信機で受信する事が出来た。一年もしない内に、この方法で一二〇キロメートルの距離にいる航空機を探知できるようになった。

この現象を利用する装置は、「Radio Detection And Ranging（電波による探知と測距）」を略してＲＡＤＡＲ（レーダー）と名付けられ、第二次大戦で大きな役割を果した。レーダーは航空機の存在を検出するだけではなく、パルス波を送信してからその反射波が受信されるまでの時間から航空機までの距離を、反射波を受信する方向から航空機の高度や方位を測定できる。レーダーは夜間でも、悪天候の時でも使用できる。この装置は、第二次大戦初期のドイツ空軍によるロンドン大空襲の際に、ある大胆なロンドン市民が言い出した、夜間に襲来するドイツ軍爆撃機を発見する方法よりもうまく働いた。その方法とは「猫を迎撃機に乗せる。猫が見つめる方向に機関銃を発射する（猫は夜目が効く事からのアイデア）」と言うものだった。この提案は残念ながら試される事は無かった。

第二次大戦中の、米国におけるレーダーの開発計画は、原爆を開発するためのマンハッタン計画より大規模だった。米国と英国が共同で研究開発を進めた結果、レーダーが発信する電波の波長は、数メートルからマイクロ波の領域の数センチまで短くなり、それにより解像度が向上し、アンテナは航空機に搭載可能な程度まで小型にできた。ドイツは全く追随できず、日本はもっと遅れていた。ドイツは英国と同じ頃にレーダーの開発を始めたが、国家の指導者達はその重要性を認識する事が出来ず（レーダーは防衛用の兵器と見なされ、ヒトラーは攻撃用の兵器を要求していた）、レーダーの開発に対して、連合国側ほど人員や資金を投入しなかった。

レーダーは、潜水艦や水上艦船の探知、航空機や艦船の航法に加えて、対空用や対地用の火砲の弾丸の近接信管[訳注1]にもその技術が利用されて、連合国側の戦闘行動において決定的な役割を果たした。レーダーは英空軍がバトル・オブ・ブリテン（英国本土防空戦）で勝利を収めるのに貢献し、ドイツや日本に対する戦略爆撃を可能にし、太平洋戦線における空母機動部隊の戦いや、太平洋と大西洋における潜水艦戦でも役立った。そのため、科学者と歴史家にとって、原子爆弾は第二次大戦を終結させたが、勝利を実現出来たのはレーダーの力によるとするのが共通の認識である。

レーダーの出現により、航空戦における攻守の力関係は守る側に有利になったが、レーダーが実戦に投入されるとすぐに、枢軸国側も連合国側も初歩的ではあるが電子的な対抗手段を使用し始めた。英国もドイツも、敵のレーダーを妨害したり欺瞞したりする方法を開発し、英仏海峡上空を舞台に「無線ビームの戦い」を長期間に渡り繰り広げた。また、どちらの側も航空機にレーダー電波吸収材を装備する事を試した。ドイツ側の電波吸収材はカーボンブラックを含む事が多かったので、暗号名では「煙突掃除人（Schornsteinfeger）」と呼ばれていた。潜水艦の潜望鏡やシュノーケルの吸気口は、海面上に出した時にレーダーに映るので、ドイツはレーダー電波の反射を減らすため、板状のゴムやプラスチックでそれらを被覆した。米国のＭＩＴの放射研究所では、オーストリアからのユダヤ人避難民である物理学者のオットー・ハルパーン率いるグループが、ＨＡＲＰ（ハルパーン対レーダー塗料の略語）を開発した。これは塗料と言っても、実際には薄いゴム板のような物質だった。艦船用と航空機用があったが、航空機用はゴムにアルミニウムの薄片を混ぜた薄板で、厚さは〇・六ミリ程度なので、厚い塗装被膜と言っても良い物だった。放射研究所が開発したもう一つの材料は、発明者のウィンフィールド・ソールズベリーにちなんでソールズベリー・スクリーンと呼ばれる材料で、薄い板状の材料だが、特定の波長のレーダー波にのみ有効だった。

ドイツ軍はホルテン229型機と言う、注目すべき航空機の開発にも着手していた。この機体はスマートな全翼機で、レーダー波吸収用に炭素の微粒子を混ぜた塗料で塗装されていると思われていた。ホルテン229型機は後のＢ‐２爆撃機に似ているので、史上初のステルス機をドイツが設計したのではないか考える人もいたが、最近の研究によれば、炭素の微粒子を混ぜた事は疑わしいようである。ホルテン社の設計者は、全翼機の形態をレーダー探知対策としてではなくて、空力的な性能が良いために選んだようだが、それは米国のジャック・ノースロップの考え方と同じだった。

　第二次大戦後の平和ムードは長くは続かず、米ソの冷戦が始まると、航空戦の攻守の力関係は再び攻撃側有利に傾いたように思われた。新しくジェット機が使用されるようになると、防空はより難しくなると共に、核爆弾による攻撃を防ぐためにより重要になった。ソ連は一九四一年のドイツ軍の侵攻の際に、最初の一週間で四千機の航空機を失ったので、奇襲攻撃に対する警戒心が強かった。ソ連は防空を非常に重要視したので、防空軍（PVO-Strany）を独立した一つの軍にした。一九四五年から一九六〇年代前半にかけて、ソ連は核攻撃戦力より防空戦力により多くの予算を投じた。戦略ミサイルを開発した後でも、防空には多額の予算を投じ続け、一九六〇年代後半から一九七〇年代前半には、全軍事予算の約一五パーセントを防空のために割り当てた。これは海軍の予算と同程度だった。

　防空軍のある司令官の言葉では「目立たない存在」である防空軍は、一九五〇年代に米国とＮＡＴＯの識別名称[訳注2]ではＳＡ‐１から始まる、一連のレーダー誘導の地対空ミサイルを開発した。ＳＡ‐２は一九六〇年にゲーリー・パワーズが乗って高々度を飛行していたＵ‐２偵察機を撃墜して、歴史に名を残す事になった。ソ連は西側の戦略爆撃機に対する防空網も整備した。そこにはＮＡＴＯの名称ではトールキング・システムと呼ばれる早期警戒用レーダー網も含まれており、その配備は一九五九年に始まったが、ソ連に侵入してくる米国の爆撃機を五〇〇キロメートルの距離で探知できるので、探知後三〇分以内に迎撃機を発進させれば迎撃が可能だった。

　攻守の力関係が防衛側有利に傾いたので、米国ではレーダー探知への対抗手段が再び注目されるようになった。第二次大戦直後の陸軍航空隊科学諮問委員会の報告書は、レーダー探知への対抗策については、悲観的な見方をしていた。この報告書は一九四六年に完成し、諮問委員会の会長のフォン・カルマンの名前から、フォン・カルマン報告書と呼ばれる事が多い。フォン・カルマンはユダヤ人で、一九三〇年代に、カリフォルニア工科大学の航空研究所の所長として招かれ、ハンガリーから米国に来た。空気力学の進歩に貢献した著名な科学者である。その報告書には、米国の戦時のレーダー開発を指揮した人達の書いた検討結果が含まれている。そこには、航空機の形状は複雑すぎるので、レーダー画面に映る機影の大きさ、すなわちレーダーによる探知能力の指標であるレーダー反射断面積（ＲＣＳ）を、十分に小さくする事は難しいとされていた。ＲＣＳは平方メートルなどの面積の単位で示される。報告書の結論では、「レーダーに航空機が映らなくできる手段が出現するとは思われない」となっていた。

しかし、空軍[訳注3]は航空機がレーダー波を反射する際の、反射の強さに影響する要因を調べるために、小規模な研究を行わせる事にした。この研究テーマは簡単そうに思えるが、実際には極めて難しい研究テーマである。航空機から反射されるレーダー波の強度の幅は極めて大きく、一〇〇万倍を超える事もある。この強さはレーダー波の周波数や偏波、レーダー波の到来方向に対する機体の角度、つまり正面からか側面からか、それともその中間からなのかなどによって変化する。又、機体がレーダー波に対して水平な姿勢なのか、それとも傾いていて機体の下面や上面にレーダー波が当たる姿勢なのかによっても変化する。

ライトパターソン空軍基地の科学者や技術者は体系的に研究を進める事にして、レーダー波の反射強度の計測方法の検討、反射強度を計算するための理論モデルの作成、反射強度の低減方法の実験を行った。レーダー反射断面積を減少させる研究は、主として、機体の形状による方法と、機体の材料による方法の二つの方向で行われた。機体形状による方法については、フォン・カルマン報告書の結論の枠を越えなかった。機体の形状はレーダー反射断面積の観点からは複雑すぎるので、当時の物よりずっと強力なコンピューターが利用できるまでは、計算が複雑すぎて機体全体のレーダー波の反射強度を理論的に計算するのは現実的には不可能だった。レーダー反射強度を測定する試験では、試験場の支柱の上に機体の縮尺模型を取り付けて計測が行われたが、地面や遠方の物体からの反射、支柱からの反射に悩まされた。また、同じような模型を試験しても、何故か計測結果が大きく異なる事があった。レーダー反射測定試験場における実験を繰り返す事で、レーダー波の反射について理解が深まった点もあった。例えば、エンジンへの空気取入口や操縦室のキャノピーは、レーダー波を強く反射する事があり、それにより反射強度の分布図で見ると、狭い範囲だが強い反射（スパイク）を生じる事が分かった。

機体形状によりレーダー反射断面積を減少させる事に行き詰まったので、空軍の技術者は第二次大戦時の研究の続きとして、レーダー波の反射軽減用に、被覆材や塗料などのレーダー波吸収材料（ＲＡＭ）を重点的に研究する事にした。一九五〇年代後半には、幾つか有望そうな材料が見つかった。Ｔ‐33練習機にそうした材料の一種を二五ミリの厚さに塗って試験飛行を行った。その時のテストパイロットはヴァージル・〝ガス〟・グリソムだった。彼は後に宇宙開発のマーキュリー計画で、最初の七人の宇宙飛行士（オリジナル・セブン）の一人になっている。分厚いＲＡＭによりレーダー波の反射は減少したが、機体の空力的特性は著しく悪くなった。空軍の技術班長のウィリアム・バーレットは、この試験の最初の飛行でのグリソムとの無線通話を次のように回想している。機体は上空をよろめくように飛行していて、グリソムは無線で「バーレット、この機体を一体どうやって着陸させたら良いんだ？」と地上に連絡してきた。バーレットは「ガス、良く注意して慎重に着陸させるんだ」と答えたとの事だ。

それでもＲＡＭの試験は終わらなかったが、空軍の熱意に水を差す結果になった。また、もっと別の見地からの反対意見もあった。当時の空軍の開発計画担当官で、工学の専門教育を受けた士官は少なかったので、航空機の性能に関しては、彼らがそれまでの延長線上で空気力学的な性能を重視したのは無理からぬ事だった。そのため、新しい機体を開発する時に、担当官は例えば、二倍の航続距離とか、二倍の速度を要求していた。そんな所に技術者がやってきて、開発担当官に「レーダー反射断面積」についても考慮する様に要求するのだ。バーレットの記憶では、「開発担当官の所に研究所の人間がやって来て、突然『今回の機体ではレーダー反射断面積をこうしてもらいたい……』と要求しても、自分が開発を担当する機体に、そんな要求事項を入れる事を歓迎する人間はいなかった」との事だ。

レーダー反射断面積の重要性は空軍にあまり理解されなかったが、こうした研究から後のステルス機の開発に関して、重要な理論や実験方法の基盤が整備された。それには国内の二つの研究機関が大きな貢献をしている。その二つの研究機関はミシガン大学とオハイオ州立大学で、両校のアメリカンフットボールでのライバル関係の方が有名だが、冷戦期の技術開発競争ではレーダー技術の研究で大きな役割を果たしている。

ミシガン大学の研究は主として、第二次大戦中は数千機のB‐24爆撃機を生産したフォード自動車のウィロー・ラン工場を、研究施設に転用した研究所で行われた。戦後、政府は余剰となったその工場を、一ドルでミシガン大学に売却した。工場を転用したレーダー技術の研究所は、アナーバー市にあるミシガン大学アナーバー校から約二五キロメートルの距離に在り、ウィロー・ラン研究所と名付けられた（ベトナム戦争中の一九七二年に、軍事技術に関する秘密研究に対して学生の反対運動が起き、大学は研究所を非営利の研究所として独立させ、ミシガン環境問題研究所に改名した）。キーブ・〝キップ〟・シーゲルをリーダーとするウィロー・ラン研究所は、一九五〇年代に一連の「レーダー反射断面積の研究」の報告書を発表し、一九五九年には総括的な報告書「航空機およびミサイルのレーダー反射断面積の理論的計算方法」を発表した。この報告書は、ミシガン大学のそれまでの研究成果をまとめたものだった。まず、円筒、円錐、くさび形、四角い平板のような単純な形の物体について、レーダー波の反射を理論的に計算する方法が、次に、航空機などをこれらの単純な形で近似して、レーダー波の反射パターンを近似的に計算した結果が示されていた。

一方、オハイオ州立大学は一九四一年にアンテナ研究所を設立し、その研究所で冷戦の期間中は、物体によるレーダー波の反射、散乱に関する理論を研究し、実験も行った。一九六〇年代後半になると、研究所には多くの教授を含め一〇〇名以上の研究員が在籍していて、名称も電子科学研究所に変更された。オハイオ州立大学の研究所は、レーダー波の反射に関する計算方法を研究の対象にして、数値計算の方法を考案し、複雑な計算を行うためのコンピューター・プログラムを開発した。一九六〇代中期には、レーダー波の反射理論に関する短期教育コースを設けた。そのコースの受講者には、後のステルス機の開発に関与する人間が何人か含まれていた。

オハイオ州立大学とミシガン大学の研究所により、理論的な基礎は出来たが、レーダー探知を避ける具体的な対策には至らなかった。米国の戦略爆撃機では、Ｂ‐47やＢ‐58は高速、高々度で侵入する事で、Ｂ‐52は電子的な妨害装置を使用する事で、ソ連の防空網を突破する構想だった。電子的妨害手段としては、金属箔のチャフの散布のような単純な方法から、相手のレーダーへ妨害電波を周波数を変化させながら送信するような複雑な方法まで、様々な方法があった。別の方法としては、おとりの無人機を使用して、防衛側を数量的に圧倒する手段も考えられた。一九六〇年代には、Ｂ‐52爆撃機の中にはおとり用のＡＤＭ‐20クエイルを搭載した機体もあった。クエイルは、レーダーにＢ‐52爆撃機と同じ大きさで映るためのレーダー波反射板を装備した、おとり用の小型の無人ジェット機である。戦闘機や攻撃機もレーダー探知への対策を考える必要がある。しかし、空軍の戦術航空軍団は戦闘機のパイロット出身者が支配していたので、レーダーを使用する防空網に、高速性と機動性、そして奇襲攻撃で対応する事にしていた。それはつまり、ある空軍士官の言葉を借りれば、「ミサイルに対処するのに電波妨害ポッド（ジャミングポッド）など不要だ。ミサイルを振り切れば良い。簡単な事だ」と言う考え方だった。

簡単なはずだった……北ベトナム上空で米軍機がばたばたと撃墜されるまでは。ソ連製のＳＡ‐２地対空ミサイルは、高空を飛ぶ米軍機の多くに被害を与え、米軍が低高度侵入に切り替えると、肩撃ち式のＳＡ‐7対空ミサイルが驚くほどの効果を発揮した。電子的な対抗手段は効果があったが、そのためには電子支援機が同行する必要があった。北ベトナム上空の作戦では、米軍は平均して一機の攻撃機に四機のレーダー妨害機を飛行させた。それでも米軍の出撃機の損失率は驚くほど高かった。クリスマス爆撃とも呼ばれるラインバッカーⅡ作戦では、一九七二年一二月の四日間の爆撃でＢ‐52爆撃機に一一機もの損失を出している。この損失率は、一九四三年に米国第八空軍がドイツ本土を爆撃した時の損失率に匹敵する。一九七三年の第四次中東戦争でも同じ事が起きた。ソ連製のレーダーと対空ミサイルを使用した防空網により、イスラエル空軍は大きな被害を受け、一八日間で一〇〇機以上が撃墜されている。レーダー誘導による地対空ミサイルは、攻撃側の航空機を許容できないほど脆弱な存在にしてしまった。攻守の力関係は、完全に防衛側有利に傾いた。

ソ連製の防空システムが攻撃側の機体に与える脅威度は高まったが、米国は軍事戦略としては航空機による攻撃を重視し続けていた。一九六〇年代に米国もソ連も核弾頭搭載ミサイルの保有数を増加させたが、核戦争が人類を滅亡させる事はますますはっきりしてきた。ＭＡＤ（相互確証破壊）と言う言葉で象徴される、

核戦略の行き詰まり状態が到来した。戦略核兵器とは別に、米国はソ連の通常兵器戦力の優位性に対抗するため、小型の戦術核兵器を活用しようとした。米国の戦略立案者達は、ソ連は侵攻の際には、数百の戦車師団、歩兵師団で、東西ヨーロッパの境界を越えて進撃して来ると予想していた。ＮＡＴＯの地上軍は、第一波の攻撃には持ちこたえるかも知れないが、後続するソ連軍の部隊に圧倒されるだろう。

これが一九七〇年代の米国やＮＡＴＯの戦略立案担当者を悩ませた問題だった。ソ連の戦闘教義（ドクトリン）そのものに、対抗方法のヒントが潜んでいた。戦術核兵器の格好の標的となる大部隊の密集配置を避けるため、ソ連は梯団方式を考案した。攻撃部隊は縦深方向に間隔を置いて配置され、攻撃の前線は横一線ではなく、縦に間隔を取って部隊を箱型に並べた梯団を配置する事にした。そのため、戦闘では総攻撃を一挙に仕掛けるのではなく、梯団が前進しながら波状攻撃を繰り返して行う。米国の戦略立案者は、縦長の攻撃集団の後方部隊を攻撃したらどうかと考えた。つまり、激しく攻撃してくる梯団の第一波を飛び越して、後方の第二波の部隊が攻撃に参加する前に、それを攻撃したら良いのではないかと考えたのだ。

しかし、第一波の部隊を飛び越えて後方を攻撃する際には、だれでも分かるように、前線を通過する際に攻撃機は機体下面を敵に露出する事になる。米軍機が梯団の後方の部隊を攻撃するには、ソ連の強力な前線防空部隊の上空を、無傷で通過する必要がある。簡単に言えば、米国はソ連のレーダーに捕捉されない航空機を必要とするわけだ。ここで疑問が出て来る。探知を避けるには、レーダー反射断面積をどこまで小さくすれば良いのだろう？

その答えは、一九六〇年代に行ったＣＩＡの大規模な調査で明らかになった。ＣＩＡはソ連のレーダーの探知範囲を、正確に把握したいと考えた。まず、最近配備されたトールキング・レーダーを含む、長距離の早期警戒レーダーを調査する事にした。これらのレーダーは、Ｕ‐２型機のようなスパイ偵察機だけでなく、ソ連領内に侵入しようとする核爆弾を搭載した戦略爆撃機の探知も目的としている。問題は、水平線の向こうの、見通し範囲外にあるレーダーに関する情報をいかにして得るかだった（これらの早期警戒レーダーはレーダー波を電離層で反射させる事で、見通し距離より遠い距離の探知を行っている）。ベル研究所から最近、CIAの科学技術委員会のメンバーに移ってきた若い技術者のユージン・ポテートは、天文学者が月の表面を研究するのにレーダー波を利用している事に着想を得て、月面から反射してくるレーダー波を利用する事を考え付いた。CIAはレーダー波の受信機のアンテナを月に向けて、ソ連の早期警戒レーダーの電波を受信するだけで良かった。その受信結果に、レーダー波受信機を装備した偵察機の収集した情報も加えて、トールキング・レーダーの位置と発信電波の強さを分析し、低高度の機体に対する探知性能は予想を上回る事を発見した。

しかし、米国としてはソ連のレーダーの分解能も知る必要があった。ソ連のレーダーによる探知を避けるには、米国側の機体のレーダー反射断面積はどの程度まで小さくする必要があるかを知るのに必要だからだ。その答えはパラジウム計画と名付けられた、独創的な調査計画により得られた。米国の偵察機がソ連のレーダー波を受信した時、その電波を遅延時間を変更できる回路を通して、適当な時間だけ遅らせてから送り返せば、ソ連のレーダー画面上の機体の大きさ、速度、位置を変化させる事ができる。この方法で、実際には存在しない幻の機体をソ連のレーダー画面上に出現させる事が出来る。CIAはその際に、米国国家安全保障局（NSA）にソ連のレーダー基地間の交信を傍受してもらい、その交信内容からソ連側が幻の機影をいつ探知したかを知る事ができた。

CIAはキューバ危機をパラジウム計画に利用した。まず、CIAの航空機がキューバに向かう米軍機を模擬した偽のレーダー信号を相手に送りつける。その時、キューバの沖にいる米海軍の潜水艦は浮上して、事前に決められた大きさの、金属箔を貼った気球を、決められた時間間隔で何個か放出する。キューバ側の要員は、付近に配置されたＳＡ‐２対空ミサイル用レーダーを作動させて偽の機体を追尾しているが、やがて標的の近くに、何か不明な奇妙な球体がある事を発見して報告する。ＮＳＡはその交信を傍受して、ＳＡ‐２用レーダーがどこまでの大きさの気球を探知できたかを知る事ができた。それで米軍機のレーダー反射断面積をどこまで小さくすれば良いかが推定できた。

この実験は後から考えると、極めて無謀で危険な実験だった。もしＳＡ‐２ミサイルの発射基地が、冷戦で最も危険な状況の最中に、存在しない偽の機体に向けてミサイルを発射していたら、どんな事になっていただろう？　実際、キューバ軍は、偽の「攻撃機」に対して迎撃機を緊急発進させ、その迎撃機は海面に浮上している米海軍の潜水艦を発見して上空を旋回し始めた。潜水艦は安全のために急速潜航を余儀なくされた。それでも、この冒険的な調査方法により、米軍は必要とする情報を入手できた。

しかし、レーダーに探知されない機体を実現するには、基本的な物理法則による障壁を克服する必要がある。レーダー方程式によれば、レーダー反射断面積（ＲＣＳ）が同じなら、レーダー受信機が受信する目標物から反射されたレーダー波の強度は、目標物までの距離の四乗に反比例する。例えば、ソ連の早期警戒レーダーが、米軍機を三〇〇キロメートルの距離で探知できれば、対空ミサイルの発射や迎撃機を発進させるのに二〇分の時間的余裕がある事になる。探知可能距離を半分の一五〇キロメートルに短縮するためには、レーダー反射断面積を、半分ではなく２の４乗分の１、つまり16分の１に減らす必要がある。そこまで機体のＲＣＳを減らしても、ソ連側にはまだ迎撃を開始するまでに一〇分間の時間がある事になり、十分な時間的余裕があると言える。侵入する米軍機にとって必要なのは、探知される距離を10分の１に減らす事で、そうすればソ連側が迎撃を開始するまでに数分の余裕しかなくなる。そうするためには、ＲＣＳを一万分の一

（10の4乗分の1）に減らす必要がある。

寸度的に航空機の一万分の一の大きさと言えば、蚊と同じ程度の大きさになる。しかし、当時の米軍機は大型化を続けていた。一九七〇年代初めに飛行試験段階に入ったF‐15戦闘機は、三〇年前にはF‐15に相当する主力戦闘機だったP‐51ムスタング戦闘機に比較して、全長はほぼ二倍、主翼面積は三倍になっている。一九六〇年代後半には、ファイターマフィアと呼ばれる空軍内のグループが軽量戦闘機の開発を主張し、その結果、小型で単発のF‐16戦闘機が開発されたが、F‐16は機動性に優れた格闘戦に強い戦闘機を求めて開発された機体で、RCSを小さくする事を意識した機体ではない。

航空機の設計者にとって、RCSを一万分の一にする事はとんでもない目標に思えた。技術者は通常は数パーセント程度の進歩しか考えない。二倍良くするだけでも、革命的な進歩と受け止められる。ステルス機では、RCSを一万分の一程度まで小さくする必要がある。他の例で考えてみよう。もし自動車の燃費を一万倍良くできたら、一リットルのガソリンで一〇万キロ以上走れる事になる。一リットルのガソリンで地球を二周半走れると言う事だ。ステルス機を実現するためには、それくらいの改善が必要なのだ。しかし、それほどの難題であっても、西海岸の技術的先見性を持つ何人かの技術者はあきらめる気持ちはなかった。

第2章　未来の始まる地　南カリフォルニア

レーダー反射断面積を極小化する方法は、南カリフォルニアの航空機製造会社が考え出した。南カリフォルニアに所在する会社だけが解決方法を考え付いたのだ。

なぜ南カルフォルニアの会社だけがステルス機を開発出来たのだろう？　理由の一つには、この地域では航空機産業が盛んな事がある。この地域は、米国初の国際航空エベントである一九一〇年のロサンゼルス航空祭の頃から、米国における航空活動の中心地の一つだった。しかし、そこからまた次の疑問が出て来る。なぜ航空機産業は南カリフォルニアに多いのだろう？

そうなるべき必然性は無いと言える。ライト兄弟はオハイオ州デイトン市で自分達の機体を製作したし、バッファロー市（カーティス社）、デトロイト市（フォード社）、シアトル市（ボーイング社）、ウィチタ市（ステアマン社）、ニューヨーク州ロングアイランド地区（グラマン社、リパブリック社）、セントルイス市（マクドネル社）、ダラス市（チャンスヴォート社）などのように、他でも長年に渡り航空宇宙産業の工場が存在した町や地域がある。しかし、南カリフォルニアほど航空宇宙関連の企業が集中している所は他にはない。南カリフォルニアには、ダグラス社、ロッキード社、ノースロップ社、ヒューズ社、ノースアメリカン社、コンソリデーテッド・バルティー社（後のコンベア社）があった。第二次大戦における生産機数の多い会社の上位五社の内、四社が南カリフォルニアの会社で、更にその内の三社はロサンゼルスに位置していた。

その理由は気候が良いせいだと考える人がいる。南カリフォルニアは晴れる日が多く、年間を通して飛行する事が可能であり、航空機産業の初期の頃には、大型の機体を屋外で製造する事が可能だった。しかし、国内の他の地域でも気候の良い場所は多く、カリフォルニア州の沿岸地域は霧が多く、航空機の製造は屋内で行われる事がほとんどだった。気候以外の別の理由が、初期の頃の飛行家達を南カリフォルニアに引き寄せたと考えられる。

その理由の一つは土地の入手が容易だった事だ。現在の都市周辺の発展と、それに伴う土地価格の急激な上昇からは信じ難い事だが、一世紀前の南カリフォルニアには未使用の土地が豊富にあり、飛行場や航空機工場の用地は安価に入手できた。それに加えて、新聞社の社主や不動産開発業者、更にはハリウッドの映画業界の有力者に至るまで、地区の有力者達が、航空活動の将来性を信じて、その振興に熱心だった事もある。不動産業界の有力者のヘンリー・ハンチントンは、一九一〇年のロサンゼルス航空祭の資金集めに協力したし、ロサンゼルス・タイムズの社主のハリー・チャンドラー（彼は不動産業界の有力者でもあった）は、ドナルド・ダグラスが航空機製造会社を設立するのを支援した。この地域のある実業家は、一九二六年に「航空機製造産業には、自動車産業のデトロイトのような中心地ができるだろう。それがここロサンゼルスであってもおかしくない」と言っている。

また、この地域には航空関係の研究設備や試験設備を有する大学が幾つもあった。そうした大学に関して重要な事は、航空機製造会社が必要とする科学者や技術者を供給する役割も果たしていた事だ。カリフォルニア工科大学（Caltech）は米国で最も早くから優れた航空工学の教育コースを設けていたし、それに続いて、カリフォルニア大学ロサンゼルス校（ＵＣＬＡ）、南カリフォルニア大学（ＵＳＣ）、カリフォルニア州立大学ロングビーチ校（Cal State Long Beach）なども航空工学の教育コースを設置した。ステルス機の開発で大きな役割を果たした人物の何名かは、カリフォルニア工科大学、カリフォルニア大学ロサンゼルス校、南カリフォルニア大学で学んだり働いたりした事がある。オープンショップ型の雇用制度の会社が多い事も、企業を引き付けるのに有利に作用した。南カリフォルニアの航空機製造会社は、一九三〇年代になってやっとユニオンショップ制を採用する会社が出てきたが、それ以後も国防上の必要性からユニオン制の労働組合の活動には制約があった。

そして、同じ地域に幾つかの製造会社が出来ると、続いてやって来る会社も含めて、経済用語で言う所の集積効果が働く事になる。その地域の航空機製造会社は、高精度の機械加工を行う工場や電子部品の製造工場などの、専門業者のネットワークを利用でき、各分野の熟練労働者を雇用する事も容易になる。技術者は幾つかの会社を渡り歩き、経験を積み、知識を深める。有名な例としてはジャック・ノースロップがある。彼はダグラス社に入り、次にロッキード社に移った後に、自分の会社を設立している。ステルス機開発の中心的な役割を果たした人の中にも、同様な経歴を持つ人が何人もいる。冷戦期の軍事産業では、こうした会社間の移動は好意的に受け止められていた。ある会社に対する軍の発注額が減少して来ると、その会社の技術者は別のプロジェクトを受注する会社への移籍を考え始める。こうした会社を転々とする技術者は「航空機産業界の季節労働者」と呼ばれる事もある。

もう一つ、抽象的な要因としては、創造性や、起業家精神を高く評価する、この地域の文化が挙げられる。南カリフォルニアは、因習にとらわれない人、先見性を重んじる人、将来に夢を持つ人を昔から引きつけて来た。危険を恐れず、限界を打破しようとする精神を大事にしてきた。一九二五年に米国に亡命してきた建築家のリチャード・ニュートラは、南カリフォルニアについて、「ここの人達は、他の地域に比べて精神的に『自由奔放』だ」、そして「ここでは思いついた事で、面白そうな事はほとんど何でも出来る」と書いている。南カリフォルニアの初期の歴史を研究しているケイリー・マクウィリアムスは、一九四六年の南カリフォルニアを「巨大な実験室」と表現している。

冷戦に勝利するために、この活気にあふれた巨大な実験室とも言える南カリフォルニアの航空機産業が動員される事になり、膨大な国費がこの地域に投入された。それに伴い多くの人が南カリフォルニアに移って来て、南カリフォルニアの景気は一気に上昇した。一九五二年から一九六二年の間に、五〇〇億ドルの軍事予算がカリフォルニアに注ぎ込まれたが、或る歴史家に言わせれば、この膨大な予算は近代史上で最も急激な経済成長をもたらした。その後、宇宙開発事業により地域経済は更に拡大した。ロッキード社やノースロップ社などの航空機製造会社の多くは、宇宙開発事業に進出し、新しい会社も数多く作られた。そうした新しい会社であるエアロジェット社、ロケットダイン社、オートネクス社、エアロニュートロニクス社などの名前には、宇宙時代の到来に対する期待感が表れている。

南カリフォルニアは、無限の可能性を持つ地域として、国内の人々の意識に刻み込まれた。作家のマット・ウォーショーはその時代を、「ロサンゼルスではあらゆる事が試みられている。人々を吸い寄せ、新しいアイデアと新しい流行を外部に発信している」と書いている。ステルス機の可能性が認識され始めた時期のわずか数年前の一九六九年末には、タイム誌は巻頭記事で、「刺激にあふれたカリフォルニア州」と題して、カリフォルニア州は「実質的には一つの独立した国」であると断言している。タイム誌は力を込めて「この地上の楽園のようなカリフォルニア州は、アメリカの将来を映す鏡であり、最新の流行、ファッション、トレンド、アイデアを生み出す場所である。カリフォルニアは新しさにあふれている。もっと言えば、ここに住む人は片足を現在に、もう一方の足を明日の世界に置いているようなものだ。ここは現在と明日の世界を分かつ境界線になっている。この土地から未来が始まる」と書いている。この記事のわずか二年前には、作家のウォレス・ステグナーが「カリフォルニアはアメリカの他の地方と全く同じような場所だ」と書いたのは有名な事実だ。彼はそれに続いて「しかし、ここはまさに、新しい世界が始まる場所だ」と書いているが、それはあまり注目されなかった。

ステグナーの文章の他の部分では、伝統と安定性を重視して、過去も見つめるように提案している。なぜなら、一九六〇年代のカリフォルニアで盛んになっていたのは航空宇宙産業だけではなかったからだ。もう一つ盛んだったのは既存の体制に背を向けたカウンターカルチャー（対抗文化）である。

一九六〇年代のカリフォルニアの住民については、二つの代表的イメージがある。一つは長髪で、絞り染めの服を着たヒッピーで、もう一つは半そでのボタンダウンのシャツに細くて暗い色のネクタイを締め、髪はクルーカットで、胸ポケットにはペンケースを入れ、計算尺を持ち歩く航空宇宙技術者だ。この二つのイメージは正反対に思える。ヒッピーは奔放で、権威には反抗的、軍産複合体は否定する。航空宇宙技術者は、組織に忠実、保守的かつ愛国的だ。ヒッピーはロマンチックな快楽主義者で、移り気だ。航空宇宙技術者は理性的で、仕事に献身的だ。作家のノーマン・メイラーはヒッピーに批判的で、アポロ計画での月面への着陸成功後に、「君たちは夏の間はずっと酒を飲んで遊んでいた……彼ら（ロケット技術者）は月面着陸を成功させた」と書いている。

しかし、ヒッピーと技術者の世界の間には、全く関連性が無いわけではない。一九六〇年代のヒッピーで、航空宇宙産業、そしてステルス機開発に参加した人間もいる。現在では、ロッキード社の設計者のケリー・ジョンソンと、LSDを研究したハーバード大学教授のティモシー・リアリーを、またヒッピー文化発祥の地のハイトアシュベリーと航空宇宙企業のオフィス街を、似ていると思う人はいないだろうが、それでも両者に共通する気風は残っている。航空宇宙技術者は反政府的ではない。彼らは三〇歳以上の人間をまだ信じているし、保全適格審査がドラッグ（危険薬物）の使用を防いでいると思っている。それでも、彼らは自由な発想を重んじ、技術的に正しいと思えば、体制側に疑問を投げかける事を躊躇しない。初めてのステルス機の実験機を飛ばすために、軍を辞めてスカンクワークスに来たテストパイロットは次のように言っている。

スカンクワークスに来た時、少し驚いた事を認めない訳にはいかない……彼らの愛国心の強さと、自分達の機体のために働く熱意には驚いた。まるで民兵を集めたような集団だった。つまり、髭を生やし、長髪で、絞り染めのシャツを着ているような連中だった。暴走族ではないかと思えた。自由で奔放な考えをする連中だった。それでもスカンクワークスではそれが認められていた。

この地域の、リスクを恐れず、自由な考え方を重んじる気風は、ステルス機がここで生まれた理由の一つかもしれない。南カリフォルニアに数百億ドルの連邦予算がつぎ込まれた事による、一九五〇年代と一九六〇年代の好景気の時代には、その熱気に満ちた雰囲気の中で、航空宇宙産業と地域の多様な文化の間に様々な接点が生じた。ロサンゼルスの建築家、ウィリアム・ペレイラとアルバート・マーチン・ジュニアは、航空宇宙企業の建物を、宇宙時代の美学を表現するためにガラスと鋼鉄を使用したデザインにしたが、それらの建築は「航空宇宙時代の前衛的建築」と呼ばれていた。芸術分野では、ロバート・アーウィンはロッキード社やＮＡＳＡの技術者と共同で、無響室や軌道上の宇宙飛行士のように、感覚の一部が奪われた環境では美的感覚がどのような影響を受けるかを研究した。芸術と工学の融合運動では、ロバート・ラウシェンバーグのような指導的な芸術家と、その地域の航空宇宙工業の技術者との共同作業が試みられた。文学の分野では、航空宇宙産業はロサンゼルスをＳＦの中心地に押し上げるのに貢献したが、それだけでない。ロサンゼルスはトーマス・ピンチョンが作家活動を始めた町であり（彼はボーイング社の技術説明資料の作成の仕事をしていた）、彼の作品には航空宇宙関連の事が多く描かれている。「重力の虹」は、彼が一九六〇年代末から一九七〇年代初めに、ノースロップ社やＴＲＷ社に近くて、そこに勤める技術者達が多くいるマンハッタンビーチに住んでいた時に書いた作品だ。

航空宇宙関係の技術者達は南カリフォルニアのレジャー文化を創り出すのにも貢献した。カリフォルニア工科大学出身で、ダグラス航空機社に勤務するボブ・シモンズは、サーフボードの設計を大きく進歩させて、戦後のサーフィンブームの到来に重要な役割を果たした。ランド研究所のジェームズ・ドレークは、ウィンドサーフィンを考案した（彼は「これで退屈する事は無くなった」と書いている）。航空宇宙技術者のトム・モーリーは、小型のサーフボードを開発して、サーフィンの普及に貢献した。

つまり、航空宇宙技術は南カリフォルニアの文化と密接な関係があった。技術者は、自分の設計した航空機が周囲の文化の影響を受けている事を否定するかもしれない。物理法則や工学的原理はどこでも同じである。ある年代の航空機は、国や会社が違っても互いに似ている事がよくある。なぜなら、飛行機の設計は、特定の文化的要因ではなく、普遍的な自然科学の原理に従うからだ。しかし、工業製品はその製造される地域の特性を反映する事がある。例えば、ソ連はその大きさで圧倒しようとして、巨大なロケットや航空機を作る事がある。一九三〇年代にツポレフが設計したＡＮＴ‐20型機は、エンジンを八基装備し、翼幅は六三メートルと、米国の当時のどの機体よりはるかに大型だった。
ステルス機の設計に、製作された地域の文化が明らかに影響している個所はない。翼断面形や空気取入口は、サーフボードを参考にしてはいない。しかし、興味深いつながりがあるかもしれない。

――――

第二次大戦後の南カリフォルニアの文化を代表する人物と言えばウォルト・ディズニーで、彼のディズニーランドは一九五五年に開園している。ディズニーランドは米国の中西部の小さな町を、都市化が進む航空宇宙産業都市ロサンゼルスの郊外のアナハイムに再現したもので、不都合なところを取り除いた、懐かしい感じの大通りが作られている。懐古主義のようだが、技術の進歩を前向きに受け止める姿勢が隠されている。歴史家のエリック・アビラが気付いた様に、ディズニーがした事は「技術の進歩を利用して、伝統的な価値観を表現する」と言う、矛盾を含んだ試みである。ディズニーは彼のウォルト・ディズニー・イマジニアリング社で、様々な技術的アイデアを採用した。
ディズニーの採用した新技術の幾つかは、カリフォルニアの軍需産業から入手したものだ。ディズニーは軍事関係の研究を主としているスタンフォード研究所に、ディズニーランドの建設地の選定と、園内の施設の配置の検討を依頼した。ディズニーランドの「魅惑のチキルーム」などで動物を動かすロボット装置は、ポラリス潜水艦発射弾道弾用に開発された、磁気テープを使用する装置で動くが、ディズニーはその使用権を購入した。カリフォルニアを代表する作家の一人であるレイ・ブラドベリーは、一九六五年の「機械仕掛けの幸福の土地」と題した記事で、こうしたロボット的な装置に感銘を受けて、ディズニーと彼の遊園地を「この時代を動かす原動力」と書いている。ディズニーランドの中心的なアトラクションの一つである

「トゥモローランド（明日の世界）」は、その中央にある月探検ロケットが象徴するように、航空宇宙活動の発展への期待感を表している。一九六七年に「トゥモローランド」のアトラクションに追加された「カルーセル・オブ・プログレス」は、ゼネラル・エレクトリック社（ＧＥ社）がスポンサーだが、ＧＥ社は、後にステルス機のＦ‐１１７戦闘機とＢ‐２爆撃機のエンジンを製造している。

実は、ディズニーランドとステルス機の間には、もっと直接的な関係が存在する。それはリチャード・シェラーと言う人物によるもので、彼は航空宇宙分野とディズニーランドの双方に、もう一つの典型的なカリフォルニア的産物であるホットロッドを介して関係を持った。シェラーはシアトルで生まれて、シアトルで育った。彼の父は酒の密輸入業者の運転手兼整備士だったので、刑務所で何年間か服役しているが、その機械を扱う才能は息子にも引き継がれた。シェラーは後に技術者になる多くの人間と同様、子供のころは模型飛行機を作り、中学生の頃には板金をプレス加工して模型飛行機の部品を作るアルバイトをしていた。その経験と技能があったので、後にはボーイング社の工員に採用され、仕事の合間を利用してワシントン大学で教育を受けた。彼は父親の車好きな面も受け継いでいた。彼は「馬鹿な事に、一九三八年型のリンカーン・ゼファーＶ‐12クーペなどに金をつぎ込んだ」ので大学を休学したと語っている。結局、彼は一九四二年に航空工学の学位を得て卒業し、サンフランシスコ市の南のマウンテンビュー市にある、ＮＡＣＡ（アメリカ航空諮問委員会：ＮＡＳＡの前身の機関）のエイムズ研究センターに就職した。

一九五〇年代の初め頃、シェラーはエイムズ研究センターで働きながら、ホットロッドで周囲を走り回っていた。この時代は、後にロックバンドのザ・ビーチボーイズの曲や映画「アメリカン・グラフィティ」の題材になったように、ホットロッドが人気の時代だった。航空宇宙産業が急成長を始めたその時期に、ホットロッドがカリフォルニアの象徴的な存在になったのは偶然ではない。カリフォルニアに住むホットロッドの持ち主の多くは、若い航空宇宙関係の技術者で、彼らは休日には車庫で特製のカムシャフトや排気管を自作していた。シェラーもそうした若者の一人で、仲間と一緒にスポーツカーを作っていて、溶接加工をする場所を探していた。彼は溶接が出来る場所を、エイムズ研究センターの近くで見つけた。それは機械加工を行うアロー開発と言う工場だった。シェラーはそこで自分のスポーツカーを製作しながら、工場の中を見て回っていた。

アロー開発は、エド・モーガンとカール・ベーコンが経営していたが、二人は二〇世紀中頃のアメリカでよく見かける機械加工の天才だった。彼らは何でも修理したり作ったりする事が出来た。一九五〇年代前半、アロー開発は遊園地の遊具を製作する仕事を受注した。それ以後、メリーゴーラウンドや人を乗せるミニチュアの鉄道を作ったが、やがてディズニーランドからアトラクション「トード氏のワイルドライド」に使用する自動車の製作を受注した。そこからディズニーとの長い関係が始まり、アロー開発はディズニーランドの初期のアトラクション用の乗り物を幾つか製作した。

ベーコンとモーガンは、若いシェラーが自分達と同じ才能を持っている事が分かると、ディズニーランドの仕事の補助に彼を雇う事にした。シェラーはアロー開発の仕事もする事にして、昼間はエイムズ研究センターで働き、夜はアロー開発で働く事を数年間続けた。時々妙な電話が掛かってきたので、アロー開発で仕事をしている事がばれそうになったが、彼はアロー開発で働いている事を上司には秘密にしていた。シェラーはアロー開発でディズニーランド用に、ティーカップ、空飛ぶダンボ、マッターホルン・ボブスレー、フライングソーサーの乗り物などを製作した。

シェラーは一九五九年にエイムズ研究センターからロッキード社に転職した後でも、アロー開発のコンサルタントを続けていた。ディズニーランドのトゥモローランドのフライングソーサーを作るのに手を貸したこの若い技術者は、二〇年も経たない内にステルス機の開発に参加する事になる。実際、シェラーはロッキード社でF‐117戦闘機、ノースロップ社でB‐2爆撃機と、二つの会社でステルス機の中心的な設計者として働いた唯一の人間である。ほとんどの技術者は、ディズニーランドの仕事とステルス機の設計には、何の関係も無いと言うだろう。しかし、工学的設計作業は、ある目的を実現するのに最適の装置を作り出す作業である。その目的が遊園地の乗り物の娯楽性であろうと、航空機のレーダー波の反射の最小化であろうと、同じ事だ。もし技術者が空飛ぶダンボを飛ばす事が出来るなら、奇妙な形の飛行機でも飛べるようにする事が出来るだろう。ディズニーランドとステルス機の関係はそれだけではなかった。

ディズニーランドはロサンゼルスの暗い面、つまり、モラルが低く、社会の統制が強く、保守的ではあるが雑然として不潔で、危険を感じさせる面に対して、解毒剤の役割を果たしている。南カリフォルニアについては、長らく二つの対立するイメージがあった。一つは、パーム椰子の木と砂浜がある陽光輝く土地、技術的創造性にあふれ、経済的成功のチャンスに満ちた土地のイメージだ。もう一つは、強者が弱者を搾取し、環境は汚染され、物陰には暴行の危険が待ち受ける土地のイメージだ。ディズニーの提供する驚きに満ちた世界は、「チャイナタウン」に代表される暗いイメージの世界と対極にある世界だった。端的に言えば、光と闇の関係だ。

ディズニーはカリフォルニアのこの暗いイメージを打ち消したいと思ったであろうが、暗いイメージは生き残り、ステルス機の構想が生まれる頃に再び表面化した。一九七〇年代前半のカリフォルニアには、もはや宇宙開発競争の熱気は無かった。カリフォルニア州も製造に加わったロケットと宇宙船により、宇宙飛行士達は月面探査を続けていたが、航空宇宙産業関連の景気は、頂点に達したロケットが落下を始める様に加速度的に悪化した。地域の経済は、赤字を垂れ流しながら、どんどん悪くなって行った。

航空宇宙産業の縮小は、実際には一九六〇年代後半から始まっていた。NASAはアポロ計画を徐々に縮小し始め、ベトナム戦争の戦費が新兵器の開発予算を圧迫していた。業界紙のアビエーション・ウイーク誌は、一九七〇年は業界にとって「ここ一〇年間で最も活気の無い年だった」と表現したが、景気は一九七二年まで更に下がり続けた。一九六七年から一九七二年にかけて、ロサンゼルス地区の航空宇宙産業は五万人以上の従業員を解雇したが、これは航空宇宙関係の従業員の三分の一に当たる。

レイオフや解雇は、南カリフォルニア全体に怒りを巻き起こした。カリフォルニアは二〇年間続いた好景気の後であり、全国的な景気後退の影響をより強く感じる事となった。不景気に加えて、高速道路の渋滞、大気汚染の進行、人種差別への抗議の激化、麻薬使用者の増加、漠然とした不安感の広がりも重なった。ベトナム戦争のもたらした反戦感情は、この地域の軍事産業にも影響を与えた。社会不安は郊外の娯楽施設であるディズニーランドにも及び、一九七〇年の夏には、反戦運動家三〇〇人が保安係の制止を無視して、トム・ソーヤー島にベトコンの旗を掲揚した。

ロサンゼルスは数年前までは理想郷をイメージさせる都市だったが、今や暗黒世界の代名詞となり、「ブレードランナー」や「ターミネーター」と言った映画では、暗いイメージの都市として描かれた。一九七二年に出版された本の「カリフォルニア、失われた夢」では、ゴールデンステート（カリフォルニア州の別名）の「危機的状況」を描いている。一九七七年のタイム誌は、以前の明るい見通しを取り下げ、記事の表題で「カリフォルニア州で何が起きているか?」との疑問を投げかけた。その記事では答えとして、「一九六〇年代のカリフォルニアは、だれもが物と富が溢れる魔法の土地だと思っていた。しかし、一九七〇年代にはその幻想は消え……カリフォルニアのそれまでの魔術的繁栄は失われてしまった」と書いている。

カリフォルニアは繁栄をもたらした魔法を失ってしまったかもしれないが、全てを失った訳では無い。南カリフォルニアは、航空宇宙産業の繁栄と凋落の繰り返しを何度も経験してきた。リンドバーグとイアハートが居た黄金時代の次は大恐慌だった。第二次大戦中の巨大な軍需生産は大戦の終結と共に霧散した。一九七〇年代前半は南カリフォルニアにとっては暗黒の時代だったが、間もなく明るさが戻ってきた。その要因の一つに、航空機産業が不況の時代に、一握りの技術者がそれまでの航空機よりレーダー波を反射する強さが一万分の一しかない機体を、どうすれば実現できるかを考え付いた事がある。こうした大胆な構想を考えついたのは、ロサンゼルス盆地で約三〇キロメートルしか離れていない二つの航空機メーカーに勧める技術者達だった。この夢を持つことが歓迎される土地では、夢を信じる人はそれを実現できるのだ。

第3章　ステルス機の構想の始まり

ステルス機の可能性に最初に注目したのは国防総省のＡＲＰＡ（Advanced Research Projects Agency：高等研究計画局）だった。その名前が示すように、この局は軍事関連の技術で、すぐ近い未来よりもっと先で、確実ではないがいつか大きく役立ちそうな、未来的で先進的なアイデアを追及するのが使命だった。ソ連のスプートニク[訳注1]に衝撃を受けた直後の一九五八年に、議会の提言を受けてアイゼンハワー大統領により設立されたＡＲＰＡは、まず、陸海空各軍でばらばらに実行されていた弾道ミサイル開発計画について、国のどの機関が管轄するかを調整し、決定した。大型ロケットとミサイル開発の大部分をＮＡＳＡと空軍の管轄にした後は、ＡＲＰＡは、分野を限定せずに、技術的リスクの高い開発計画に重点を置く事になった。例えば、一九六〇年代にはミサイル防衛、粒子ビーム兵器、インターネットの前身である分散型のコンピューターネットワークであるＡＲＰＡＮＥＴなどの研究を支援した。

ＡＲＰＡは、ＡＲＰＡと同時期に、同じ目的で新しく設置された国防総省の国防研究技術部長（ＤＤＲ＆Ｅ：後に国防研究技術担当国防次官と改称）の直属組織である。ＤＤＲ＆Ｅは、先進的な軍事的研究や開発を促進し、各軍の活動の調整を行う事が任務である。ヒューレット・パッカード社の共同創業者で、ニクソン政権の国防副長官だったデビッド・パッカードは、一九六九年に軍事技術を進歩させる活動の一環として、ＤＤＲ＆Ｅの事務局を拡充した。ＤＤＲ＆Ｅ事務局は産業界や政府の研究所から技術者や応用科学者を何名か採用し、彼らに新しいアイデアを探させ、それを支援させる事にした。

一九七〇年代初期にＡＲＰＡは「Defense（防衛）」が頭に追加されてＤＡＲＰＡと名称を改めた。ＤＡＲＰＡは軍事技術の将来像の検討を始めた。国防原子力機関（Defense Nuclear Agency）との共催で、ＤＡＲＰＡは一九七三年から一九七五年の間に、長期的研究開発（ＬＲＲＤ：long-range R&D）についての専門家の研究会を何回か開催した。この研究会は、当初は核戦略に関する、高いレベルの参加者による非公式の秘密検討会だったが、すぐに通常兵器に関しても、技術的および戦略的見地から根本的な再検討を行う事にした。コンピューターやセンサーの小型化、処理の高速化、価格低下が進み、攻撃目標の正確な識別と攻撃が容易になった。核兵器は味方へも被害をもたらしかねない大量破壊能力を持つので、戦略計画立案担当者達は核兵器の使用を再検討しようと考えた。通常兵器に精密攻撃能力を持たせ、その運搬手段の生存性を高めれば、西ヨーロッパに対するソ連の全面的侵攻に対して、核兵器を使用しなくても対抗できるのではないかと考えたのだ。

様々な技術の進歩により、戦略を再検討できる可能性が生まれたため、生存性の高い攻撃兵器運搬システム、つまりソ連の防空用レーダーに探知されない航空機の可能性を研究する事になった。

物理的に考えると、レーダー波の反射強度を必要とされるレベルまで低減する事は不可能と思われてきた。それが可能ではないかとの発想は、航空機の発展に対する貢献度が過小評価されてきた模型飛行機の分野か

らもたらされた。模型飛行機は、二〇世紀の初頭から中期には、航空機技術者を目指す多くの児童に対して、航空機の設計を学ぶ上での第一歩としての役割を果たしてきた。彼らの多くはバルサ製の、ゴムバンドでプロペラを回す模型飛行機で、翼型を変更したり、かみそりで機体を削り取って重量を減らしたりして、航空工学の知識を深めていた。中には、競技会で技術を追求する児童もいた。競技会には、ゴム動力機で滞空時間を競う競技から、長いリボンを付けた二機のUコン機が、相手のリボンをプロペラで切断しようとするコンバットと呼ばれる競技まで、様々な競技を対象とする競技会があった。後にロッキード社やノースロップ社でステルス機を設計した技術者の何人かは、子供の頃に模型飛行機を作って飛ばしている。

こうした模型飛行機の愛好家で、大人になっても模型飛行機に興味を持ち続ける人もいた。その一人が一九六五年から一九七三年まで国防研究技術担当次官（DDR&E）だった物理学者のジョン・フォスターで、時間が取れる時には息子とラジコン機を作って飛ばしていた。フォスターのこの趣味は、ステルス機の誕生に直接的に関係している。その頃、ベトナム戦争で、陸軍の戦闘には偵察能力が極めて重要な事が明らかになって来ていた。フォスターはカメラやセンサーを装備し、電子化により軽量化されたラジコン操縦装置を備えた大型の模型飛行機が、偵察任務に使えるのではないかと考えた。その結果、小型の遠隔操縦無人機（ミニRPV）が作られた。このミニRPVは、現在のカメラを搭載したドローン（UAVとも言われる）の始まりとなった存在である。一九七二年のフィルコ・フォード社製のRPVは、固定脚のプロペラ機で、翼幅は三・六メートル、重量は約三二キログラムで、セスナ機を小型にしたような角ばった外形で、価格は一万ドルだった。価格の大部分は、安定化機能が組み込まれた遠隔操縦用の電子機器が占めていた。重量には搭載しているカメラ、赤外線センサー又はレーザー目標指示器の重量が含まれている。

技術者達はこのRPVには予想外の長所がある事に気付いた。小型のRPVは、機体が小さい事に加えて、プラスチック材料が多く使用され、滑らかな形状だったため、レーダーに映りにくいのだ。DARPAは「被観測性を最小にした」二機種の小型RPVを発注した。一つはテレダイン・ライアン社製の、翼端を丸めた三角翼の機体で、内側に傾けた二枚の垂直尾翼がついている。もう一つはマクドネル・ダグラス社製のV尾翼の機体だった。これらのRPVのレーダー反射断面積（RCS）は、通常の有人の戦術攻撃機より大幅に小さくできた。RCSは〇・〇〇五～〇・一平方メートル程度で、読者が読んでおられるこの本程度の面積だった。それに対して、F-15戦闘機のRCSは約二五平方メートルで、小型RPVのRCSの最小の物と比較すると、約五〇〇〇倍もある。この事から新しい方向性が見えてきた。

ARPAは捕獲したソ連のZSU-23を使用して、小型RPVを試験した。ZSU-23は自走式の23ミリ四連装対空機関砲で、同じ車両に搭載したレーダーと連動して対空射撃を行う。一九七三年の第四次中東戦争では、イスラエル空軍機に壊滅的な損害を与えた。試験ではZSU-23の操作員は、レーダーでRPVを捕捉し追尾しようとしたが失敗した。一説によると、いら立った操作員は最後にはレーダーを切ってしまい、目視で狙った方がましだと言ったとの事だ。一九七四年の小型RPVに関する記事で、DARPAの担当者はこのレーダー探知を逃れる能力に対して「ステルス性」と言う用語を初めて使用している。

この結果に特に注意をひかれた人が二人いた。攻撃兵器と燃料を搭載した有人機は、当然ながら小型RPVより大型の機体になる。しかし、小型RPVで実証されたRCSを小さくする方法を、有人機にも適用したらどんな結果が得られるだろう？　その方法を徹底的に適用したら、その機体は実質的にはレーダーに映らなくなるのではないだろうかと考えたのだ。

その二人のうちの一人がウィリアム・エルスナーだった。彼はデイトン市郊外のライトパターソン空軍基地にある、空軍の新型機と新兵器の開発と調達を担当する空軍航空システム部に勤務する技術者だった。空軍がどのような装備を必要とするかを検討し、開発された装備が要求した機能、性能を満足しているかを判定するために、空軍航空システム部は技術者を多数雇用していた。エルスナーはその一員で、空軍のRPV計画を担当していた。彼は子供の頃に小児麻痺にかかったため、松葉づえを使用していた。地味で物静かだが、開放的で親しみやすいエルスナーは、秘密保全のために隔離された空軍の技術者の世界では、高く評価され尊敬されていた。

もう一人はDARPAのケン・パーコだった。大柄で人当たりが良い技術者のパーコは、ライトパターソン基地の空軍RPV開発室に勤めていたので、エルスナーとは親しく、小型RPVの試験結果も知っていた。一九七四年七月、DARPAの小型RPV担当課長のケン・クレサは、空軍にいたパーコを、DARPAの戦術兵器技術室に引き抜いた。これは大成功だった。パーコは新規事業を立ち上げる際に、官僚機構の中で根回しをするのが上手で、どうすれば組織が動くのかが良く分かっていた。

エルスナーとパーコは、政府側の担当者としてステルス機の将来性を確信していた。二人は小型RPVの試験結果を見て、レーダーに探知されない有人機の研究を進めたいと思った。二人はステルス機開発を始めるに当たり、ステルス機が影響を与える戦略的な面や政治的な面と、ステルス技術の開発計画がうまくかみ合うように配慮した。二人は技術開発を担当する中間管理職として、ステルス機の将来性を信じ、それを実現するための予算を取得し、その開発過程を監督した。

上層部もパーコとエルスナーを支援してくれた。一九七三年にジョン・フォスターはDDR&Eを辞めた。彼の後任はマルコム・キュリーだった。彼はカリフォルニア大学バークレー校出身の物理工学博士で、ヒューズ社に入ってヒューズ研究所の所長になった人物だ。キュリーはDARPAの局長にジョージ・ハイルマイヤーを任命した。ハイルマイヤーはプリンストン大学出身で電気工学の博士号を持ち、RCA社に入社して一九六〇年代に液晶表示器の開発に従事した。液晶表示器は、民生用として大きな成功を収めた。キュリーもハイルマイヤーも研究者だった事があるが、それは製品化を最終目的として研究を行う民間の研究所での事だった。この頃の米国は、冷戦の最中でもあり、実質的にはまだ戦時と言って良かった。ＤＤＲ＆ＥやＤＡＲＰＡの局長として、二人は軍事用に使用できるアイデアを求めていた。

一九七四年にキュリーはＤＡＲＰＡの戦術兵器技術室のロバート・ムーア副室長に、何か新しい計画の構想がないか尋ねた。ムーアは最近ＤＡＲＰＡでムーアの下で働くようになったパーコから聞いた話として、レーダーに映らない航空機のアイデアをキュリーに話した。キュリーは興味を感じ、良いアイデアを検討させるための予算を持っていたので、レーダーに映らない飛行機の研究を始めるために、その予算の中からパーコに二〇万ドルを与えた。

更に、前年にＤＤＲ＆Ｅの航空戦グループの一員となったチャールス・マイヤースからの提案もあった。マイヤースは第二次大戦では爆撃機のパイロットで、戦後は海軍のテストパイロットになり、一九六〇年代には、後にＦ‐16となる軽量戦闘機の構想を提唱したファイターマフィアの一員だった。マイヤースもレーダーに探知されない航空機に興味を持ち、ムーアからパーコの小型ＲＰＶの事を教えてもらった。マイヤースは関心を抱いただけでなく、その計画に名前を付けた。一九五〇年公開の、ジェームズ・スチュアート主演の映画で、主人公の一番の友人が、ハーベイと言う名前の身長一八〇センチの、目では見えないウサギだった事にちなんで、開発計画の名称を「ハーベイ」としたのだ。

パーコはレーダー反射断面積が小さな航空機を研究するハーベイ計画について、航空機製造会社五社に提案書を出すよう依頼した。フェアチャイルド社とグラマン社は関心を示さなかった。ゼネラル・ダイナミックス社（ＧＤ社）は電子対抗手段（ＥＣＭ）装置を使用して、レーダーを電子的に妨害して無力化する案を提出した。ノースロップ社とマクドネル・ダグラス社だけが、機体形状や材料で対応する有望そうな提案を提出したので、一九七五年の後半に、この二社のそれぞれと一〇万ドルの研究契約が結ばれた。DARPAは契約の履行と監督をライトパターソン基地のRPV室に依頼したので、エルスナーが空軍側の担当技術者となり、DARPAに移籍したパーコと協力して作業する事になった。もしこの最初の研究契約で有望そうな研究成果が得られたら、DARPAはこの計画をもっと大規模に進めたいと思っていたが、それには空軍の協力が必要となる。

空軍の上層部は、最初はステルス機の研究には乗り気でなかった。空軍はECMに力を入れていて、ECM関係者にとってステルス機はECMとは方向性が異なる対策であり、むしろECMの予算を横取りする邪魔な存在と受け取られた。ECMはすでにかなり成熟した技術で、その起源は第二次大戦時の「電波ビームの戦い」が繰り広げられた三〇年前までさかのぼる。数名の技術者が唱える、レーダー反射断面積を一万分の一まで減らす提案よりは、ずっと確実なレーダー探知対抗策である。ノースロップ社のある科学者が言うところの「電子業界向けの政策」により、ノースロップ社の関係者達はステルス機がまだゆりかごの段階で中止になってしまうのではないかと心配した。

空軍側がステルス機に取り組む上での障壁は、ECM関係者からの抵抗だけではない。その当時は、空軍内の反抗的なファイターマフィアが強引に空軍に採用してもらった、軽量戦闘機のF‐16戦闘機の量産が始まろうとしていた。そのため、空軍の上層部は、防衛関係者の間で必要性が認められてきた系列の機材に対して、これ以上それらの機材と競合する外部からの新規装備の提案には抵抗があった。一般的に技術者には「ここで発明されたのではない」物を歓迎しない傾向がある。キュリー国防次官は空軍参謀総長のデビッド・ジョーンズ将軍との朝食会を設定し、そこでジョーンズ参謀総長がステルス機を支援してくれるなら、キュリーはＦ‐16戦闘機について、ジョーンズ参謀総長を支援する事を約束した。キュリーは後日、ジョーンズ参謀総長と研究開発担当副参謀総長のオルトン・スレイ将軍に、ステルス機の構想をパーコとハイルマイヤーＤＡＲＰＡ局長から説明させた。スレイ副参謀総長は懐疑的だったが、説明が終わった所でキュリーはジョーンズ参謀総長の意見を尋ねた。ジョーンズ参謀総長はキュリーとの取引を考慮して、「反対する理由はないな」と答えた。スレイ副参謀総長はその意見に合わせる事にしたので、空軍はステルス機推進派の立場を取る事になった。

　こうなると、パーコとエルスナーにとって、ノースロップ社とマクドネル・ダグラス社が、実際にレーダーに映らない機体を作れるかどうかが次の問題だった。パーコはロッキード社には提案の提出を求めなかった。ロッキード社は一〇年以上戦闘機の世界から離れていたので、最先端の戦闘機を設計する能力が疑問視されていたのだ。ロッキード社がその当時に製造していた機体は、Ｌ‐１０１１大型旅客機と、地味な機種である哨戒機や輸送機だった。実際には、ロッキード社のスカンクワークスは、ＣＩＡのスパイ機を何機種か製作していて、その中にはステルス性を考慮した機体もあった。問題は、ＣＩＡのスパイ機はあまりにも機密度が高く、パーコも含めて、ほとんどの人がそれらの機体の事を知らない事だった。しかし、ハーベイ計画は、その当時の秘密度の区分では最も低い区分だったので、ロッキード社のある技術者がその存在を聞きつけ、ロッキード社の上層部にその存在を報告した。ロッキード社はＣＩＡの許可を得て、ステルス性を考慮した機体の製造経験がある事をＤＡＲＰＡに明かしたが、その時はもう遅すぎた。ＤＡＲＰＡは持っていた予算の全額を、すでにノースロップ社とマクドネル・ダグラス社に配分した後だった。ロッキード社の上層部はそれに対して、無償で作業をする事に決め、自社の費用で競争に参加する事にした[訳注2]。

　最初に提出された設計案では、ロッキード社とノースロップ社は同じような考え方を採用していたが、マクドネル・ダグラス社は別の考え方を採用していた。レーダー波が物体に当たると反射され、その一部がレーダー波を発信したアンテナへ戻る。機体の反射面の端が直線の場合、レーダー波は端面の直角方向に跳ね返され、鏡で反射された光の様に、強くて狭い反射波（スパイク）となって戻って行く。面の端が曲線の場合、反射波は弱いが、広い角度に反射される。ロッキード社とノースロップ社は、反射波がスパイク状で強くても、その方向が敵のレーダーアンテナの方向以外ならそれでも良いと考えた。マクドネル・ダグラス社はスパイクを発生させず、レーダー波の反射を多方向に分散させようと考えた。そのため、ロッキード社とノースロップ社の設計案では、上から見ると胴体や主翼の輪郭線は直線だったが、マクドネル・ダグラス社の設計案では、上から見た機体の輪郭線は滑らかな曲線で、胴体の輪郭線は主翼の前縁に滑らかにつながっていた。

ロッキード社とノースロップ社の設計案の外形が似ていたので、根本的な違いが分かりにくくなっていた。両社とも面の端は直線を採用した。しかし、輪郭線と輪郭線の間の機体の表面の形状はどうだろう？

一九七五年春、ＤＡＲＰＡは、敵のレーダーに実質的に探知されない条件として、ステルス機で許容できるレーダー反射断面積の上限値を決めた。八月には、ＤＡＲＰＡは三社に対して、その上限値を達成できる機体の設計案の提出を求めた。ロッキード社とノースロップ社は、レーダー波の反射状況をコンピューターで計算して、その上限値を達成できる事を確認した設計案を提出した。マクドネル・ダグラス社は上限値を達成できる設計案を作成できず、ＥＣＭによってその差を埋める案を提出した。これでマクドネル・ダグラス社は脱落した。一九七五年一一月、ＤＡＲＰＡはロッキード社とノースロップ社に、生存性向上実験機（ＸＳＴ）計画と名付けられた次の段階の研究のために、両社と約一五〇万ドルの契約を結んだ。フェーズ１（第一段階）として、両社は四か月の期間で、実際のレーダーを使用する反射強度の試験用に、実物大の模型を設計し製作する。レーダー反射断面積がより小さかった会社がフェーズ１の勝者となり、フェーズ１の設計を基礎にして、飛行可能な実験機を二機製作するフェーズ２に進む。要するに、ＸＳＴ機の設計における競争の結果で、最初のステルス機を製造する会社が決まるのだ。

第4章　ロッキード社の設計案　折り紙細工のような機体

一九一二年にアラン・ロッキードとマルコム・ロッキードの兄弟は、独学で覚えた飛行機の整備の技術を活かして、サンフランシスコ市で飛行機の製作を始めた。二人の最初の機体は、サンフランシスコ湾観光用の水上機だった。その後、二人はサンタバーバラ市を経てロサンゼルス市ハリウッドに移り、最終的に一九二八年にバーバンク市に落ち着いた。その間、二人の会社は何度も倒産と再建を繰り返し、マルコム・ロッキードは航空機事業から身を引いた。[訳注1] アラン・ロッキードは、そのスコットランド式の名前の表記（Loughead）のせいで「ラグヘッド（Loug-head）」と間違って発音されるのに閉口して、発音に合わせて会社の名前の綴りをアメリカ式の「Lockheed」に変更した。しかし、会社は再び倒産したのでアラン・ロッキードは事業から身を引き、一九三二年に、投資家グループが破産したロッキード社を買い取った。創業者の兄弟の関係で残ったのは、会社の名前だけだった。

ロッキード社の新しいオーナー達は、バーバンクの小さな工場から出発し、いつかは数千人の従業員を雇えるように成りたいと思ってはいたが、しばらくは小さな規模でやって行く事にした。一九三〇年代後半になると、ヨーロッパでの緊張が高まり、軍用機の需要が増え、第二次大戦がはじまると洪水のように注文が押し寄せた。ロッキード社の従業員は九万四〇〇〇人に増え、三交代制の二四時間勤務体制で操業したので、交代時間になると工場の門は出退勤する工員で溢れかえっていた。それはロッキード社だけではなかった。ダグラス社やノースアメリカン社のような他の南カリフォルニアの航空機製造会社も、同じくらいの規模になり、多くの従業員が働いていた。ロッキード社では女性の工員が多く、「リベット打ちのロージー」のイメージ通りの状況だった。ロッキード社の戦争中の生産ラインからは、ハドソン爆撃機、ロードスター輸送機、ベンチュラ哨戒機、ハープーン哨戒機が送り出された。さらに、ボーイング社設計のＢ‐17爆撃機も三千機近く生産されたし、ロッキード社が開発した、双発で後部胴体が二本の特徴的な外形のＰ‐38ライトニング戦闘機も一万機生産された。

戦争が終わると航空機産業の仕事は急減した。ロッキード社は二年間のうちに人員を一万四五〇〇名まで削減した。しかし、冷戦が始まると軍用機の注文が増加した。一九五〇年代中期には、ロッキード社は米国で第三位の規模の航空機製造企業となり、軍用の宇宙関連製品にも進出した。宇宙関係で最も有名なのは、ポラリス潜水艦発射弾道弾と、コロナ偵察衛星である。前者は生存性が優れているために、核抑止戦略における核戦力の三本柱の一つとしての役割を担った。後者はソ連の軍備の状況などについて、詳細な情報を取得するのに役立った。

ロッキード社は一九三二年の再建以来、技術者ではなく投資家達が経営に当たってきた。航空機産業は結局のところ営利事業であり、空気力学や推進工学の知識だけでなく、株式、事業拡張のための借り入れや運転資金、株主と取締役会などに関する知識も必要である。ロッキード社の経営者は、技術者達の技術を追及する熱意を尊重しつつ、財務面では慎重に対応して、健全な経営を心がけていた。

一九七〇年代初めには、ロッキード社の経営者の手腕が試される事態になった。航空宇宙分野での不況は、ロッキード社にとっては特に影響が大きく、会社は倒産の危機に陥り、数千人の従業員をレイオフした。会社は技術的先進性に優れたL - 1011大型旅客機に社運をかけたが、政治的、技術的な問題に遭遇し、数十億ドルの赤字を出してしまった。米国政府による二・五億ドルの債務保証により、ロッキード社は目前に迫っていた倒産を避けられたが、一九七五年のロッキード社の株価は三・七五ドル以下にまで下落した。これは一〇年前の株価の三分の一だった。一九七六年二月には、海外販売に於ける贈賄事件が明らかになり、会長のダン・ホートンと副会長兼社長のカール・コーチャンは辞職した。[訳注2]

経済的な苦境に陥ったロッキード社は、リスクの大きい新技術への投資をためらった。しかし、こうした経済的な荒海に投げ出されたロッキード社には、荒海の中でたよりにできる秘密の小島のような存在があった。それは創造性が豊かな技術者集団の組織で、ロッキード社のステルス機への参入に希望を与えてくれる組織だった。

その秘密の小島を支配していたのは、クラレンス・ジョンソンと言う技術者だった。スウェーデン系だが一般には、アイルランド系の愛称で「ケリー」と呼ばれていた。それは子供の頃に同級生と喧嘩して勝った際に、同級生がつけた愛称である。同級生たちは彼には女性的なクラレンスより、強そうなアイルランド系の名前の方が似合うと思ったのだ。ジョンソンは子供の頃から飛行機に夢中になり、子供にしては非常に正確な飛行機の絵を描いていた。ミシガン大学の工学部に入学した頃には、もっと具体的で詳しい飛行機の図を描いている。ロッキード社は、一九三三年にジョンソンがミシガン大学の航空工学の修士課程を卒業すると、すぐに採用した。この時期は、航空機の設計者が、初期の頃の独学で飛行機の設計を覚えた人達から、

大学に新設された航空工学科を卒業した技術者に移行する時期だったので、彼は大学で航空学を学んだ設計者の最初の世代の設計者である。訳注3

ジョンソンは採用されると最初に、上司達に会社が開発中の機体には欠陥があると断言した。ロッキード社は新型機の模型をミシガン大学に送り、大学の風洞で試験をしてもらった事があるが、在学中のジョンソンはその試験を行って、機体の安定性が不十分だと判断していたのだ。ロッキード社の技術部門の上司は、この生意気な新入社員に「それなら、どうしたら良くできるかね？」と質問した。ジョンソンは大学の風洞へもどり、巧みな解決策を見つけた。安定性と操縦性を良くするために、垂直尾翼が一枚だったのを、左右二枚にしたのだ。この双尾翼形式は、それ以後しばらく、Ｐ‐38戦闘機などのロッキード製の機体の特徴となった。当時のロッキード社の主任設計者で、彼自身も有能な技術者だったホール・ヒバードは、「このスウェーデン人は本当に空気の流れが見えるらしい」と言ったとの事だ。

ジョンソンの技術的な有能さは有名だったが、それに加えて、彼は短気で、煩雑な事務的な手続きが大嫌いで、かんしゃくを起こしやすかった。彼が管理職になると、部下に対してかっとすると、その場でお前は首だと言い渡していた。しかし、すぐさまそう宣告した事を忘れてしまうので、首を言い渡された部下が会社を辞める必要は無かった。二、三日、ジョンソンと目を合わさないようにしながら仕事をしていれば、それで済んでしまった。

第二次大戦中、ロッキード社は陸軍航空隊（後に空軍として独立）が発注した、米国初の実戦用ジェット戦闘機であるＸＰ‐80型機を開発するために、ジョンソンに少人数の開発チームを指揮させた。ジョンソンは機体の開発に関する全ての事項、つまり人事、資材調達、製造、試験などの全てについて、全権限を与えられた。それにより、ジョンソンは、量産を行う上で通常は必要とされる、一般的な知識レベル、技能レベルの作業員用の詳細な手順を設定する手間を省き、少数精鋭で効率的に開発作業を進める事が出来た。それにより、開発チームはXP‐80型機の設計、製造を、信じられない程に短いわずか一四三日間で完了させた。ジョンソンはその時の経験を心に刻みつけた。

戦争が終わっても、ロッキード社はジョンソンのグループをそのまま存続させ、社内で自由に活動を続けさせた。公式の名称はロッキード社先進開発計画部門（ＡＤＰ）だったが、「スカンクワークス」の愛称の方が有名だ。この愛称は、リル・アブナーの漫画から来ていて、その漫画では登場人物の一人が屋外の蒸留装置で悪臭を放つ密造酒を作っているが、そこの名前が「スコンクワークス」だった。ジョンソンのグループは、最初の頃に近所の工場からの悪臭に悩まされていたが、ある日、電話が掛かって来た時、グループ員の一人が冗談で「スコンクワークスです！」と電話に答えた。ジョンソンには面白くなかったが、この名前は使われ続け、後にロッキード社は漫画の作家の顧問弁護士と調整の上、「スカンクワークス」の名前を商標登録した。

素晴らしく有能だが無愛想なジョンソンは、いくつかの原則を設定して、それでスカンクワークスを運営した。その原則は要約すれば、非常に有能な人間ばかりの少人数のチームを、自由に働かせる事だった。ジョンソンは彼の手法を「速やかに、黙々と、期限内に」と短く表現した。彼の手法としては、ＫＩＳＳ（Keep It Simple, Stupid：単純にするんだ）も有名である。スカンクワークスは、一九五六年に初飛行したＦ‐１０４戦闘機を初めとして、偉大な実績を残したＵ‐２偵察機やＳＲ‐71偵察機と言った、技術的に最先端の機体を開発するのに当たり、スカンクワークス流の簡略化された管理手法を採用した。Ｕ‐２機やＳＲ‐71機の開発では厳格な秘密保持が必要だったので、ジョンソンは政府側からのお役所主義的な面倒な監督を受けなくて済み、先進的な航空機を速やかに予算内で作り上げることができた。こうした秘密のプロジェクトでは、スカンクワークスはロッキード社本体から切り離された形で活動していた。そのため、スカンクワークスは独自の機体製造能力を持ち、機体を引き渡した後の支援作業も行っていた。この事がステルス機の開発で重要な役割を果たした。

ロッキード社がステルス機の開発競争に参入した一九七〇年代前半には、スカンクワークス自体も変わろうとしていた。スカンクワークスの創始者で、三〇年間に渡りスカンクワークスを率いてきたジョンソンは一九七四年末で引退する事に決め、自分が後継者に選んだベン・リッチにスカンクワークスを委ねる事にした。スカンクワークスでベン・リッチは若い頃には、ＳＲ－71偵察機の設計に参加した。設計では難しい箇所が多かったが、彼はその中でも特に難しい箇所の一つである推進系統の設計に携わった。マッハ３の速度では、ＳＲ－71機のターボジェットエンジンは、エンジン一台当たり毎秒二七〇〇立方メートル（一〇万立方フィート）もの空気を空気取入口から吸い込む。この量はナイアガラの滝の流量に匹敵する。空気を吸い込む際に、空気取入口で発生する衝撃波の位置によっては吸い込む空気の流量が減少し、エンジンの推力を大きく減少させる場合がある。リッチは空気力学と熱力学を複雑に組み合わせて、空気取入口の中心に、前後方向の位置を調節できる円錐（コーン）を装備するように設計した。コーンを飛行速度により前進させたり後退させたりして、衝撃波と空気取入口の縁（リップ）の位置を調整して、常に効率よく大量の空気をエンジンに供給できるようにしたのだ。

リッチの技術能力の高さ、勤勉で積極的な態度がジョンソンに気に入られ、ジョンソンはリッチを重用した。しかし、リッチはジョンソンとは異なる仕事のスタイルをスカンクワークスに持ち込んだ。ジョンソンは部下に気楽に接する時もあるが、たいていはぶっきらぼうで、アメリカンフットボールのライバッカーのようながっちりとした大柄の体格でもあるので、威圧的な感じだった。リッチは小柄で、口数が多く、いつも目を輝かせ、唇には笑みを浮かべては、冗談を連発していた。あるＣＩＡの航空機担当の幹部は「ジョンソンは不機嫌な顔で部下を動かしていたが、リッチは下手な冗談で動かしていた」と言っている。リッチはジョンソンとは対照的に、政治的な動きをする事も好きだった。リッチの明るいおしゃべりは、国防総省や軍のお偉方に気に入られていた。ジョンソンの唯我独尊的な態度は、技術的には大きな成果を上げたが、多くの空軍の要人を不快にさせた。ジョンソンのこうした性格が、スカンクワークスが一九七〇年代前半には主要な開発計画に参加させてもらえなかった理由の一つかもしれない。こうした事情から、ステルス機開発競争に勝って仕事を確保する事は、スカンクワークスにとって非常に重要だった。

しかし、リッチはスカンクワークスでステルス機開発を指揮する立場から、もう少しで縁を切る所だった。彼は別の会社に移る事を考えていた。一九七二年にノースロップ社は、軽量戦闘機の開発競争に参加するのに当たり、リッチにその提案チームを指揮して欲しいと提案した。給与はスカンクワークスより大幅に上げるとの事だった。リッチはその誘いを受けようと考えたが、受諾する直前にジョンソンはリッチを説得して転社を止めさせた。説得した理由の一つに、ジョンソンは三年後には引退するが、リッチをその後任にすると約束した事がある。

一九七〇年代中頃には、スカンクワークスは先進的で、それまでにない高性能の機体を作ると高く評価されていて、スカンクワークス自身も自らの能力に自信を持っていた。それまでの経験はステルス機の開発に役立つかもしれないが、自信を持ちすぎると良くない場合もある。

――――

スカンクワークスのステルス性に関する経験は、Ｕ‐２機とＳＲ‐71機で得た物だった。ＣＩＡはスパイ機がソ連の上空を飛行すれば、ソ連が激怒する事は分かっていた。また、ソ連のレーダーは高々度を飛行するＵ‐２機の捕捉、追尾に成功しているが、ソ連のミサイルは、今の所はまだ高々度を飛ぶＵ‐２機に届かないので撃墜できないだけである事も分かっていた。その後、フランシス・ゲーリー・パワーズが乗るＵ‐２機をソ連がレーダー誘導方式の地対空ミサイルで撃墜したが、ＣＩＡはその三年前の一九五七年に、Ｕ‐２機がレーダーに捕捉されにくくするためのレインボー計画を開始した。スカンクワークスの技術者は胴体下面を、ＭＩＴのリンカーン研究所のレーダーの専門家の協力を得て開発した、炭素の微粒子入りのＦＲＰ製のハニカム板で覆ってみた。厚さ六ミリのレーダー波吸収用のハニカム板は、ある特定の周波数のレーダー波だけしか吸収しなかった。しかも、ハニカム板は熱を通しにくいので、エンジンの熱が胴体内にこもる結果となった。一九五七年四月の試験飛行で、胴体内の温度が上昇してエンジンが停止し機体は墜落した。操縦していたパイロットは死亡した。

スカンクワークスは別の方法も試した。磁性体のセラミックの粒をいくつも付けた、銅メッキした金属線を、胴体と尾翼の周囲に張り巡らせたのだ。機体はまるで金網のフェンスを取り抜けて来たかのような姿になった。レーダー波の反射低減対策の代償は今回も大きかった。機体周囲に張り巡らされた金属線は機体の重量と抵抗を増加させ、巡航高度は一五〇〇メートル低下し、航続距離は二〇パーセント減少した。この機体は「みっともない鳥」とひどいあだ名が付けられた。Ｕ‐２機は高々度で長距離を飛ぶ事が全てに優先する機体なので、ジョンソンはこのレーダー波反射低減対策を断念した。

このＵ‐２機の経験で、ロッキード社は貴重な教訓を得た。既存の機体に改修を加えてレーダー反射断面積を大幅に減少させるのは不可能だと言う事だ。Ｕ‐２機の後継機では、スカンクワークスの技術者は、最初の設計段階からレーダー反射断面積の削減を考慮する事にした。この後継機について、ジョンソンはまず

Ｕ‐２機を基にした機体を考えてみた。偶然だがその機体の社内名称はＢ‐２だった。胴体は円筒形ではなく、上側の部分はレーダー波を上方に反射させるために内側に傾いていて、下側の部分は主翼の下面に滑らかにつながっていた。部内の設計検討会で、スカンクワークスの他の技術者は、もっと変わった設計案を提案した事がある。その中には、全翼機や、主翼の前縁と後縁が曲線で胴体に滑らかにつながる形の「コウモリ型」の機体もあった。ジョンソン自身も、機体をＦＲＰで製作してレーダーに映らなくする事も考えた。これは初期の飛行家が、主翼や胴体の外皮を透明な材料にして、地上から見えなくしようとしたのと同じ発想だ。しかし、機体内部に装備された、金属を使用しているエンジンなどの装備品がレーダー波を反射するので有効な対策にはならない。

こうした設計案の幾つかは、レーダー波を相手の受信アンテナ以外の方向に反射させるので、レーダーに捕捉されないだろうと思われたが、しかし、空力的に不安定で、設計案以上の段階には進まなかった。そこで、ジョンソンは別の方向で考える事にした。もし機体が高々度を非常に速い速度で飛べば、目標として識別される前に、レーダー波のビームを通り抜けてしまう事ができるのではないかと考えたのだ。リンカーン研究所のレーダーの専門家は、ジョンソンはレーダー波の反射低減よりも飛行性能の向上の方に興味があったようだし、また、スカンクワークスの外部からのアイデアには興味が無かったのではないかと感じている。リンカーン研究所では「Ｕ‐２機の後継機では、ジョンソンはレーダー反射断面積の削減には全く興味が無かった」と言う人もいる。ジョンソンはいつも空気力学優先だった。

ジョンソンを弁護するなら、スカンクワークスの技術者達はレーダーを研究してみて、今後の技術の進歩を考えると、レーダー反射断面積を小さくしても、結局はレーダーにより探知されなくする事は出来ないと考えたのだろう。つまり、レーダーの進歩の方が、航空機の進歩より速いと考えたのだ。更に、ジョンソンはＣＩＡの新しいスパイ機に対する厳しい要求（速度はマッハ３，飛行高度は二万七〇〇〇メートル、航続距離は三二〇〇キロメートル程度）を考慮すると、レーダー探知対策をした機体ではその要求を満足できないと、幾つか根拠を挙げて主張した。ＣＩＡはレーダー探知対策と飛行性能の双方を満足する機体を入手できないと言う事だ。ＣＩＡは最終的にはジョンソンの主張を受け入れ、要求事項、特に飛行高度に関する要求内容を引き下げた。思うに、ジョンソンのレーダー反射断面積に対する冷たい態度には、口に出しては言わないが、彼なりの理由があったに違いない。Ｕ－２機でレーダー波の反射を弱めようとした結果、テストパイロットが墜落して死亡するのを見ているのだ。

しかし、レーダー反射断面積の重要性を真剣に受け止めた人がいる。それは米軍の最高司令官である合衆国大統領だ。ソ連がＵ－２機を探知し追尾できる能力を持っている事を知り、アイゼンハワー大統領はＵ－２機の事を非常に心配していた。ソ連はまだＵ－２機を撃墜できないかもしれないが、国土上空を侵犯され続ければ、米国との関係は緊張を高め、核戦争の恐れが強まる。アイゼンハワー大統領が述べたように、もしソ連が日常的に米国上空にスパイ機を飛行させたとすれば、アメリカ国民はどう反応するだろう？　そのため大統領はＣＩＡに対して、スパイ機をレーダーで探知されないようにするか、上空侵犯を止める事を強く要求した。

ジョンソンに圧力をかけるため、ＣＩＡは次世代のスパイ機の開発では、コンベア社をロッキード社と競争させる事にした。ＣＩＡはジョンソンに、コンベア社の設計案は有望だと教えた。ジョンソンは言外の意味を理解した。ロッキード社は最終案に近付くにつれて、レーダー反射を減らすための対策を幾つも織り込んでいった。そうした対策には、胴体の上面と下面を緩やかな曲面にする事、機首から主翼までチャインを装備する事、レーダー波を強く反射する角（コーナー）を無くすためにチャインと主翼を胴体に滑らかに

図 4.1　エリア 51 のレーダー波反射試験場におけるロッキード A-12 偵察機の模型。
（ロッキード・マーチン社スカンクワークス提供）

つなぐ事が採用された（チャインとは、胴体側面に沿って横に張り出した部分で、太くて短い主翼の様にも見える部分の事である）。二枚の垂直尾翼も、レーダー波を真横に反射しないように、内側に一五度傾けてある。この設計から生まれたのが有名なA－12型機で、それから派生したSR－71ブラックバード機の方が良く知られているかもしれない。A－12型機の設計は一九六〇年に完了したが、そのスマートな姿をした機体は、今でも航空機愛好家達に尊敬されている。いかにも高速機らしい外形の機体である。SR－71型機は現在、スミソニアン航空宇宙博物館のウドヴァー・ヘイジー分館に展示されている。

チャインと内側に傾いた垂直尾翼は、レーダー波対策だけでなく、空気力学的な役割も果たしている。チャインは揚力を増加させ、機体の安定性を向上させているし、垂直尾翼を内側に傾ける事で、垂直尾翼への気流の状況が改善され、機体を制御する能力も良くなっている。レーダー波の反射低減では、形状よりも材料に重点が置かれていた。つまり、反射しやすい部分は、形状を変更するよりレーダー波を吸収する材料が使われている。そうした材料を開発するために系統的な研究が行われ、その結果、黒鉛（グラファイト）の粉末を混ぜたアスベスト製のハニカム材が開発されたが、その組成は対象とするソ連のレーダーの周波数に合わせて決められている。チャインと主翼の前縁部分は形状的にレーダー波の反射が大きくなるので、レーダー波吸収処理が必要だった。エンジンの空気取入口と排気口は、内部に入り込んだレーダー波が反射を繰り返して共鳴を起こし、外部へ強い電波を放出する場合があるので、同様な処理がなされている（ＳＲ‐71型機では、音響試験室の壁面に円錐形の音波吸収材が取り付けてあるのに似て、レーダー波吸収材が、チャインや主翼前縁内部に鋸歯状に取り付けられているのがはっきりと分かる）。エンジンの排気口については、スカンクワークスの技術者のエド・ロビックが、セシウム塩をジェット燃料に添加する事を考え付いた。セシウムは排気ガスをイオン化するので、電離した排気がレーダー波を吸収し、排気口がレーダーに映らなくなる。

このように、Ａ‐12型機とＳＲ‐71型機はレーダー波反射低減対策を幾つか採用しているが、空気力学的設計に重点が置かれており、レーダー対策は材料が主である。レーダー波反射低減対策は効果があり、Ａ‐12型機のレーダー反射断面積は同じくらいの全長のＢ‐47爆撃機と比較して二〇分の一になった。この程度では探知される距離はあまり短くならないが、それでも、ソ連のレーダーがＡ‐12型機を探知しても、Ａ‐12型機の飛行速度が速いので追尾する事は出来ないだろうとスカンクワークスでは予測していた。結論的には、Ａ‐12型機とＳＲ‐71型機は、撃墜されないための手段としては、速度に頼っていてステルス性にはあまり頼っていない。

それでも、スカンクワークスのこうした開発経験は、一五年後に大きく役立つ事になった。ＣＩＡがロッキード社に、秘密にされていたスパイ機の開発作業の内容をＤＡＲＰＡに教える事を許可した事で、ロッキード社は最初のステルス機の開発競争に途中から参加でき、勝つ事ができた。経験した内容の幾つか、特にレーダー波吸収材料の経験は、競争に勝つために役に立った。しかしロッキード社のステルス機の設計は、別の新しいアイデアを取り入れていた。その幾つかはスカンクワークスの外部からもたらされた物だった。そうしたアイデアの一つは、スカンクワークスから遥か遠方の、思いもよらない意外な情報源からもたらされた。その情報源は、何とソ連の無名の物理学者だった。

―――

ピョートル・ウフィムツェフは一九三一年に、南シベリアの草原地帯にあるアルタイスキー・クライ地方のウスト・チャリシュスカヤ・プリスタンと言う町で生まれた。その町はオビ川沿いの小さいが活気がある港町で、人口は約一万人だった。彼の少年時代は、のどかな田園生活とは縁遠いものだった。スターリンの恐怖政治の最中で、ウフィムツェフが三歳の時に、彼の父親は何の罪かも知らされないまま逮捕され、強制収容所へ送られた。ウフィムツェフはそれが父の顔を見る最後とも知らずに、父に別れの挨拶をする事だけは許された。父親は強制収容所で死亡し、残された母親は三人の息子と二人の娘を育てなければならなかった。第二次大戦が始まると、ウフィムツェフの二人の兄は前線へ送られ、戦死した。当時は、集団農場は収穫物のほとんどを軍に送っていたので、農場に残った家族には、生き延びるのがやっとの食料しかなかった。戦争が終わると、生活は少し楽になったが、二年後でも生活は極度に厳しいままだった。

こうした苦労をしたにも拘わらず（苦労したからかもしれないが）、ウフィムツェフは明るく振舞っていたが、その裏にはシベリアに住む人に共通する粘り強さを持っていた。以前は、移住者がシベリアの村にやって来ると、住民は彼らを受け入れる前に課題を与えていた。切り倒した木を何本か与えて、それで一日のうちに家を作れと言うような厳しい課題だ（ウフィムツェフの祖父母は、到着した時、ヘラクレスの試練のような厳しい試練を課せられた。動物の皮をはぐのに使用されていた建物を、一晩の内にきれいに清掃しろと言われたのだ）。

ウフィムツェフはシベリア人の粘り強さでもって、数学と科学の勉強に一途に励んだ。三年生の時、数学の宿題が解けないので午前三時まで起きていた事もある。ソ連の教育システムは彼にとっては良かった。小さな村の学校でも、特に数学と科学については、モスクワの学校と同じ水準の教育を行っていたのだ。更に、高校の物理の先生にも助けられた。その先生は、ウフィムツェフが電磁気学のファラディの法則について書いた小論文に感心して、彼に自分の大学時代の物理の教科書をプレゼントしてくれたのだ。

高校に入学した年のある日、ウフィムツェフは農場の共有の畑で、母親と雑草を取っていた。母親は彼に「将来は何をしたいの？　シベリアの小さなジャガイモ畑の雑草とりではないよね」と尋ねた。ウフィムツェフは「大学へ行って数学と物理を学び、数学を適用して物理学の問題を解く仕事につきたい」と答えた。七〇年後、彼はその時の事を思い出して、笑いながら「それは実現したよ」と述べている。

努力を重ねる事で、彼は自分の前途を切り開いて行った。彼はまずカザフスタンのアルマトイ市の大学に入学した。これは、冬用の服をあまり持っていなかったので、南の暖かい地方が良いと思ったからだった。彼はその後、オデッサ市の大学に転校したが、それは健康上の理由からだった。彼は視力が低下したが、それは戦後の生活での栄養失調のためと診断され、アルマトイ市の医師は、オデッサ市の有名な眼科治療研究所で治療を受ける事を勧めたからだ。オデッサ大学の修士課程の最終年度の一九五四年、モスクワにある軍事関係の研究所の求人係が大学の物理学科に来て、ウフィムツェフが卒業したら採用する事を約束してくれた。

その研究所は電波工学中央研究所で、国防省のレーダー研究の中心的な存在の研究所だった。電磁気学と光学に関心を持っていた若い物理学者にとって、その研究所は夢の職場だった。大戦中に設立されたこの研究所には多くの研究員が在籍していて、その中には量子力学と一般相対性理論で大きな業績を上げたウラジミール・フォックもいた。研究所の研究内容の大半は秘密扱いをされていたが、その事からウフィムツェフは、彼の父親は強制収容所に送られるような罪は犯していないと推測した。もし父が本当に有罪だったら、ウフィムツェフは秘密の研究に関与する許可を貰えないはずだと思ったからだ。

ウフィムツェフは回折現象を研究する事にした。これは自然科学者達（アイザック・ニュートンもその一人だった）が以前から興味を持っていた研究テーマだった。水面の波、音波や光波が、物体の角でどのように振舞うかを調べる研究だ。一般の人達は、二〇世紀においては、物理学では量子力学や核物理学のような新しい研究分野ばかりが研究対象になっていると思うかもしれないが、電磁気学や光学のような以前からの研究分野も、レーダーなどの新しい技術に関連して、盛んに研究が続けられている。例えば、ドイツの偉大な物理学者のアルノルト・ゾンマーフェルトは量子力学や原子論の業績で有名だが、一九二〇年の上級者向けの教科書では、回折理論の章を執筆している。

ウフィムツェフはゾンマーフェルトの論文を読んで、回折現象に関する基本的な発想がひらめいた。平面や平板に光やレーダー波を当てると、光学の法則によれば波は特定の方向へ反射するはずだ。面に当たるレーダー波を幾つかの光線で構成されているのと同じと考えて、その個々の光線が表面で反射するとか、端部で回折するとして扱ったらどうだろう。又、別の考え方として、ウフィムツェフが考えたように、レーダー波を電磁波として扱って、それが表面に当たると表面に沿った電流を生じ、その電流により空間に電磁波が放出されると考える事もできる。ここで問題となるのが、無限に大きな平面以外の場合、つまり、有限の大きさで端部がある平面だ。物理学者は、端部はそれ以外の残りの部分を合わせたより電波を強く散乱させる事を知っている。なぜそうなるのか、物理学者達はそれを解明しようと努力を続けた。一九五〇年代にニューヨーク大学の数学者、ジョセフ・ケラーは幾何学的回折理論を発表したが、その理論では、回折現象で重要な、物体の端部に於ける現象についてはうまく解けない場合があった。

　ウフィムツェフが考え付いたのは、表面に生じる電流を、一様な電流と一様でない電流に分けて考える事だった。一様な電流は、標準的な物理光学理論による平面における電流と同じである。一様でない電流は、表面における、端部、先端部、亀裂、曲線部などの一様でない部分に生じる電流である。ウフィムツェフはこの一様でない電流を、物体の端部に沿って生じるので、「フリンジ電流（端部電流）」と名付けた。フリンジ電流と、それによる電磁波の放射量を計算する方法を示す事で、彼はこれまで説明出来なかった端部の回折波の発生メカニズムを明らかにした。彼は一九六二年にその理論の論文を（勿論、ロシア語で）発表した。表題は「物理理論による端部の回折波の計算方法」だった（この研究などで、彼は一九五九年に博士号を取得し、研究所の上級科学者に昇進した）。彼が自分の理論に付けた名前は内容をうまく表していた。「物理理論による回折波」理論は曲線部や亀裂部のような現実的な形状を扱えるのに対して、ケラーの「幾何学的」理論では理想化して光線と同じと考えるので、計算できない場合があるのだ。

　ウフィムツェフは冷戦を意識して研究を進めたのではないと言っている。彼が思うには、大祖国戦争、つまり第二次大戦こそが、ソ連の存亡がかかった真の大戦争だった。それに比べると、冷戦はイデオロギーの異なる国々の間の、単なる競争に過ぎない。その競争には、科学分野における競争も含まれていた。彼から見れば、アメリカ人とだけでなく、ソ連内部の科学者とも研究上の競争はしていたのだ。言い換えれば、ウフィムツェフを研究に駆り立てたのは、祖国をアメリカの帝国主義から守ろうとする気持ちではなかった。波動現象を理解する事、それを他の誰よりも早く、深く理解したい気持ちが彼を駆り立てたのだ。だから彼は自分の研究が一番進んでいる事を確認するために、ケラーの研究も含めて、アメリカの研究に注意を払っていたのだ。彼にとって重要なのは知識であって、それが何かの用途に応用される事ではなかった。

そうした姿勢だったので、ソ連の軍部の彼の研究に対する扱いを受け入れる事が出来たのかも知れない。つまり、彼の研究は全く評価されなかったのだ。彼の所属する研究所は、彼の研究は軍事的価値がないので、機密扱いにする必要もないと判断した。彼の理論はそもそも非常に抽象的な内容に過ぎないとみなされた。その上、レーダー波の回折については、円柱や円錐のような単純な形状（数学用語では「回転体」）だけを扱っていた。しかし、対象とする物体の形状が限られているので実用的な価値は無い、とする研究所の判断は間違っていた。航空機とは違い、ミサイルの外形形状は円筒形と円錐形の組み合わせで出来ている場合がほとんどだ。特に、彼の理論はいわゆる「再突入物体」に適用できる。これは、弾道ミサイルが遠距離の目標へ飛行する軌道で発射される時の、核爆弾を収容した円錐形をした弾頭部の事だ。東西の両陣営とも、飛来する弾頭を探知するレーダーを保有している。弾頭が探知された時は、核による人類の絶滅戦争が始まっていて、探知した基地もすぐに核爆発で消滅する事になる。しかし、一九六〇年代前半では、東側も西側もミサイル防衛が可能になる事を期待していて、レーダー波が円錐形の弾頭でどのように反射されるのかに大きな関心を持っていた。

ウフィムツェフと彼の研究所は、彼の理論を航空機に適用しようとした。つまり、ステルス機の実現可能性を考えようとしたのだ。ソ連の軍部は関心を示すどころか、正面から反対した。航空機の設計局は、航空機は空気力学的な観点から設計すべきで、電磁気学的な観点は必要ないと主張した。物理学者ではなく、航空工学を専攻した技術者が設計すべきだと言うのだ。そのため、航空機の設計者達のウフィムツェフへの典型的な反応は、「お前なんか関係ない」だった。ウフィムツェフの研究所にも、航空機への適用のための研究はやめるようにとの指示があった。航空技術者がレーダー研究者の協力を拒否するのは、これが最後ではなく、この後も続く事になる。

ウフィムツェフは外部の冷たい反応を受け入れ、自分の理論的研究を続ける事にした。彼の理論が、冷戦の相手方において革命を引き起こした事を、彼は全く知らなかった。冷戦の初期に、米国政府はソ連の科学技術関係の論文の価値を認め、翻訳する必要があると判断した。その翻訳作業では、ソ連の科学月刊誌によっては表表紙から裏表紙まで全て翻訳する場合と、要望があった特定の記事や論文だけを翻訳する場合が有った。空軍のライトパターソン基地には、その翻訳作業を専門とする海外技術情報部があり、翻訳者とコンピューターが配置されていた。

その翻訳作業は役に立った。ノースロップ社のレーダー研究グループ内で年長のスタン・ローカスは、若い技術者達に基本に立ち返って根本原理から考えるよう教えていて、指導者として尊敬されていた。ローカスにはそれに加えて、レーダー技術全般の知識が深く、一度決めたらやり抜く性格だった。ローカスは翻訳されたソ連の科学誌に目を通すようにしていた。彼はウフィムツェフの書いた記事を見つけ、興味深く感じた。彼は社内に在籍している回折理論の研究者のケネス・ミッツナーにその記事を読むように勧めた。ミッツナーはソ連の研究内容は、これまでの米国の研究者の理論と同じような物だろうと考えて、数週間読まずにいた。しかし、ローカスは早く読むように催促した。ミッツナーはやむなく論文を読んだ。記事を読み終えると、ミッツナーは「全てが変化した。目を開かされた気持ちになった。これこそ我々が必要としている物だと思った」と述べている。ウフィムツェフの記事は、彼が一九六二年に発表したもっと長い論文を基にしたものだった。そこで、空軍はノースロップ社からの依頼を受けて、その長い論文を一九七一年にコンピューター翻訳した。コンピューター翻訳はところどころおかしな所があったが、役に立った。何と言っても、一番重要な内容である方程式は、万国共通の数学で表現されているのだ。

ウフィムツェフの一様でない電流の考え方により、レーダー波の散乱に関する既存の理論で説明できない部分が扱えるようになった。アメリカ人でウフィムツェフに会った人間はいなかったし、彼については名前と理論しか知られていなかったが、ステルス機の設計室では伝説的有名人になった。ノースロップ社の設計チームは、時々、仕事の手を休めては、ウィスコンシン大学の応援歌「オン、ウィスコンシン」の旋律で「行けウフィムツェフ！」と皆で声を合わせて叫ぶ事があった。

米国の諜報機関では、ウフィムツェフ個人については良く分かっていなかったが、彼の研究成果の利用については不安を感じていた。ソ連の物理学者や数学者は世界でも最高レベルだ。ソ連ではこの重要な理論が一九六二年に発表されている。米国がその論文を翻訳したのは一九七一年だ。ソ連はほぼ一〇年前にステルス機開発の基礎理論を手に入れている。ソ連のステルス機の開発は、今ではどこまで進んでいるのだろう？

ロッキード社は一九七四年末にハーベイ計画の事を知ったが、ウフィムツェフについてはまだ知らなかった。一九七五年二月、スカンクワークスがステルス機の開発競争に参入したすぐ後に、ロッキード・カリフォルニア社の一般航空機部門の科学技術部の部長であるエド・マーチンは、先進航空機設計部門の技術者を一名、ステルス機の設計に参加させるためにスカンクワークスに移動させた。その技術者がリチャード・シエラーだった。

シェラーについては前に触れたが、彼はマウンテンビュー市にあるＮＡＣＡのエイムズ研究センターで働きながら、時間外にはアロー開発でディズニーランドのアトラクション用の乗り物を作っており、それらの仕事の合間には自分のホットロッドで走り回っていた。一九五九年にシェラーはエイムズ研究センターを辞めて、ロッキード社の先進航空機設計部門に就職した。そこで彼は対潜哨戒機とＬ‐１０１１旅客機の仕事をした。彼はエイムズ研究センターを辞める前には、超音速機用の翼型の風洞試験をしていた。その翼型は曲面ではなく平面で構成されていて、鋭いくさび型を前方と後方に向けた形をしていた。このくさび形の翼型は、超音速での特性が良く、平面形（機体を上から見た時の形）が三角形である三角翼の機体で用いられる事もあった。

その頃、スカンクワークスの技術者は別の理由で平板を使用する事を考えていた。Ｕ‐２型機やＳＲ‐71型機でレーダー波の反射を減らす実験をした結果として、平板の寸法がレーダー波の波長よりかなり大きい場合、例えば二五倍以上の大きさがある場合には、平板は鏡のように作用して、入射したレーダー波を一つの方向に全て反射する事が分かった。レーダー波の波長が二センチの場合、平板の大きさが五〇センチ以上あればそうなる（二センチの波長は、ソ連のＺＳＵ‐23対空機関砲用の「ガンディッシュ」レーダーの波長である。このレーダーはステルス機開発のきっかけとなったミニＲＰＶのレーダー探知試験で使用されている）。Ｕ‐２型機やＳＲ‐71型機では、空力的に速度と航続性能への悪影響があるので、この平板の特性に関する知識を利用しなかったが、関係した何人かの技術者はこの事を記憶に留めていた。

一九七五年にスカンクワークスで働くようになった時、シェラーはレーダーに関するこうした試験結果を知り、それとエイズム研究センターにおける平面を使用した翼型の試験結果を結び付けて考えてみた。もし飛行機の外面を平面だけで構成したらどうなるだろう？　平面の向きを適切に選べば、レーダー波をレーダー受信機のアンテナの方向とは別の方向に反射させる事が可能だろう。エイムズ研究センターでの研究では、平面で構成された翼型でも、空気力学的に翼として機能する事が分かっている。しかし、平面を構成する平板の向きをどう決めたら良いのだろう？

その問題は、スカンクワークスのコンピューター係の係長であるデニス・オーバーホルザーが解決してくれた。彼はダラス出身の若い技術者だが、ダラスと言ってもオレゴン州セイラム市の西側の小さな市で、テキサス州の巨大都市のダラスではない。若い頃にオレゴン州西部の森林地帯で過ごした事があるので、オーバーホルザーは自然が好きで、大学ではレスリングをしていたので、小柄だがたくましかった。彼はレスリングをする時と同様に、問題には粘り強く取り組み、それを何とかするまであきらめなかった。頭は良いが特に目立つ事もない学生で、オレゴン州立大学を一九六二年に電気工学と数学の学位を得て卒業すると、ボーイング社に入社してミサイルの仕事を担当した。他の航空宇宙産業の会社と同様に、ボーイング社はその頃、民生用のデジタルコンピューターが急速に高性能化してきたので、航空機の設計作業にコンピューターをどう取り込むか、いろいろ試みていた。その際の問題は、航空機の設計技術者がやりたい事を、コンピューターのプログラマーにうまく伝えられない事で、その逆の問題もあった。ボーイング社は、両者の間の意思疎通を補助する人間が必要だと判断し、オーバーホルザーはその仕事を引き受けた。彼は機械工学の知識があり、電気工学と数学の知識もあった。そこでボーイング社は彼にコンピューターのプログラミング訓練コースを受講させた。

一九六四年にオーバーホルザーはボーイング社を辞めて、ロッキード社のスカンクワークスに入った。スカンクワークスもボーイング社と同様な理由で、数学者のビル・シュローダーの下に小規模なコンピューター係を作った。この係は当初はレーダー反射断面積の問題は扱っていなくて、チタン合金の数値制御による切削から、油圧配管内の圧力波の伝播に至るまで、様々な問題をコンピューターで処理するためのプログラム作成を担当していた。一九七五年にシュローダーが引退すると、オーバーホルザーがコンピューター係の係長になった。彼はコンピューターに関しては一〇年以上の経験を積んでいたが、まだ三〇代半ばだった。ベン・リッチは「スカンクワークスのベテラン社員のほとんどは、オーバーホルザーが生まれる前に作られた計算尺を使っていた」と言っている。今と同じで、コンピューターを理解して使えるのは若い人間である。

オーバーホルザーがステルス機の開発に参加したのは、全くの偶然からだった。彼の部屋はたまたま、スカンクワークスのオペレーションズ・リサーチ係のウォーレン・ギルモア係長の部屋の隣だった。ギルモアはハーベイ計画のためにソ連のレーダーを研究し、その探知を逃れるにはどれくらいのステルス性が必要かを検討する仕事をしていた。一九七五年四月、ギルモアは隣の部屋のオーバーホルザーに助けを求める事にした。こうして、オーバーホルザーは、見えないウサギのハーベイを探す仕事に引き込まれる事になった。

オーバーホルザー自身も、シュローダーが退職する前に、レーダー波をそらすのに平板を利用するアイデアをシュローダーと話し合った事があった。今回、シェラーは彼に、平板を組み合わせた形について、そのレーダー反射断面積の大きさを予測するコンピューターのプログラムの作成を依頼した。オーバーホルザーはシェラーに、そのプログラムをいつまでに作って欲しいか尋ねた。シェラーは来月だと答えた。オーバーホルザーはあまりに短期間である事に驚いて、六か月以上はかかると言った。それに加えて、プログラムはもう少し早く完成させられるかもしれないが、それにはコンピューター係全員を動員した上に、五、六人は無制限に残業させる必要があり、シュローダーをコンサルタントとして呼び戻す必要もあると付け加えた。シェラーは、ロッキード社はハーベイ計画の提案競争に遅れて参加したので、ＤＡＲＰＡへの提案提出期限に間に合わせるには、プログラムが希望通り速やかに完成しても、それを使用して設計案を作り上げるには、数か月しかない事が分かっていた。そこでシェラーはコンピューター係を総動員する許可を上司からもらった。オーバーホルザー達はプログラムをFORTRANで作成する作業のために、一週間に九〇時間ものペースで働くことを始めた。オーバーホルザーは管理職だったので、残業手当はもらえなかった。結局、一か月後にプログラムは完成し、エコー（ECHO）と名付けられた。

シェラーはその間、平板を組み合わせた外形で、まともに飛ぶ事が可能な機体をどうしたら作れるのかを考えていたが、設計チーム外からの支援を求める事にした。その中には、U-2型機やSR-71型機の設計に参加したエド・ロビック、空力設計者のディック・カントレル、シェラーがいた先進航空機設計部門のケネス・ワトソンがいた。ケネス・ワトソンはシェラーやオーバーホルザーが考えた外形の機体に対して、機内に装備品をどのように搭載するかの検討を担当した。

ECHOプログラムは、レーダー波が物体の金属表面に電流を誘起し、その電流で電磁波の放射が生じる原理に基づいて計算を行う。ECHOはある表面の部分に誘起される電流の強さを計算し、それを物体の表面全体について複雑な積分計算により合計し、物体全体としてのレーダー波の反射の強さを算出する。計算結果として様々な角度から見た場合のレーダー反射断面積の値が出力される。例えば、正面、斜め四五度前方、側方などから様々な周波数のレーダー波を当てた場合のレーダー反射断面積の値が出力される。この時点では、計算は標準的な物理光学理論のみを使用して行われ、ウフィムツェフの理論による修正は行われていなかった。標準理論は前述の様に、端部に沿う電流を扱えないが、ロッキード社の設計者はその電流については、ロッキード社がSR-71型機の前縁等のために開発した、特別製の電波吸収材で対処する事にした。

さらに、ECHOは曲面や曲線状の端部を扱えない。ともあれ、レーダー波が平板に当たった時の結果は計算出来るようになったので、ロッキード社の技術者達は、平面だけで構成された外形の機体を設計する事にした。こうして、コンピューターは空気力学的な計算だけでなく、機体の表面におけるレーダー波の挙動をモデル化して、レーダー波に対する反射特性を計算できたので、航空機の設計に於いてコンピューターはこれまで以上に役立つ事がはっきりした。

シェラーとオーバーホルザーは、仕事のやり方を決めた。一日の終わりに、シェラーはオーバーホルザーに、機体外表面を構成する平面の新しい配置案を渡す。オーバーホルザーと彼の部下のプログラマーは、平面の配置案を受け取ると、パンチカードに入力し、それをコンピューターにかける。コンピューターはパンチカードを読み込むと、一晩掛かって計算し、翌朝にはレーダー波の反射についての計算結果を出力するので、その平面の配置案のレーダー反射特性が評価できる。シェラーはその結果を貰って、機体のレーダー反射断面積と空気力学的特性、それに加えてエンジン、燃料、パイロットなどの収容スペース等を綜合的に考えて、設計の修正箇所を検討する。一日がかりで検討すると、その日の終わりに、シェラーは修正した設計案をオーバーホルザーに渡して、再びコンピューターでその日の夜に計算をしてもらう。

こうした設計案の作成と修正の繰り返しを数週間繰り返して、一九七五年五月頃に、シェラーとオーバーホルザーは、三角形の平面の組合せだけで機体外表面が構成されている、最初の設計案を完成させた。その設計案は奇妙な外形をしていて、主翼も尾翼もなく、飛行機よりもＵＦＯに似ている代物だった。前後、左右、上下のどちらから見てもひしゃげたダイアモンド形で、常識はずれの形態に驚いたスカンクワークスの他の技術者は、すぐにその機体を「ホープレスダイアモンド（絶望的なダイアモンド）」と呼ぶ事にした。ＥＣＨＯの計算結果では、このダイアモンド型の機体は、レーダーにはボールベアリングの鋼球程度の大きさにしか映らない。オーバーホルザーはベン・リッチに冗談めかして、この機体はレーダーには、鷲ではなくて、その「目玉」程度の大きさにしか見えないと言った。

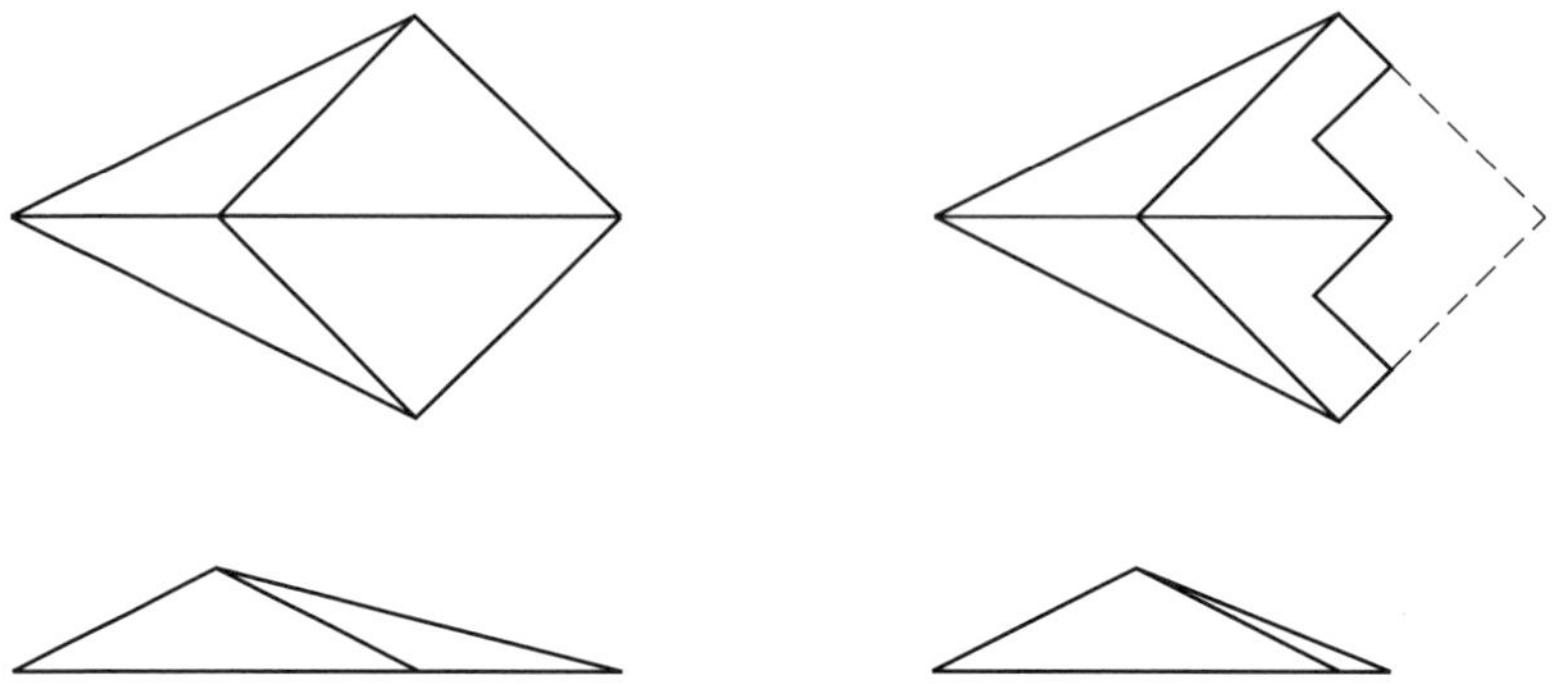

図 4.2　ホープレスダイアモンドの基本的な外形。左上の図は上面図、左下の図は側面図。右側の図は、尾翼のために切り込みをいれるなどの修正をした XST 機の案。この修正によりレーダー反射断面積にはほとんど影響がないまま、空気力学的な性能は劇的に改善された。XST 機はハブ・ブルー機の設計の基となった。
（アラン・ブラウン提供）

鷲の目玉程度と言うのはＥＣＨＯの計算結果に過ぎないが、しかしレーダー波の反射、散乱に関する理論に基づいた計算結果でもある。それが正しいかどうかは、一か月後の一九七五年六月に、スカンクワークスの技術者がホープレスダイアモンド機の模型をレーダー反射試験場に持ち込み、反射特性の計測を行い、その結果が計算結果と合致するかを見れば分かる。会社で行った屋内での試験や屋外での試験の結果では、計算は正しそうだった。レーダー反射断面積の大きさやレーダー波の反射パターンの計測結果は、ＥＣＨＯで計算した結果とほぼ一致していた。コンピューター・プログラムは役に立った。これを使えば、驚くほどレーダーに探知されにくい飛行機を設計する事が可能になる。

こうして常識を打ち破るステルス機を設計した事で、名声を誇るスカンクワークスが又しても大きな成功を収めたと、一般の人達は考えた。シェラーは後に、ステルス機の開発は「ビッグバン」型のイメージで受け取られ

ているると言っている。平面を使用するアイデアがひらめいた時を起点として、「ステルス機は一瞬のうちに構想が出来上がり、それ以後は設計がどんどん進展し続けた」と思われていると言うのだ。こうした見方では、ノースロップ社のステルス機の設計がロッキード社の設計とは大きく異なる理由を説明できない。又、スカンクワークス内部において、シェラーとオーバーホルザーの平面を組み合わせた設計に対して強い抵抗があった事も無視している。この平面を使用する設計思想による設計案は、ビッグバン的に一挙に出来上がったなどとはとても言えず、スカンクワークスのそれまでの設計思想に対する反乱とも言えるものだったのだ。

ステルス機の開発は、スカンクワークスだから出来たとも言えるが、スカンクワークスだのに出来たと言う事もできる。まず、ロッキード社のＸＳＴ機の競争に参入する事を可能にした資金の一部は、スカンクワークスの外部が提供してくれたものだった。提案の裏付けとして一九七五年六月に行う事が決定的に重要だった、ホープレスダイアモンド機の模型を使用するレーダー波反射試験では、シェラーとオーバーホルザーは正確な模型を製作するのに二万五〇〇〇ドルが必要だった。ロッキード社はＸＳＴ機の最初の提案書の提出会社に選ばれていなかった事を思い出していただきたい。ロッキード社は会社の費用で、競争に参加する事にした。スカンクワークスには、このような多額の予算が必要になった場合に、それを審査する上級技術者による諮問委員会があった。諮問委員会は、この設計は成功するとは思えず、社内予算を投入する価値はないとして、模型製作用の予算を認めなかった。エド・マーチンはロッキード社の一般航空機部門の科学技術部の部長をしていたが、それを聞いてシェラーを呼び「君の機体はうまく行くか？」とだけ質問した。シェラーは胸を張って「はい、うまく行きます！」と答えた。それを聞いたマーチンは、アンドリュー・ベーカーの所へ行った。ベーカーもスカンクワークスには属さない、ロッキード社の長期計画担当部長だったので、自分が自由にできる社内費用を持っていた。ベーカーはかって物理学科の大学院生だった時に、平板による電磁波の散乱と言う類似したテーマの研究をした事があり、陸軍とベル研究所でレーダーについて研究した事もあった。彼は平面を使用する機体は有望だと考え、その構想の実現性を検証するのに必要な、レーダー波反射試験の費用を出す事にした。後年、ベーカーはステルス機開発について、「もしスカンクワークスの中だけでやっていたら、あの計画は始まらなかっただろう」と言っている。

スカンクワークスの外部からは、資金だけでなく、重要な役割を果たす事になる人たちもチームに入って来た。シェラーに加えて、シェラーが一般航空機部門の先進航空機設計部に居た時の上司であるレオ・セルニカーも、一九七五年の夏に主任技術者として設計チームに加わった。外部からの技術者に、ロバート・ロシュクもいる。彼は飛行制御系統の天才で、平面を組み合わせた外形の機体を飛ばせるようにするために重要な役割を果たした。セルニカーは更にアラン・ブラウンもつれて来た。ブラウンはシェラーと同じく、一般航空機部門の先進航空機設計部でセルニカーの下で働いていた事がある。いつも面白くなさそうな顔をして、控え目な態度の英国人の技術者のブラウンは、自分からは言わないが、ミュージカルで歌ったり、自分で楽器を作ったりするし、模型飛行機にも興味を持っていた。彼は空気力学と電磁気学の双方について知識があったので、まもなくロッキード社のＸＳＴ機開発の副総括責任者になり、その後、Ｆ・１１７型機の総括責任者になっている。ロッキード社のステルス機の開発では中心人物の一人である。

ブラウンはスカンクワークスに初めて行った時の事を、よそ者がメイン州の小さな町に行った時にたとえている。「先祖がそこの住民でなかったら、よそよそしい目で見られる」様な感じだったとの事だ。スカンクワークスのよそ者は、住民達の冷たい視線に負けないようにする必要があった。スカンクワークスの以前から居た技術者達は、空力的に優れた飛行機を作る事で、高く評価されて来たと思っていた。それについて、ブラウンは「一度成功すれば、次も成功する」とのことわざを、「一度成功しても、次は失敗する」と言い換えて批判している。次の戦争は前回の戦争と同じと考えて次の戦争の準備する将軍のように、スカンクワークスのベテランたちは、過去に成功したやり方を続けたいと思っていると言うのだ。要するに、彼らはＳＲ‐71型機のステルス性向上型を作りたいと思っていたのだ。特に、ベテランたちは、Ｄ‐21タグボード無人偵察機を基にした機体で、ステルス機の設計競争に参加すべきだと主張した。Ｄ‐21型機はＡ‐12型機やＳＲ‐71型機の設計の延長線上にある小型の機体だ。Ａ‐12型機やＳＲ‐71型機と同じく、レーダー波反射低減対策を多少は取り入れているが、マッハ３で高度二万七〇〇〇メートルと言う、高速、高々度飛行を行える事を設計の目標とした機体だった。そのため、スカンクワークスのベテラン達はシェラーに「Ｄ‐21型機以上の機体はできない」と主張して、シェラーの設計案に反対した。

一九七五年の夏、ＸＳＴ機の設計案に取り組んでいたシェラーが、スカンクワークスの設計室に幅六メートルもの大きな横断幕を下げたのは、こうした事情があったからだ。横断幕には、ディズニー・スタジオに居た事がある漫画家のウォルト・ケリーの漫画風のイラストで、スカンクワークスの技術者が何名か描かれていて、大きな太い文字で「僕らには敵がいる……それは僕らの内部に居る」と書いてあった。

シェラーへの反対者の一人に、エド・ボールドウィンがいた。彼は一九四四年にスカンクワークスに入り、Ｐ‐80ジェット戦闘機の設計に参加し、Ｕ‐２型機、ＳＲ‐71型機の設計では中心的な技術者の一人だった。ぶっきらぼうで白髪交じりのボールドウィンは、「ホープレスダイアモンド」との侮辱的なあだ名をつけた人間だ。リッチに言わせれば、ボールドウィンは「ライ麦パンのように味も素っ気もない」人物だ。シェラーは彼の事を「相手を誰よりいらつかせる皮肉屋」と呼んでいる。シェラーがスカンクワークスに入って、初めて他のメンバー達に紹介された時のボールドウィンの最初の言葉は、エド・マーチンに向かって

図 4.3　鷲と二十日鼠。大きな鷲（スカンクワークスの反対派）に囲まれた二十日鼠（シェラー）は、背中に平面で構成された翼を隠し持っている。
（リチャード・シェラー提供）

「どうしてこんな人間が必要なんだ？」だった。マーチンは冷静に「彼の設計の成功率は君より高い」と言い、さらに、スカンクワークスはここ何年か新しい機体を作っていないので「新しい血が必要だ」と付け加えた。

　しかし、シェラーの設計案に対する反対は、スカンクワークスのトップの人間からもやってきた。ケリー・ジョンソンは引退していたが、定期的にスカンクワークスに来ていた。彼は初めから外形を平面で構成する設計には反対だった。ジョンソンはシェラーの事を「あの馬鹿なシェラー」と呼び、彼とは口を利こうとしなかった。廊下ですれ違っても、ジョンソンはうなずいて通り過ぎて行くだけだった（ジョンソンを弁護するなら、彼は仕事しか念頭になく、威圧的に見えた。スカンクワークスの従業員で、ジョンソンから口を利いてもらえなかったのはシェラーだけではないと思われる）。ベン・リッチは少なくとも、最初の頃はジョンソンの意見を尊重していた。リッチは諮問委員会の意見に従い、レーダー波反射試験の模型製作予算を認めなかった。

　開発作業を進めていたある時、エド・マーチンはシェラーに、三羽の狂暴そうな鷲が巨大な爪を拡げて、小さな二十日鼠に襲い掛かろうとしている漫画をプレゼントした。二十日鼠は、背中に回した手に平面を組み合わせた翼を持っている。もう一方の手は、抗議を表すために中指を突き出して前に伸ばしている。鷲はジョンソン、リッチ、ボールドウィンで、二十日鼠はシェラーを表している。

　ベン・リッチを弁護するなら、彼はすぐに意見を変えた。ＤＡＲＰＡはＸＳＴ機の開発では、会社にも費用の負担を求めた。ＤＡＲＰＡは費用の三分の一を、空軍も三分の一を負担するが、会社側も三分の一を負担せよと要求したのだ。[訳注4] ＤＡＲＰＡはこのリスクの大きな新技術を適用する開発計画について、空軍や企業に全額は無理にしても、応分の負担をして欲しいと考えたのだ。当時、ロッキード社の経営は厳しい状況だったが、リッチはその費用分担に応じるように、ロッキード社の経営陣を説得した。最終的にロッキード社はＸＳＴ機開発の第一段階と第二段階で、合計約一千万ドルを負担した。

　一九七五年一一月に、ＤＡＲＰＡがロッキード社とノースロップ社をＸＳＴ機開発の第一段階の勝者に選ぶと、ＤＡＲＰＡは両社にＸＳＴ機の設計案を見直して修正するのに四か月の期間を与えた。スカンクワークスは当初はステルス機に対してあまり熱心でなかったが、設計作業に取りかかると、それまでの技術的経験などいくつかの点で有利だった。シェラーとオーバーホルザーの設計チームはそれまでスカンクワークスに属していない人間が多かったが、設計チームが増強されるにつれて、スカンクワークスのベテランも投入された。その中にはボールドウィンも含まれていた。彼は、それまでの豊富な設計の経験を活かして、高温になるジェットエンジンを内部に二基収容する後部胴体の設計を行った。ホープレスダイアモンド機は、設計が進むと主翼と尾翼が追加された。主翼は前縁に七二度の大きな後退角がついた三角翼で、二枚の垂直尾翼は、内側に大きく傾けて取り付ける設計だった。

スカンクワークスのレーダー波吸収材料の経験も有益だった。特に、主翼の鋭い前縁部分、エンジンの空気取入口や排気口の部分では役に立った。アラン・ブラウンは空気取入口の設計で大きな貢献をした。空気取入口から侵入したレーダー波は、内部で反射を繰り返して共鳴現象を起こし、外部へ強く電波を放出する事がある。問題は、レーダー波は空気取入口から内部に入れないが、エンジンへの空気は入るようにする事だ。ブラウンの解決策は、空気取入口に格子を付ける事だった。この格子は厚さが一〇センチ程度で、四角形の格子のセルの一個の大きさは約一三ミリ（約1／2インチ）で、ＦＲＰの管を並べて格子が作られていた。格子の開口部は、対象とするレーダー波の中で一番短い波長の半分程度の大きさになっており、エンジンへは十分な空気を通すがレーダー波は通さない。たとえレーダー波が内部に入っても、エンジンまでの空気の流路の内壁に、カーボンの粒子を含む、厚いレーダー波吸収材が取り付けられているので、反射して外部に戻る事はない。

しかし、機体全体として見ると、レーダー波の反射低減に効果があるのは、材料ではなく機体の形状である。オーバーホルザーの言葉では、レーダー波に対処するのに重要な要素は「一にも二にも三にも機体の外形で、その次に材料」なのだ。そして、機体の形状を決める上で決定的に重要なのは平面なのだ。設計を進めて行くと、機体はホープレスダイアモンドの時より、だんだん飛行機らしくなってきたが、それでもまだスカンクワークスのベテランたちには違和感が強かった。スカンクワークスの廊下には大声の議論が響き、ケリー・ジョンソンは、ＸＳＴ機の新しい三面図を見た時には、こんな機体は飛びっこないと言った。ジョンソンは、この機体は「台風で壊れたトタンの小屋」みたいだと馬鹿にした。[訳注5]

反対意見が続いた事で、シェラーのストレスが高まった。一九七六年八月、彼は脳卒中を起こしたが、彼はその原因はスカンクワークス内の無理解によるストレスのせいだと言っている。後遺症で右半身が不自由になり、話す事も立っている事もほとんどできなくなった。一年間、懸命にリハビリを続け、彼は会話能力と運動能力を徐々に回復したが、その頃にはＸＳＴ機の開発競争は決着がついていた。シェラーは後に別のステルス機の開発でも活躍する事になるが、一〇年以上後になっても、その頃の苦労についてはまだ感情的なしこりが残っていた。

しかし、設計を巡る意見の相違は、ロッキード社の内部だけではなかった。ＸＳＴ機開発の第一段階の重要な確認事項の一つは、ロッキード社の外表面を平面で構成する設計が、本当にレーダー波をあらぬ方向へそらせる事、それも競争相手の設計よりもうまくできる事を、実験により証明する事だった。しかし、ノースロップ社の技術陣は、映画に出て来る、目に見えない白兎のハーベイのようなステルス機を実現するには、別の方法がある事を証明しようと努力していた。

第5章　ノースロップ社の設計案　理論とイメージの融合

ステルス機の開発で競争するロッキード社とノースロップ社の間には、航空機産業の始まりの頃までさかのぼる入り組んだ関係がある。ジャックと略して呼ばれる事が多いジョン・K・ノースロップは一八九五年にニュージャージー州に生まれたが、育ったのはカリフォルニア州のサンタバーバラ市だった。内気で、彼の表現では「孤独が好きな」ノースロップは、十代の時に初めて複葉機が飛行するのを見て、飛行機に魅了された。一九一三年に高校を卒業すると、小さな工場で機械工や製図工としてしばらく働いた後、一九一六年にサンタバーバラ市に移って来たばかりのロッキード社に技術者として入社した。

ロッキード兄弟や他の初期の飛行機製作者の多くと同じく、ノースロップは機械に関する才能に恵まれ、飛行機の製作技術を独学で身に付けた。彼はまず水上機を手掛け、次に一九一九年に複葉の自家用機、S-1スポーツ機を設計した。この機体は技術的に進んだ所が多い機体だったが、あまり多くは売れなかった。一九二〇年にロッキード社が倒産すると、ノースロップは建設業で数年間働いた後、サンタモニカ市にあるダグラス航空機社に入った。一九二七年には再び、再建されたロッキード社に移った。その年、ノースロップはロッキード・ベガ機の設計に参加した。この機体は高速性に優れた頑丈な機体でアメリア・イアハート、ウィリー・ポストなど有名な飛行家達が、速度記録や滞空時間の記録を樹立している。ベガ機により、ロッキード社は先進的で高性能な機体のメーカーとしての評価を高め、ノースロップは有能な設計者として広く認められた。

ジャック・ノースロップは、別の面でも初期の航空機産業界の典型的な存在だった。この業界は気の弱い人間や、生活の安定を求める人間のための業界ではなかった。一九二八年から一九三八年までの間に、ノースロップは幾つかの航空機製造会社で働いた。その中には彼の名前を冠する会社もいくつかあったが、会社の所有者は外部の投資家だった。いずれにしても、彼は革新的な設計の機体を生み出し続け、一九三九年にはついに自分でノースロップ航空機社を設立した。ロサンゼルス市の中心部から南西に少し離れたホーソン市の、海岸から数キロの場所に農地を二九万平方メートルほど借りて工場を作った。社長に就任したノースロップは六名の社員を雇った。

ロッキード社と同じく、第二次大戦ではノースロップ社にも莫大な注文が舞い込んだ。その中にはＰ‐61ブラックウィドウ夜間戦闘機がある。この機体は夜間戦闘用に、レーダーの装備を最優先に考えて設計された初めての機体である。ノースロップ社はＰ‐61型機を約七〇〇機製作し、大戦中は合計して一〇〇〇機以上の航空機を生産した。ノースロップ社の従業員数はすぐに一万人まで増加した。ロッキード社の九万四〇〇〇人に比べると少ないが、一九三九年の六名からは大幅な増加で、ホーソン工場は従業員であふれた。

ノースロップ社はその頃から、創業者の夢の実現に向けての作業を始めていた。航空機の設計者は、機体を空中で支える揚力の発生源は主翼なので、胴体や尾翼が無く、主翼だけで出来た機体は、揚力は大きいが抗力は小さく出来る事は分かっていた。ジャック・ノースロップは既成概念にとらわれない理想主義者だったので、全翼式の飛行機は最も純粋で効率の良い形態の機体だと考えた。そのため、彼は全翼機を作る事を目的に、自分の会社を設立したのだ。彼は一九二〇年代後半に全翼機の設計を始め、一九四〇年に彼としては初めての全翼機であるN‐1M型機を初飛行させた。将来のもっと大型の爆撃機のための実験機であるN‐1M型機は「ジープ」と言う愛称で、全長は五・一メートル、全幅は一一・四メートル、翼端は下向きに折れ曲がっていて、翼の後部に推進式のプロペラが二基装備されていた。この小型の機体は、全体が明るい黄色で塗られていて、ブーメランの様にも見えた。この機体は現在、スミソニアン航空宇宙博物館に展示されている。

ノースロップはすぐにもっと大型の全翼機を製作した。一九四一年、英国上空でドイツ空軍と英国空軍の戦闘（バトル・オブ・ブリテン）が行われていた頃、米国はまだ参戦していなかったが、米国の陸軍航空隊は、爆弾を一万ポンド（四・五トン）搭載して、航続距離一万マイル（一万六〇〇〇キロメートル）の爆撃機の提案を航空機製造会社に要求した。これだけの航続距離があれば、英国がドイツに占領されても、米本土からドイツを爆撃できる。ノースロップ社は、翼幅が五二メートルの全翼機、XB‐35爆撃機を提案し採用された。機体の開発は難航し、生産上の問題もあったので初飛行は一九四六年になってしまい、戦争には間に合わなかった。当初は二七〇機の生産が計画されたが、一五機が生産されただけだった。ノースロップ社は推進系統をプロペラ推進からジェット推進に変更したYB‐49型機を製作し、一九四七年に初飛行させた。この機体は翌年には両方の外翼が折れ、搭乗員五名が死亡する大事故を起こしたが、空軍は三〇機を発注した。

しかし、空軍はすぐに方針を変更し、発注を取り消した。全翼機の中止については、いろいろ憶測があり、陰謀説まである。一九七九年のインタビューで、ジャック・ノースロップは、一九四八年にスチュアート・サイミントン空軍長官と会談した際に、自社のB‐35爆撃機やB‐49爆撃機の競争相手であるB‐36爆撃機のメーカーであるコンベア社に、ノースロップ社が併合される事を要求されたと述べている。サイミン

図 5.1　飛行中の YB-49 爆撃機。
（ノースロップ・グラマン社提供）

トン長官が航空機製造会社の数を減らしたがっているのは明らかだった。ノースロップはサイミントン長官に、合併以外の選択肢は無いのか質問した。ノースロップによれば、サイミントン長官は「それ以外の選択肢だって？　合併しないと後悔する事になるぞ」と言ったとの事だ（一九七九年当時のノースロップ社の会長へのインタビューでも、元会長はそうだったと述べている）。ノースロップ社がコンベア社と合併しなかったので、サイミントン長官はノースロップ社の全翼機の予算を取り上げて、コンベア社にＢ－36爆撃機の生産機数を増やすために与えたと、ノースロップは思っている。

この発注取り消しについては、ノースロップ社の全翼機は、当時の搭載兵器では最も重要だった核爆弾を搭載できなかったからだとの、もう少し穏当な見方もある。いずれにせよ、トルーマン大統領による国防予算の削減で、空軍は支出削減を余儀なくされ、航続距離と爆弾搭載量でＢ－36爆撃機に太刀打ちできなかったＹＢ‐49爆撃機を切り捨てざるを得なかったのだろう。結局、残っていたＹＢ‐49全翼機は廃棄され、失望したノースロップは一九五二年に五七歳でノースロップ社を辞め、子供の頃からの夢だった航空機業界を離れた。

しかし、ノースロップ本人とノースロップ社は、空を飛ぶ生物の分野に名前を残す事になった。一九七〇年代、古生物学者は翼竜の化石を発見した。それは六五〇〇万年前の、空を飛ぶ恐竜の化石で、翼の幅は一五メートルもあり、飛行する生物としては知られている中で最大の生物だ。古生物学者はその新種の翼竜に、ケツァルコアトルス・ノースロッピと名付けたのだ。

―――

ジャック・ノースロップが会社を辞めた後、ノースロップ社は、一九五〇年代末にトーマス・Ｖ・ジョーンズが社長になるまで、社長は短い在任期間での交代を繰り返していた。ジョーンズは一九二〇年に、カリフォルニア州ロサンゼルス市の東四〇キロに位置する、その頃はオレンジ林が多かったポモナ市に生まれた。彼は一九四二年にスタンフォード大学の航空工学科を卒業し、戦争中はダグラス航空機社で急降下爆撃機の設計に携わった。この戦争中の経験で、会計士だった彼の父親の影響もあり、彼は飛行機の開発について、軍は大型、高速、複雑で最高の性能の機体を求める事が多いが、もっと単純で安価な機体、つまり短期間に、同じ予算額でより多くの機数を作れる機体の方が良い時もあると考える様になった。

ジョーンズは第二次大戦中はダグラス社で働いた。一九四六年に、彼はアメリカ人航空技術者のグループの一員としてブラジルに行き、そこで航空工学を教え、ブラジルの航空省に航空機産業をどう育成するかを助言した。彼は他人とは違った人生を歩みたいと思っていて、それを初めて実行に移したのがこの時の行動だった。ブラジルで数年間を過ごした後、彼はカリフォルニア州にもどり、空軍のシンクタンクであるランド研究所に入った。ランド研究所では輸送機に関する費用対効果分析を行い、輸送機を設計する際の、運航費用、航続距離、速度、搭載物の重量などの間の相互関係の分析、比較を行った。その作業により、空輸活動は非常時用（当時のベルリン大空輸が良い例である）だけでなく、平時にも継続的に利用できる戦略的手段になれる事を示した。空輸活動により、米国は西ヨーロッパの駐留部隊を減らしても、必要な時には本土の部隊を空輸すれば、駐留部隊を短時間で増強できる。

一九五三年、ジョーンズはランド研究所からノースロップ社に移った。ランド研究所でジョーンズが研究を行った時の空軍側の担当者は、ジョーンズにノースロップ社は経営不振で、空軍は政府にたよる企業を減らすために、ノースロップ社が破綻しても救済しないかもしれないと忠告した。ジョーンズは難しい状況に挑戦する事は歓迎だった。彼は大きな会社で小さな役割に甘んじるより、小さな企業の方が経営に関与して活躍できるチャンスが大きいと考え、ノースロップ社を選んだのを変えなかった。彼は社内で短期間に地位を高め、一九五九年に社長のホイットリー・コリンズが亡くなると、ノースロップ社の社長に就任した。彼はまだ四〇歳になっていなかった。翌年、彼はＣＥＯ（最高経営責任者）に指名され、一九六三年には取締役会会長になった。こうして、彼はまだ四〇歳代前半の若さで会社の最高の地位を三つとも独占する事になった。一九六一年、タイム誌はジョーンズの写真を表紙に載せ、「おしゃれで格好良い男性」と紹介した。雑誌の中の記事では、「航空宇宙産業界の若い有望なスター」とジョーンズを持ち上げた。

その記事では、ジョーンズが自宅の庭のプールの横で、妻や子供とくつろぐ写真も掲載していた。若さと活力にあふれた、明るいカリフォルニアを象徴する写真だった。ジョーンズは魅力的で社交的だった。ポルトガル語に堪能で、高級なブルゴーニュワインや葉巻、モダンアートの収集家だった。彼はリスクを恐れず、型破りな面があると見られていた。彼はジャック・ノースロップもそうだったが、航空機産業の初期の頃の経営者と同じく、軍からの注文を待つだけでは満足しなかった。彼は自社でまず新しい機体を設計し、それを軍に売りたいと思った。一九五〇年代にノースロップ社は軽量で小型の超音速練習機の計画を進め、その機体はT‐38練習機として空軍に採用された。ジョーンズは米軍が求めていず、発注も期待できないのに、T‐38型機を基にしたF‐5戦闘機の開発も進めた。

米国の空軍も海軍も関心を示さなかったので、ノースロップ社は海外に販路を求め、F‐5戦闘機をイラン、韓国、フィリピン、トルコ、ギリシャ、台湾、ノルウェー、スペイン、カナダに販売した。ジョーンズ自身もしばしば先頭に立って販売活動を行なった。販売活動に適した性格のジョーンズは、精力的に世界中を駆け巡って、各国の指導者達にF‐5戦闘機の購入を働きかけた。そうした中で、彼はオランダやサウジアラビアの王室と親しくなったり、イランの国王や台湾の蒋介石総統の夫人と友人関係になったりした。ロサンゼルス市ベルエア地区にある彼の邸宅でのパーティには、海外の要人がよく参加していたし、彼の執務室の壁には、彼が訪問先で入手したペルシャ絨毯などの素晴らしい品々が飾られていた。

こうした海外販売により、ノースロップ社の企業イメージは変化した。ノースロップ社はその創業者以来、先進的な設計思想の機体のメーカーとして評価されてきたが、「センチュリーシリーズ」の戦闘機（ノースアメリカン社、マクドネル社、コンベア社、ロッキード社、リパブリック社によるF‐100型機からF‐106型機に至る一連の戦闘機）、F‐16戦闘機（ゼネラル・ダイナミックス社）、A‐10攻撃機（フェアチャイルド社）に関しては、全て競争に敗れていた。もはや先進的な戦闘機や攻撃機のメーカーとは見なされなくなったノースロップ社は、F‐5戦闘機やT‐38練習機のような、簡素で大量販売を目指す機体のメーカーと見なされるようになった。F‐5戦闘機は海外に二〇〇〇機以上、T‐38練習機は一〇〇〇機以上を販売し、航空機の世界におけるフォルクスワーゲン・ビートルの様な存在だと言われた。ロッキード社のＣＥＯのロバート・グロスは、「ロッキード社は革新的で高価な先進的な機体のメーカーとしての評判を高めてきたが、ノースロップ社は『はだしで歩いている後進国向けの安物の機体』を作る事を方針としている」と嘲った事がある。

海外販売ではノースロップ社とジョーンズは、法的な問題も起こしている。一九六〇年代には航空機の海外への販売は、米国政府が管理、統制を行っていた。しかしニクソン政権になると、国は監督を緩め、友好国には企業が直接、販売が出来るようにした。ジョーンズは一九七四年の株主への年次報告書で、この規制緩和を歓迎している。この海外輸出の規制緩和により、一九七〇年代前半は、米国から海外への武器輸出が劇的に増加した。同時に、航空機製造会社が受注するために、相手側を買収する贈賄事件も激増した。ロッキード社が起こした贈賄事件は有名だが、ノースロップ社も海外販売に大きく依存していたので、やはり贈賄事件を起こしている。一九七〇年代前半、連邦政府はノースロップ社がＦ‐５戦闘機を売り込むために、外国の要人に三千万ドルを払ったとして起訴し、ジョーンズなどの会社の上層部は、米国証券取引委員会、議会の委員会、大陪審、ノースロップ社の監査役の調査を何度も受けねばならなかった。ジョーンズは最終的に一九七五年に証券取引委員会の審決に同意のサインをして、海外への贈賄を今後は行わない事を約束した。ジョーンズは一九七四年に、ニクソン大統領の一九七二年の再選の際に、国からの発注を受けている業者からの献金を禁じている法律に反して、ニクソンの選挙運動に一五万ドルの違法献金をした事で有罪になったばかりだった。

こうした事件によりジョーンズのイメージは悪くなったが、ノースロップ社としては海外への販売により、新しい機体の開発に投じる資金を確保する事が出来た。ＸＳＴ機の競争が行われた一九七五年、ノースロップ社の売上高は約一〇億ドル、利益は二五〇〇万ドル、受注残高は一〇億ドル以上で、利益と受注残高の大部分はF－5戦闘機によるものだった。これらの数字は過去最高（例えば、ジョーンズがCEOになった一九六〇年は、売上高は二億三四〇〇万ドル、利益は七七〇万ドル、受注残高は三億九〇〇万ドル）で、ジョーンズは問題を起こしたが、取締役会が彼の続投を決めるのに十分だった。事件に対して株主から訴訟を起こされたため、ノースロップ社は一九七六年に新しい社長を選ぶが、ジョーンズは取締役会会長とCEOの座に留まり続けた。ジョーンズとノースロップ社について、ロサンゼルス・タイムズ誌は「嵐のような非難と、悪評をうまく切り抜けたようだ」と書いている。

ノースロップ社は安物を作るメーカーのイメージを持たれていたので、ステルス機の競争では不利だと思われていた。しかし、ジョーンズはまだ五五歳と若く、やる気満々だった。社内の資金が潤沢にあるので、ジョーンズは自社の技術者達が競争で勝利する事を信じて、資金をステルス機に投入する事ができた。

ノースロップ社がステルス機の競争に参加するための資金は、飛行機の海外販売からもたらされた。しかし、ステルス機に関するアイデアは、飛行機とは別の分野からもたらされた。ジョーンズは早くから宇宙関係の事業に参入したいと思い、誘導用の電子機器とセンサーの分野に進出した。会社の名前にも、当初は「航空機」が入っていたが、後にはそれが削られている。実際、ノースロップ社はジョーンズが入社する前から宇宙関係の事業を始めていて、そこからステルス機とのつながりが生じた。

良く誤解されているのは、ステルス機は、飛行機だけを開発してきたスカンクワークスのように、航空機だけを手掛けていた企業（又はその企業内の部門）から生まれたと思われている事だ。もう一つの誤解は、航空宇宙産業には二種類の技術分野がある事についてだ。通常の航空機の技術分野と、戦略ミサイルや宇宙船の技術分野はそれぞれ別々に分かれて存在している。「航空宇宙」と言う用語は一九五〇年代に現れたが、二つの分野が切れ目なくつながっているイメージを与えるためでなく、実利的な理由から意図的に作りだされた用語である。航空機製造企業が宇宙関連事業に参入しやすくするためと、空軍が自軍の任務に宇宙関連の任務を取り込みたかったので、この用語が用いられるようになった。しかし、ステルス機の場合は、実際に航空と宇宙の二つの技術分野の間に関連があり、戦略ミサイルの分野からの情報が非常に重要な役割を果たした。

一九五〇年代、ノースロップ社はスナーク・ミサイルを製造していた。このミサイルは第一世代の巡航ミサイルで、「スナーク」はルイス・キャロルの作品中の想像上の生物の名前で、ジャック・ノースロップ自身が選んだ名前である。今日では、スナーク・ミサイルは、初期の頃にケープ・カナベラルからの発射試験で失敗を繰り返したので、それを風刺してケープ・カナベラルの沖合の海域が「スナークが出る海域」と呼ばれた事が記憶に残っているくらいである。ノースロップ社がスナーク・ミサイルをうまく飛行させる事にやっと成功した時、技術者達は追跡用レーダーがミサイルを見失ってしまった事に驚かされた。それ以後、スナーク・ミサイルには、追跡が可能な様に特別なレーダー波反射器が付けられた。技術者達は、スナーク・ミサイルは大きさがＢ‐52爆撃機の十分の一程度だが、レーダー画面に映る強さは二〇分の一程度だと判定した。一九五九年のインタビューで、ノースロップ社の社長のトーマス・ジョーンズは、スナーク・ミサイルは「レーダーではほとんど探知できなかった。ミサイルにはレーダー波を送受信機の方向に反射する直角部である『コーナー（角）』がほとんどなかったからだ」と述べている。

ノースロップ社の技術者は、何故レーダーがスナーク・ミサイルを探知出来ないのか、また、その事を

図 5.2 レーダーに探知されにくいスナーク・ミサイル。 胴体下面のスクープ型の空気取入れ口は、レーダー波の大きな反射源だった。
（ノースロップ・グラマン社提供）

どう利用できるかを考えた。ノースロップ社はレーダー波反射試験場でスナーク・ミサイルを試験し、ミサイルのレーダー波の反射は少なく、しかもその大部分は胴体下部のスクープ型の空気取入口からの反射である事を発見した。空気取入口からのレーダー波の反射が強いので、技術者達は空気取入口の内面に、卵のプラスチック容器のような円錐形の突起がついた内張りを貼って、レーダー波の反射を弱めようとした。こうした、手探りの試行錯誤的な対策でも、もともと弱かったレーダー波の反射強度は更に小さくなったが、技術者達はもっと深く理解したいと考えた。そこで、ノースロップ社は一九六〇年代に、レーダー波とそれが当たる物体との間の、レーダー波の反射に関する基本的な相互関係を研究するためのグループを作った。

そのグループの長はモー・スターだった。ニューヨーク生まれのスターは、第二大戦中に陸軍でレーダー機器について学び、戦後はＧＩビル[訳注1]を利用してブルックリン・ポリテクニック校で電子工学の学位を取得した。この学校のマイクロウェーブ研究所は、レーダー工学では初期の頃は中心的な存在だった。スターは一九六〇年にノースロップ社に入社すると、レーダーと電磁気学に詳しい大学卒業生を雇い始めた。その中には、ＵＣＬＡ卒のヒュー・ヒース、ブルックリン・ポリテクニック校卒で、ロッキード社でレーダーアンテナ担当として一九六四年まで勤務したフレッド・オーシロ、カリフォルニア工科大学の博士号を持ち、オーシロがオハイオ州立大学におけるレーダー研究会で会った事があるケネス・ミッツナーがいる。オーシロは少し年長のスタン・ローカスにも声をかけてノースロップ社に入社させた。ローカスは実験も理論も得意で、複雑な問題に対して単純な解決策を見つける才能を持っていた。

ジョーンズ社長は、最初のうちはこのグループを社内研究費（ＩＲ＆Ｄ）で作業させていたが、後には空軍と陸軍ミサイル軍団からの研究費で作業させた。空軍と陸軍の双方が研究資金を出した事は、スナーク巡航ミサイルの件でノースロップ社のレーダー研究が注目されたが、レーダー波の反射については航空機よりも戦略ミサイルが意識されていた事を示している。その理由の一つは、ミサイルの方が航空機よりレーダー波の反射特性を理解しやすい事がある。その当時に利用できた理論では、対象とする物体のレーダー反射断面積を、円柱、円錐などの基本的な形状の組合せとして計算していた。そのため、ミサイルに関する計算は、航空機の場合よりずっと簡単に出来る。もう一つの理由としては、ミサイルの優先度が高かった事もある。一九五〇年代後半になって、冷戦で対決する双方が大陸間弾道弾を開発すると、相手のミサイルや弾頭を探知する方法、その逆に自軍のミサイルと弾頭が相手のレーダーにより探知されない方法を探す事の緊急性が高くなった。

　空軍は、ミサイルの先端の弾頭部のレーダー反射断面積を小さくする必要性を特に強く感じていた。弾頭部は核爆弾を内蔵し、大気圏に再突入する際の高温から核爆弾を保護する、円錐形をした再突入体である。レーダー波の反射低減の研究は、まずタイタン・ミサイルの再突入体について行われた。次にミニットマン・ミサイルの後期型に装備されるマーク12再突入体について、一九六〇年代中期に、より大規模な研究がなされた。国防総省は一九六〇年代に、先進的弾道弾再突入システム（ＡＢＲＥＳ）と呼ばれる大規模な研究計画で、レーダー波の反射特性も含めて、再突入体の特性の研究を行なった。その研究テーマの中には、レーダー波吸収材料だけでなく、再突入体の形状を変更する事で、レーダー波を探知されない方向に反射させる研究も初めて取り上げられた。マーク12再突入体はＧＥ社製で、一九七〇年に実戦配備されたが、その頃になると、再突入体は短く、ずんぐりした卵形だったのが、より長く、三角帽子のようなとがった円錐形で、底面は丸みを帯びた形に進化していた。この計画では、英国の研究も非常に参考になった。英国は弾道弾の数が比較的少なかったので、ソ連のミサイル防衛網を突破できるように、レーダーによる探知についての研究に熱心だった。

　空軍は弾道ミサイルの開発、運用を担当していたが、陸軍はミサイル防衛を担当していた。その当時のミサイル防衛システムは、レーダーで再突入体を探知し、それが米国本土に落下する前に撃墜しようとしていた。それに対して、ソ連はミサイルの弾頭部に、円錐形の弾頭の形に膨張させる、軽い偽の弾頭も収容し、再突入時に放出してミサイル防衛網を欺瞞すると予想されていた。米国は本物の重い弾頭と、軽いおとりの弾頭をレーダーで見分けたいと思っていた。一九六五年のモー・スターのグループの報告書では、軍は「再突入体を見分けるために、レーダー画面上に表示される物体の画像の特性（シグネチャ）に強い関心を持っている」と記載されている。

電子システム研究グループと名付けられたスターのグループは、ミシガン大学とオハイオ州立大学の解析プログラムを用いて研究活動を始めた。レーダー波の反射、散乱に関する積分方程式の解析的な厳密解を求める代わりに、彼らは数値計算による近似解を求める事にした。例えば、曲面を非常に細い面に分けて近似し、誘起される誘導電流はその細い面では一定と仮定して、反射や散乱の結果を計算する。この方法はコンピューターによる計算には特に適していた。ノースロップ社のグループは、対象とする物体の形状と、そこに当てるレーダー波の諸元（周波数、偏波、入射角）を指定すれば、レーダー反射断面積が計算できるＧＥＮＳＣＡＴ（general scattering からの名前）と言うプログラムの作成を始めた。ＧＥＮＳＣＡＴはロッキード社のＥＣＨＯに相当するが、ノースロップ社の方が早くから着手し、長い期間を掛けて完成させていた。

スターのレーダー研究グループは、ノースロップ社がステルス機の開発競争を戦う上で必要な、レーダー波の反射についての理論的な基礎を整備する役割を担っていた。ロッキード社には同様な理論研究グループは存在しなかった。ハーベイ計画が始まった一九七四年の時点では、ノースロップ社はレーダー波の散乱と反射断面積の研究について一〇年以上の経験を有していた。その研究レベルの高さは、発表された研究報告書でわかるが、もっと重要だったのは、社内に有能で経験豊かな理論家のグループがいた事だ。一九七一年のノースロップ社の決算報告書では、最近の社内研究について「レーダー反射断面積に関して、素晴らしい研究成果を上げた」と誇らしげに書いている。ノースロップ社のグループは、ロッキード社のデニス・オーバーホルザーがＥＣＨＯプログラムにウフィムツェフの回折理論を組み込むより前に、すでにその理論を組み込んでいた。何と言っても、ウフィムツェフの記事を見つけ、彼のもっと長い論文の翻訳を空軍に依頼したのはノースロップ社のスタン・ローカスだったので、ノースロップ社が先行したのは当然だった。ロッキード社も含め、他の会社もウフィムツェフの理論を利用できるようになったのは、ローカスのおかげだ。

ミサイルとミサイル防衛の関連で、ノースロップ社のレーダー研究グループには、もう一つ良い事があった。ハーベイ計画の始まる一年前、ジョン・キャッセンが研究グループに入ってきたのだ。キャッセンはニュージャージー州ニューアーク市のすぐ近くのウエストオレンジ郡区で育った。彼は子供の時には模型飛行機に熱中し、初めはゴム動力機だったが、ラジコン機を飛ばすようになった。彼が気に入っていた模型飛行機は、自分が設計した全翼機だった。彼はアマチュア無線にも熱中し、それが後に電子工学の世界に入る事につながった。高校を卒業してしばらくは陸軍で勤務した。除隊後は専門学校で通信技術の教育を受け、ベル研究所に就職した。就職後も彼は夜間学校に通い、最終的にはニュージャージー工科大学の学士号を取得した。一九六〇年代の前半、ベル研究所はセイフガードと言う名称のミサイル防衛システムを受注した。キャッセンは飛来する再突入体をレーダーでどう捕捉するかの研究を担当した。その研究では、再突入体が大気圏内を通過する際に、大気との摩擦熱により高温になり、再突入体の周りが電離した高温ガスであるプラズマに覆われるので、そのプラズマで探知用のレーダー電波がどのような影響を受けるかを特に力を入れて研究した。

キャッセンは一九六〇年にカリフォルニア州へ行き、ヒューズ社に入社した。会社のヒューズ奨学生制度を利用して、働きながらUCLAで電磁気学を学んで、電気工学の博士号を得た。ヒューズ社ではハードサイト・ミサイル防衛システムの開発のために、実弾頭とおとり弾頭をどう見分けるか、レーダー波が再突入体でどのように反射されるかなど、レーダー探知に関する研究を行なった。こうした研究では、レーダー波の散乱に関するミシガン大学などによる既存の理論を用いて、再突入体を単純な形状の物体の集合で構成されていると考えて、個々の単純な形状の物体によるレーダー波の散乱を全体に合計してレーダー反射断面積を計算する必要があった。一九七二年のＡＢＭ条約（弾道弾迎撃ミサイル制限条約）の締結、発効により、ミサイル防衛の仕事は終わってしまった。キャッセンはそれまでの経験を活かして、核弾頭を搭載して航空機から発射される空対地ミサイルのＳＲＡＭ（短距離攻撃ミサイル）の後継ミサイルの提案活動に、短期間だが携わった。彼が担当した作業は、ミサイルのレーダー反射断面積を減らす方法を検討する事だった。

結局、ヒューズ社はＳＲＡＭ後継ミサイルを受注できず、キャッセンは社内で仕事が無くなった。しばらく赤外線関係の仕事をした後、ノースロップ社に移り、レーザー関係の仕事をしたが、その仕事もすぐに無くなってしまった。一九七三年の秋頃には、キャッセンは失業目前だったが、その時、モー・スターのグループがレーダー反射断面積の仕事ができる人間を必要としている事を聞いた。彼はその話に飛びついた。

ミサイル防衛の仕事をした事で、キャッセンはレーダー波の散乱と反射断面積について、豊富な知識と経験を持っていた。彼は機密情報だったために、多くの航空機設計者が知らない事も知っていた。つまり、レーダー波の散乱理論が、マーク12再突入体やＳＲＡＭなどの実際の飛行物体に適用されていて、それらの物体がレーダー反射断面積を大きく減少させる事に成功している事、その減少対策は、レーダー波吸収材料ではなく、物体の形状を工夫する事で行われていた事を知っていた。最初のステルス飛行物体は航空機ではなく、ミサイルと再突入体だったのだ。

――――

キャッセンは明るい性格で、ベン・リッチの様に話が上手だった。彼はまた、激しい競争心と向上心も持っていて、そのためロッキード社とステルス機の開発で競争する事は歓迎だった。彼は、敵はソ連ではなく「個人的に言えば、僕の敵はベン・リッチだった」と言っている。リッチはキャッセンのそんな姿勢が好きで、彼も同じ様に競争に勝ちたいと思っていた。

しかし、キャッセンは、自分の敵は自分達の設計チームの中に居る、と感じていたかもしれない。同じノースロップ社の技術者、アーブ・ワーランドはノルウェー人移民の息子で、大恐慌の時期にニューヨーク市ブルックリン区で育った。第二次大戦後に陸軍航空隊にしばらく入っていたが、除隊してGIビルでニューヨーク大学に入り、一九五三年に航空工学の学位を取得し、ニューヨーク州のロングアイランドにあるグラマン社に入社した。グラマン社では、XF‐10F、ガルフストリームI、F‐11、E‐2、F‐111、F‐14などの機体の設計の仕事をしたが、二〇年間勤めた後、ノースロップ社に移った。グラマン社の仕事のやり方が官僚主義的になり過ぎたと感じた事も一因だが、彼の妻がニューヨーク州の冬の気候の厳しさに嫌気がさした事も理由の一つだ。彼はノースロップ社に一九七四年に入って、先進的航空機設計部門の空気力学設計担当となり、XST機開発に参加するのにぎりぎり間に合った。

親しみやすい感じのワーランドは、優しい笑顔の裏に、自分の航空機設計の幅広い経験をここで発揮しようとする強い決意を秘めていた。彼は空力設計者として、機体の回りを流れる気流を、翼型、フラップ、フェンス、スロット、ストレーキなどを工夫して、自分が望むように流れさせる方法をよく知っていた。モー・スターのグループのレーダーの理論家達が、自分がレーダー波になった様に感じて現象を理解できたのと同様に、ワーランドは自分も空気の流れと一体となって、空気が物体の上をどう流れるか、どのように渦を作るかを感じ取る事が出来た。

一九七五年頃には、ノースロップ社のレーダーグループは、レーダー反射断面積の計算には経験を積んでいたが、それを実際の機体の設計に適用する事はまだ行っていなかった。XST機の設計では、モー・スターのグループのレーダーに関する知識、経験を、航空機設計者の知識、経験と結びつけて、一つの機体としての設計にまとめ上げる必要があった。そのため、ワーランドが主任設計者に起用された。ＸＳＴ機計画の社内の責任者はモー・ヘッセだったが、彼はキャッセンと彼のレーダーグループを、ワーランドの指揮するチームから外して、自分に直属させる事にした。この人事は機体設計におけるレーダー反射断面積の重要さを示すものだったが、同時にキャッセンとワーランドを実質的に同格の主任設計者とした事になり、二人は設計の主導権を巡って競合する事になった。

この競合は、ワーランドが空気力学、キャッセンがレーダー工学と、専門分野が異なる事から生じた。ワーランドは当然だが空気力学も考慮した設計にしたいが、キャッセンはレーダー反射断面積の削減を最優先に考えた。二人の仕事のスタイルも違っていた。キャッセンは学究的な環境（研究開発重視のベル研究所とヒューズ社など）で仕事をしてきたので、少人数で自由に議論しながら設計を進める事を好んだ。一方、ワーランドは従来からの航空機設計作業のやり方で、目標を決めて一直線に設計を進める事を好んでいた。この相違により、落ち着きが無く、あれこれ考えを変えるキャッセンと、組織的にきちんと仕事をしたいワーランドの、異なる個性の二人が激突する事となった。しかし、二人には共通点があった。仕事に献身的に打ち込む事と、引っ込み思案で黙っている人間ではない事だ。

こうした要因が重なって、キャッセンの言葉では「伝説的な」激しい議論が戦わされた。ワーランドはそれを「怒鳴り合い」と呼んでいるが、他の技術者から見れば、二人の関係は水と油だった。別々では問題ないが、一緒にしても決して混じり合おうとしない。お互いに相手の能力と知力は認めているが、議論しているとそれを忘れてしまうのだ。二人は設計チームのある人間の言葉では、「離婚した方が良い夫婦」の様だった。

何を設計する際でも、性能と価格のバランス、各種の性能の間のバランス（速度を優先するか、それとも機動性や航続距離を優先するかなど）など、相反する設計目標の間でバランスを取る事が必要になる。ロッキード社でも同じだが、ノースロップ社でもステルス性を追求する際に、各種の設計目標の間の妥協点を決める際には、激しい議論になる時があった。ロッキード社と同様、ノースロップ社でも、ＸＳＴ機の設計でレーダー反射断面積と空気力学的な要求が相反する場合、最終的にはレーダー反射断面積が優先された。しかし、設計に対する空気力学側の発言力は、ワーランドが主任設計者だったので、ノースロップ社ではロッキード社の設計チームの場合より強かった。

電磁気学的観点からは、レーダーによる探知を防ぐ最適な形状は平板である。しかし、厚みのない平板では、航空機として成立しない。エンジン、燃料、兵装、パイロットを収納するには、機体に厚みを持たせて、内部容積を確保する事が必要である。機体に厚みを持たせるには二つの方法がある。平面を使用する方法と、曲面を使用する方法である。ロッキード社は平面を使用する事を選択した。ノースロップ社は曲面を選択した。そして、鳥もライト兄弟も分かっていたように、飛行に適しているのは曲面の方である。しかも、曲面はレーダー波の反射をそらすのに役立つ場合がある事が分かってきた。

ノースロップ社の設計チームもロッキード社と同じく、コンピューターでの計算が可能なので、まず外形に平面を使用してみた。しかし、平面と平面の合わさる所では折れ目が出来るので、そこで気流が乱れ、空気抵抗が増えるばかりか、面の継ぎ目でレーダー波を反射する可能性もある。そこで技術者達は平面と平面の継ぎ目を曲面で滑らかにつなぐ事にした。そのためノースロップ社の設計案には、ロッキード社の設計案より空力的に良い点が幾つかあった。胴体下面は丸みを帯びていたし、主翼の後退角も小さかった。翼断面形には曲線が用いられ、前縁と後縁も丸みがついていた。翼端の平面形（上から見た時の形状）も丸かった。ノースロップ社の技術陣は、レーダー波が主翼に当たった時、レーダー波はそのまま反射されずに、しばらく曲面に沿って進んだ後に、その面から離れて反射波として放出される事を知った。その現象は、翼に当たった空気が、翼面に沿ってしばらく流れてから、翼面から離れて後方へ流れて行くのに似ている。

ノースロップ社の設計チームは、当初はＧＥＮＳＣＡＴプログラムの計算結果により機体の形状を考えたが、レーダーグループは、彼らの言葉では「現象学」とか「高度な知識に基づく直感」の方を重んじるようになった。キャッセンはそれを「レーダー波を見る」と表現している。機体の表面の形状を見て、そこにレーダー波が当たると、どのように反射されるかを想像できる能力の事だ。その能力はノースロップ社のレーダーグループが、一〇年以上もそれを考え続けてきた事で身に付けた能力だ。その結果、感覚的に機体形状を決め、それで作成した模型をレーダー試験場で試験しては形状を修正し、その結果を再び試験で確認する事を繰り返して設計を進めて行った。

例えば、主翼断面形における前縁の丸み（曲率半径）をいろいろ変えて、レーダー波の反射度を調べた。その試験で、スタン・ローカスは試験する模型に釘を一本打ち込んでおくと言う、単純なアイデアを思い付いた。もしレーダー波が釘の位置まで届いたら、その反射はレーダー画像表示器に、灯台の灯りのように明るくはっきりと表示される。釘がレーダーに映った場合は、それを引き抜いてもう少し後ろに打ち込む。それを繰り返して、レーダーに映らなくなったら、その時の前縁から釘までの距離で、その前縁の丸みによるレーダー波の反射への影響度が評価できる。丸みを変えて同様な試験を繰り返す事で、丸みをどれくらいにすれば、レーダー波を最もうまく逸らす事ができるかが分かる。

そうして出来上がった機体の設計案は、ダイアモンド型の三角翼の機体だった。ロッキード社の設計案と同じく、尖った機首のすぐ後ろに平面を組み合わせたキャノピーがあり、後退角が大きな二枚の垂直部翼は内側に大きく傾いていた。ロッキード社と似ていたのはそこまでだった。エンジンの空気取入口は、ロッキード社のように主翼の上の胴体側面に位置してはいなかった。大型エンジンを搭載した高性能の自動車で、ボンネット上に大きな空気吸入口を突き出している車があるが、それと同様に操縦席後方の胴体上面に空気取入口が突き出していた。ロッキード社の主翼は大きな後退角がついていて、先端は尾翼より後ろまで延びているが、ノースロップ社の主翼はもっと翼幅が大きく、機体は幅が広くてずんぐりとした印象だった。もっと目立った違いは、曲面が使用されている事だ。ノースロップ社の設計案では、主翼が胴体につながる部分、翼端、胴体下面、主翼と尾翼の前縁と後縁、エンジンへの空気取入口の上端から尾部にかけての部分には曲面が用いられていた。

設計におけるレーダー波の反射についてのコンピューター計算の扱いの違いにより、この二社の設計案の間の違いが生まれた。ロッキード社もノースロップ社も独自の計算ソフトウエアを持っていたが、ロッキード社の方がコンピューターの計算結果をより重視したのに対して、ノースロップ社はレーダー技術者が感覚的に「電波を見る」事も考慮に入れて設計を行なった。そのため、ロッキード社は外形形状を、主としてコンピューター計算の結果により決めていたが、ノースロップ社は設計者が粘土で模型を作って検討した結果も考慮して外形形状を決めていた。この設計に対する両社の違いは、核兵器の設計を行う二つの研究所、ロスアラモス国立研究所とローレンス・リバモア国立研究所の違いに似ている。ロスアラモス国立研究所は設計者の直感的な理解の方を重視しているが、ローレンス・リバモア国立研究所はコンピューターによる計算結果の方を重視している。XST機の場合、この設計手法の違いは、機体の設計に強い影響を与え、一方は平面を使用し、他方は曲線や曲面を使用した設計案となった。

皮肉な事に、一九四〇年代後半に、ノースロップ社は他に先駆けて、電子計算機を開発していて、その中にはプログラム内蔵式の計算機もあった。ノースロップ社の計算機グループからは、初期のコンピューター

図 5.3　RATSCAT における、ノースロップ社の XST 機の実物大模型。
（ノースロップ・グラマン社提供）

図 5.4　ノースロップ社設計の XST 機の想像図。
（ノースロップ・グラマン社提供）

企業がいくつも分離、独立している。ノースロップ社は航空機の航法用や、スナーク・ミサイルなどのミサイルの誘導用に搭載する事を目的として、小型化したコンピューターを開発し、最初はスナーク・ミサイルに使用した。しかし、航空機の設計で、もっと別の系統用にコンピューターを使用しようとは考えなかった。

その点が、ロッキード社とノースロップ社のＸＳＴ機の設計案で、もう一つの違いをもたらした。ノースロップ社は通常の操縦系統にこだわって、コンピューター制御のフライバイワイヤ式操縦系統にしなかった。キャッセンもその一人だが、ノースロップ社が飛行制御用にコンピューターを使用しなかった事は間違いだったと思うノースロップ社の技術者が何人もいる。フライバイワイヤ方式の操縦系統にすれば、よりステルス性の高い設計に出来たはずだと思っているからだ。ロッキード社の飛行制御系統の天才的設計者のロバート・ロシュクも同じ意見だ。しかし、フライバイワイヤ方式を採用しなかった事は、ノースロップ社の、コンピューターの計算結果よりもレーダー波の反射現象の直感的理解を重視し、レーダー波反射特性と空気力学特性を両立させようとする設計方針から、必然的に選ばれた結論だったと言う事もできる。曲線や曲面を使用した事で、機体はピッチ、ロール、ヨーの三軸全てについて安定性を確保できた。ノースロップ社の機体は、機体自身の安定性だけでうまく飛べるので、コンピューターによる補助は不要だったのだ。

その上、ノースロップ社の技術者達は、彼らの設計案の機体について、ロッキード社の設計者たちほどコンピューターに頼りたいと感じていなかった。なぜなら、彼らは自分達のやり方で設計した機体で、ロッキード社との競争に勝てると思っていたからだ。

第6章　レーダー反射試験場での対決

一九七五年秋に、ロッキード社とノースロップ社がそれぞれの設計案を提出すると、次はＤＡＲＰＡがどちらの設計案が優れているか判定を行う番だった。新しい機体の開発で複数の機体が競争する場合には、どの機体が要求を満足して最も優れているか判定するために、試作機を用いて「飛行試験による比較（フライ・オフ）」で勝者を決める場合が多い。空軍式の言い方では「飛ばしてから決める」と言う事だ。今回のＸＳＴ機の場合は、ＤＡＲＰＡは試作機を飛ばして比較するのではなく、「レーダー反射試験による比較（ポール・オフ）」で勝者を決める事にした。それぞれの機体のレーダー反射断面積を、レーダー試験場の支柱（ポール）上に取り付けた模型で計測して比較するのだ。勝敗はレーダー反射断面積の大きさだけで判定される。ＤＡＲＰＡは試作機を作って飛ばすかどうかは、この時点ではまだ決めていなかった。

レーダー波反射試験は、ニューメキシコ州南部の中央に位置する、トゥラロサ盆地の人里離れた砂漠で行われた。第二次大戦中、米国政府は盆地の広大な砂漠と草原を、爆撃と機銃攻撃の訓練場として使用した。一九四五年七月には、最初の原爆の試験場として使用した。戦後、盆地の広大な国有地は、実験用のロケットを何百キロメートルも飛ばしても、落ちた場所の損害を心配しなくても良いので、米国の宇宙開発で最初の試験場になった。米陸軍は捕虜にしたベルナー・フォン・ブラウンなどのドイツ人技術者を、ドイツから捕獲したＶ・２ミサイルの試験をさせるために、一九四五年にそこへ送り込んだ。その後、数十年間に渡り、軍は数万発のロケットやミサイルを発射し、砂漠の表面はロケットやミサイルの落下した跡で穴だらけになり、残骸が散らばっていた。ホワイトサンズ・ミサイル試射場と呼ばれるようになったこの試射場の面積は、最終的にはデラウェア州より広い、約八千平方キロメートルにもなった。[訳注1]

一九六〇年代前半に、ホワイトサンズ試射場にレーダー目標反射試験施設（Radar Target Scatter Site）が設置された。この施設は、最初はその頭文字を取って「ＲＡＴ　ＳＣＡＴ」（ネズミの糞）とひどい名前で呼ばれた（後には名前の中のスペースを無くして、もう少しましなＲＡＴＳＣＡＴと略されるようになった）。この施設は空軍の宇宙監視・計測部が設置した施設で、当初は航空機より宇宙飛行物体を意識した施設だった事が、その設置者から分かる。ＲＡＴＳＣＡＴには、供試体を取り付ける中央の支柱の周囲に、直径九メートルのレーダーアンテナを含む、幾つかのレーダーアンテナが配置されている。レーダーアンテナは、様々な周波数、偏波、照射方向でレーダー波を放射すると共に、支柱上の供試体から反射、散乱されて来る電波を受信する。模型を取り付ける支柱は、地表面で反射されるレーダー波（バック・スキャター）の影響を避けるため、十分な高さが必要である。支柱は当初は非導電性でレーダー波をほとんど反射しない発泡スチロールで被覆されていた。

試験を行なう上での大きな問題は、ロッキード社とノースロップ社の機体の模型は、ＲＡＴＳＣＡＴでも他の試験施設でも正確に測定できないほど、小さなレーダー反射断面積しか持たないと予想されていた事だ。模型の小さなレーダー反射断面積を正確に計測するために、模型からの反射波以外の、クラッターを呼ばれる不要な反射波を減らすよう、試験施設の改良に大きな努力がはらわれた。特に、既存の発泡スチロールで覆った支柱は、模型よりもはるかに強くレーダー波を反射すると思われたので、ロッキード社はデニス・オーバーホルザーとリチャード・シェラー設計の、レーダー波の反射が小さい支柱を新しく製作し納入した。この支柱は、砂漠の表面から突き出た、長くて鋭いナイフのように見えた。

ＲＡＴＳＣＡＴはホワイトサンズ国立公園のすぐ北西に位置している。ホワイトサンズと言う名前は、白い鉱物である石膏にちなんでいる。周囲の高い土地に含まれる石膏は、雨水に溶けて流れ出すが、トゥラロサ盆地は外部へ流れ出る川がないので、石膏は砂のように細かい結晶となって低い土地に蓄積する。周囲の山地に降った雨は盆地に流れ込み、そこに一時的に湖ができる事がある。そうした湖の一つが、ノースロップ社のレーダー技術者の名前からオーシロ湖と名付けられた事がある。地下水ですらレーダー反射試験に影響を及ぼす事がある。シェラーはある時、丸一日、供試体からの反射波を測定し続けたが、反射波の強度が数デシベルも変動する事を発見した。彼はその原因は、地下水の水位が潮汐効果で変動したためである事を突き止めた。石膏によって秘密が分かってしまう事もあった。ある時、スカンクワークスの技術者達がＲＡＴＳＣＡＴに行った後に、近所のホテルに泊まりに行ったが、ホテルの受付に「皆さんはＲＡＴＳＣＡＴで働いておられますね！」と言われてしまった。ＲＡＴＳＣＡＴで仕事をしている事は秘密にしているのに、誰が話してしまったのかと不思議に思いながらロビーを見回してみると、自分達の足跡が、石膏の粉のせいで白く残っていた。

砂漠の中の試験場の非現実的とも思われる景観は、技術者達に強い印象を与えた。砂漠の地表を風が吹き抜けると、白い砂は水が流れるように移動し、コヨーテは大きなレーダーアンテナの下を、夜になると歩きまわっていた。

周囲の魅力的な景観に気を取られる事もなく、両社のチームは試験に集中していた。彼らは試験で勝利する事の重大性を認識していた。勝利した方の会社が、米国の次世代の航空機に採用される、革新的で重要な技術の実用化について先行する事になるのだ。両社の技術者達は、西部の砂漠での対決に向けて準備を進めていた。決闘用の武器は六連発の拳銃ではなく、奇妙な形をしたレーダー反射試験用の航空機の模型だった。激しく競争していたが、この男たち（両社のチームとも全員が男性だった）の全員が重要な点で一致していた。全員が物理学と数学を用いて、技術的な問題を解決しようとしていた。彼らは、全く新しいこれまでにない特性を持つ飛行機を開発しようとしているので、航空宇宙産業界の他の技術者達とは別の世界にいて、全員が使命感を共有する仲間だと感じていた。しかし、「仲間」ではあるが、そのチームの内部ではとげとげしい言葉、自己主張、厳しい当てこすりが飛び交っていた。

重要な意味を持つ競争をしている自覚から、仕事への意欲は強かった。仕事の期限を守るために、一週間に六〇時間から八〇時間働く事もよくあった。冷戦を戦っていると言う意識があったので、技術者は個人的な事情や家族を犠牲にしながら、献身的に働いた。技術者達は家族にほとんど会えない時もあった。航空宇宙業界では、大きな開発計画に打ち込んでいる人間には離婚が待ち構えている、と言われていた。ＸＳＴ機の開発では、キャッセンは毎日、コーヒーをポット何杯も、タバコを何箱も消費していたが、それでも仕事のストレスから心身をすり減らしていた。

技術者の多くがまだ若かった事が少しは救いになった。年上の技術者（アラン・ブラウン、アーブ・ワーランド、ジョン・キャッセン）でも、まだ四〇歳代半ばから後半だった。年齢はとても微妙な問題だった。仕事で何をすべきかを理解しているだけの年齢である必要はあるが、革新的技術に対応でき、激務をこなせるだけの若さも必要だ。バークレー大学工学部の学部長は、こうした年齢に関係した難しさについて、「技術開発は、それを職業とする技術者や科学者には大きな負担となる。それは若者向けの仕事で、過去に飽き足らず、進歩に対してどこまでも楽観的でいる必要がある。技術開発に不確実性は付き物である。年齢を重ねると、安定を求め、変化が続く事に我慢ができなくなり、想像力と創造への意欲が減退する」と述べている。

こうした激務が担当者には大きな負担だったのは当然だ。当時の状況について、キャッセンは「若者はすぐに老人のようになった」と回想している。ワーランドは帯状疱疹を発症し、シェラーは前述のように競争が終わった後に脳卒中に見舞われている。ではなぜ彼らはそんなにも仕事をしたのだろう？　何のために仕事の重責とストレスに耐えて頑張ったのだろう？　その理由の一つは、当然ながら業績を上げて昇進するためだろう。良い仕事をすれば、会社は高い地位と高い報酬を与えてくれる。また、ステルス機を作らないと、アメリカ人は間もなくロシア語を話す事になるかもしれないとの不安から来る、愛国的な動機もあるだろう。しかし、主たる敵はソ連ではなく、競争相手の会社の技術者達だと感じた人達もいた。キャッセンは、「まるでアメリカンフットボールのスーパーボールの試合で、好敵手と戦うような感じだった」と言っている。

しかし、一番大きな理由は、彼らにとってそれが技術的な挑戦であり、難しい問題に取り組み、それを解決する機会だったからだ。つまり、それは楽しかったのだ。キャッセンのアシスタントのマギー・リーバスは、「皆が好きな事に打ち込んでいる光景が素晴らしかった……全員が自分の仕事が大好きだった」と振り返っている。キャッセンは「彼らはとても有能で、普通の人の半分の時間で素早く仕事を済ませて、それを楽しんでいた。仕事を愛し、同僚たちを愛していた。互いの間には、愛情とまでは言えなくても、互いに相手を認め、尊敬する気持ちがあった……そして、我々は航空機の歴史に残る仕事をしている事が分かっていた」と付け加えている。

戦争を有利に進めるための兵器を作る事のどこがおもしろいのか、と質問する人もいるかも知れない。しかし、技術者達にとっては、それが楽しい事なのだ。その点で、第二次大戦中にロスアラモス国立研究所で原子爆弾を開発した科学者達に似ているかもしれない。原爆が使用された事を彼らがどう感じたか分からないが、戦時下の原爆開発作業を、人里離れた荒涼とした土地で、献身的なチームの一員として、知的創造力を全力で振りしぼりながら過ごした、奇跡的な経験だったと思っている人が多い。

――

一九七六年三月、ロッキード社とノースロップ社の技術チームは、それぞれの機体模型と共に、ＲＡＴＳＣＡＴにやって来た。実物大の模型は、合板又は発泡スチロールとＦＲＰで出来ていて、レーダー波に対する反応を金属製の実機に似せるために、導電性のシルバーペイントが塗られていた。ＲＡＴＳＣＡＴの技術者はナイフ形の高い支柱の上に機体の模型を取り付け、何週間かに渡り、周波数などを変えてはレーダー波を模型に当て、その反射波を計測した。ある時、ロッキード社の模型の反射が突然五〇パーセントも大きくなった。調べてみると、鳥の群れが模型に止まって、そこで糞をしたのでレーダー波の反射が強くなった事が分かった。

両社のチームは相互の接触を厳しく禁じられていた。同じ格納庫を使用していたが、格納庫は中央で仕切られていて、相手方がすぐ向こうに居る事は分かるが見る事はできず、また、相手方の試験実施状況や模型を見る事もできなかった。ロッキード社の勝利が公表された後でも、ＤＡＲＰＡは両社のチームの接触を禁じた。ＤＡＲＰＡは負けた側の設計の良い所を、勝った側に取り入れさせようとはしなかった。勝つか負けるかで、折衷案は検討対象にならないのだ。

時には怪しげな行為がなされる事もあった。例えば、ノースロップ社はロッキード社がＳＲ‐71型機の経験から、レーダー波吸収材料では一日の長がある事を知っていた。ノースロップ側は格納庫内のロッキード側へは行けないので、キャッセンはノースロップ社の現場の作業員がタバコを吸いに格納庫の外へ出た際に、ロッキード社が模型を試験場に運び出した時に塗料の破片がはがれて落ちていないか、こっそりと地面を探させた。作業員は黒いかけらをとにかく拾い集めると、それをビニール袋に入れた。キャッセンそれをホーソン工場へ送り、分析してもらった（調査の結果、ロッキード社の材料はノースロップ社の材料と成分が似ているが、ノースロップ社は市販品を使用しているのに対して、ロッキード社はもっと高品質の物を使用している事が分かった）。

ステルス性の程度は、レーダー反射断面積（ＲＣＳ）で表される。これは通常は一つの数値で表現される。その値は、対象とする航空機と同じレーダー反射断面積を持つ、金属の球の断面積とされ、単位は平方メートルが使用される。例えば、ステルス性を考慮していない設計の航空機のレーダー反射断面積が一〇平方メートルであれば、その反射の強さは同じ断面積の金属球の反射の強さと同じと言う事を意味している（国防総省で説明をする際、スカンクワークスのベン・リッチは、ロッキード社のステルス機のＲＣＳの例として、ボールベアリングの鋼球を取り出して見せてから、それを机の上で参列者の前まで転がして、ＲＣＳの小ささをアピールしていた）。

数値だけを見るとＲＣＳを求めるのは簡単そうだが、実際はそんなに簡単ではない。まず、レーダー波が前後左右、どの方向から来るのかによって数値が変わる。試験では通常は機体の模型を支柱の上に取り付け、模型を回転させてはレーダー波を照射する。その結果を円グラフに描いて、照射角に対応したレーダー波の反射強度が分かるようにする。〇度は機首正面、一八〇度は真後ろ、九〇度と二七〇度は真横からレーダー波が当たった時の値を示す。完全に正確に作られた模型であれば、グラフは左右対称になる（つまり、〇度から一八〇度までの結果と、一八〇度から三六〇度までの結果は、左右対称形になる）。しかし、実際の試験では対称形から少し外れる事が多い。円グラフの目盛りは、対数を使用したデシベルを単位として表示される。地震のマグニチュード（リヒタースケール）と同様に、基準値に対する計測値の大きさが一〇の何乗倍になるかを求め、その数値を一〇倍した値をデシベル値とする。そのため、反射波の強さが一〇デシベルの時は、基準となる〇デシベルの強さの反射波の一〇倍（一〇の一乗倍）の強さで、二〇デシベルなら一〇〇倍（一〇の二乗倍）、三〇デシベルなら一〇〇〇倍（一〇の三乗倍）の強さである。レーダー技術者は、強い信号は弱い信号の一〇〇万倍の強さになる事もあるので、広い範囲の信号強度を扱い易くするために、デシベルを単位に使用している。そのため、数デシベルの違いでも、実際の反射波の強さは大きく違う事になる。

試験施設での一回の試験では、一つの周波数のレーダー波についての円グラフしか得られない。違う周波数では、計測結果は違った円グラフになる。例えば、平板の場合は、レーダー波の周波数が低い時は、周波数が高い場合に比べて反射が強く、反射波のスパイクの数も多くなる。レーダー波の偏波によっても計測結果が異なる。それに加え、照射するレーダーアンテナの位置が、計測する供試体と同じ水平面内でない時も、その影響を受ける。下から二〇度の角度で見るとか、上から三〇度の角度で見る場合などだ。

このため、ＲＣＳは実際には一つの数字では表せない。言い換えれば、一つの数字で表される事が多いが、その数字は実はある特定の試験の結果でしかない事がある。例えば、ロッキード社のベン・リッチが、ＲＣＳの例として説明会で机の上を転がした直径一ミリのボールベアリングの鋼球は、彼らのＸＳＴ機設計案で、機体の正面の水平方向から、ある特定の周波数のレーダー波で照射した時のＲＣＳでしかない。最終的に、機体のＲＣＳの数値は、計測結果全体を評価して決められるが、その時には照射方向、周波数、偏波などにいくつもの条件を考慮する。その事が、今回の「ポールオフ」での結果を判定する上で、極めて大きな意味を持っていた。

計測結果を比較する際の評価基準を決めるために、ＤＡＲＰＡはニカンダー・ダマスコスをコンサルタントに雇った。ダマスコスは評価を行うために、測定結果の数値を処理する方程式を提示した。その方程式では、各試験におけるレーダー波の反射強度の測定値に、周波数、偏波、照射角に応じた係数を乗じる事になっていた。その計算結果を用いて、最終的に一つの数字にする。「ポールオフ」のための試験が終わると、各チームが各試験ケースで計測した結果をダマスコスの方程式で計算し、全てのケースの結果を総合して一つの数値を算出する。その数値が小さい方のチームが勝ったと判定される。

比較する上でまず問題になったのが、レーダーの周波数だ。トールキングのような大型の早期警戒レーダーは低い周波数を使用するが、対空射撃レーダーは、正確な追尾と照準を行うために高い分解能が必要なので、高い周波数を使用する。ダマスコスの評価方法では、下はトールキングの二〇〇メガヘルツから、上は一〇ギガヘルツまでの幾つかの周波数での試験が要求されていた。ロッキード社は、設計上は周波数の高い方は対策するが、低い周波数には特別な対策は行わない事にした。こうしたのは、ロッキード社は低い周波数に対する、エッジ部分のレーダー波吸収処理の効果をまだ試験していなかった事も理由の一つだった。この決定は成功した。ロッキード社の設計は、高い周波数ではより優れていて、低い周波数での違いは、最終結果を覆すほどではなかったのだ。

次に問題になったのは照射方向で、こちらは激しい議論になった。どちらのチームも側方からのレーダー波はあまり問題にしていなかったし、ダマスコスの方程式でも、側方は重視されていなかった。対空レーダーの電波が側方から機体に当たっても、機体の移動速度が速いので追尾できない。従って、前方からと後方からのレーダー波だけが重要になる。ダマスコスの方程式では、前方も後方も、機体の中心軸から四五度の範囲内の反射の強さで評価する事になっていた。この評価範囲は、上から見ると前方と後方に九〇度の角度のくさび型なので、チョウが羽根を拡げた形にも少し似ている。

ノースロップ社はこの評価方法に対して直ちに抗議した。防御側は、自分達に向かって進入してくる攻撃機を、前方からレーダー波を照射して探知しようとするはずだ。そのため、ノースロップ社は、機体中心線から前方左右六〇度（合計一二〇度）の範囲内からのレーダー波に対して、レーダー波の反射強度を低くするように設計した。後方からのレーダー波は、前方からのレーダー波よりも重要でないと考えた。後方からレーダー波が来る時は、機体は対空陣地から速度を上げて離れようとしているので、地上からの攻撃は前方から攻撃する時より難しいと考えたからだ。そのため、ノースロップ社は後方については、機体中心線から左右三五度の範囲（合計七〇度の範囲）を対象に設計した。そのためステルス性を考慮する範囲は、上から見た場合、ダマスコスの評価方法では、機体前方も後方も同じ大きさだったが、ノースロップ社の場合は、機体の前方では大きく、後方では小さかった。

ノースロップ側は、この頃にはダマスコスの中立性に疑問を感じていた。彼はＣＩＡがロッキード社のＳＲ‐71偵察機のレーダー反射断面積を評価するのを手伝った事があったからだ。特に深い意図は無かったかもしれないが、ダマスコスの評価方法は、その時にロッキード社の機体を評価した方法を基に決められた事は明白だった。以前に、シェラーはオーバーホルザーに、自分達の設計案では、レーダー反射断面積（ＲＣＳ）の数値がどの程度になるかを知らせるように頼んだ事がある。つまり、設計案の機体の試験結果からＲＣＳをどの様に計算するのか、そして、これまでの試験結果に基づく計算ではＲＣＳはどの程度の大きさになるのか、自分に知らせてくれるよう頼んだのだ。オーバーホルザーは全周三六〇度を前後左右の九〇度ずつの四つの象限に分割し、各象限についてレーダー反射断面積（周波数、偏波、照射角度により値は変化する）の平均値を計算した。シェラーはその数値をＤＡＲＰＡのパーコに渡した。パーコがその数値をダマスコスに伝えたのは確実で、ダマスコスはそれを参考に、彼の評価方法に四象限に等分割する方法を採用したと思われる

ノースロップ側はこの評価方法を知ると、だまされたように感じた。彼らの設計では、後方は左右に三五度の狭い範囲しか考えてないので、そのすぐ外側なら強いスパイク（レーダー波の狭くて強い反射）を生じても良いと考えていた。ダマスコスの評価方法では、左右に四五度と、もっと広い範囲を対象とするので、そのスパイクが計算対象に入ってしまう。ワーランドは「我々は間抜けだった、評価方法を知らなかった」と嘆いている。ノースロップ社としては、設計全体を見直して修正するしか無かったが、それには時間が無かった。ノースロップ社の技術者達は騙されたと抗議したが、ＤＡＲＰＡはダマスコスの評価方法を変更しなかった。ワーランドは「それが我々の敗北の原因だ」と考えている。キャッセンの行ったレーダー探知と生存性の関係についての分析結果が、ノースロップ社の機体設計の基礎となったが、ダマスコスの判定基準を知ると、キャッセンは「ぼくはしてやられた」と自分たちの失敗を認めている。

しかし、ダマスコスの評価方法は、ある意味ではロッキード社とノースロップ社のステルス設計の手法が異なったので、機体の設計も違う結果になった事を理解するのに役立ったかもしれない。ロッキード社のＥＣＨＯプログラムは丸みのある縁（エッジ）は取り扱えないので、ロッキード社は翼の前縁を鋭く尖らせた。前縁が尖っていると、迎角が大きくなると気流が剥離して渦を生じやすい。後退角がない主翼では、そのために比較的小さな迎角でも失速を起こす。失速すると、機体を支えるだけの揚力が出ないので、機体は高度

を維持できず落下する。それに対して、後退角が大きいと、前縁の剥離で生じた渦は翼の前縁に沿って翼端方向へ流れ、その渦の作用で揚力が完全に失われるのを防ぐ事ができる。それもあって、ロッキード社は主翼に強い後退角を持たせたが、それにより意図した訳では無いが、後方からのレーダー波に対する反射の強さが小さくなった。ロッキード社がＥＣＨＯプログラムを使用した事は、ダマスコスの評価方法でレーダー反射特性が良いと評価される事に多少は貢献した事になる。一方、ノースロップ社は空気力学的な特性をより重視して、主翼の後退角をロッキード社より小さくした。その代償として、機体後方からのレーダー波に対するスパイクが、評価の対象となる範囲に入ってしまった。ノースロップ社はこの問題を、飛行制御系統をフライバイワイヤ方式にする事で回避できたかもしれないが、機体の空気力学的特性で安定性と操縦性を確保する事にしたので、フライバイワイヤ方式は採用しなかった。この決断の代償は、競争における敗北だった。

ＲＡＴＳＣＡＴにおける数週間の試験の後、両社はワシントンへ行き、ＤＡＲＰＡにそれぞれの試験結果を報告した。報告がなされたのは同じ日で、ロッキード社が発表を終えて退室すると、入れ替わりにノースロップ社が会議室に入った。ＤＡＲＰＡは報告の翌日に、評価結果を発表する事にした。発表の前夜、パーコは、両社の関係者を集めて懇親会を開いた。和やかな懇親会には成らなかった。どちらの会社からも好意を持たれていて、人当たりが良いパーコでさえ、懇親会の冷たい雰囲気を変える事はできなかった。翌日、ＤＡＲＰＡはＸＳＴ機設計競争の勝者を発表した。ロッキード社が勝者だった。

第7章　ハブ・ブルー機とF‐117型機

ロッキード社は競争に勝利したので、設計案に基づいて二機の試験機を製作し、正常に飛行できる事を証明する事となった。この空軍とDARPAの共同計画で製作する機体には、「ハブ・ブルー」のコードネームが付けられた。もしハブ・ブルー機がうまく飛ぶ事が出来て、レーダー反射断面積も小さい事を証明すれば、空軍は相当な数のステルス機を購入すると予想された。つまり、数億ドル規模の生産が見込めるかも知れない。しかし、問題はうまく飛ぶかである。飛行機を深く理解しているケリー・ジョンソンが、ロッキード社の設計案を見て、「このとんでもない機体は、飛ぶはずがない」と酷評したのには理由が無い訳では無い。このとんでもない機体を飛ばすには、別の目的でコンピューターを利用する必要があった。今回は機体の設計のためではなく、それを飛ばすために必要だったのだ。

飛行機が飛び始めた最初の頃から、パイロットの重要性については、いろいろな意見があった。パイロットは単に機体の各装置を操作するだけの役割なのか、それとも高度な技能を必要とする特別な職業なのだろ

うか？　テストパイロット達は長年に渡り、自分達の事を単なる操作員とか、ひどい時には乗っているだけだと言う人もいるが、自分達は機体全体に目を配りつつ操縦すると言う重要な役割を果たしているのだと一貫して主張してきた。第二次大戦後に、飛行速度が速く、操縦操作への応答性が鋭くなったジェット機が出現すると、パイロットの反射神経の限界が問題になってきた。同じ頃、コンピューターが登場して、パイロットの補助に使えるだけでなく、パイロットに代わる存在になる可能性も出てきた。

しかし、結局はパイロット達の、自分達の役割は重要だとの主張が認められた。技術者はパイロットが飛行機を操縦する際の補助としてコンピューターを使い始めたが、あくまでも補助的な役割としての使用だった。一九五九年に初飛行したマッハ６で飛行するX‐15実験機は、パイロットが操縦操作をすると、コンピューターはその操作量を感知し、飛行状態に応じた適切な舵面の動きを計算して舵面を動かしていたが、コンピューター自身が機体を飛ばすようにはなっていなかった。同様に、米国として初めての有人宇宙飛行を行なったマーキュリー計画では、最初に選ばれた七名の宇宙飛行士は全員がテストパイロットだったので、自分達が搭乗する宇宙船を操縦できるようにする事を強く要求した。アポロ計画の宇宙船の飛行制御用コンピューターは自動操縦用ではなく、ニール・アームストロング船長が月着陸船で月面に着陸する際に、着陸地点を手動操縦で修正して着陸した事で有名になったように、宇宙飛行士の操縦の支援用だった。冷戦の時代だったので、アメリカの政治家は、ソ連の宇宙船は自動操縦だろうが、アメリカの宇宙飛行士は自らの操縦で、勇敢に困難な状況に対処していると、誇らし気に主張する事があった。テストパイロットは二〇世紀のカウボーイと言える存在だった。X‐15実験機のパイロットは〝カウボーイ〟・ジョー・ウォーカーだったし、映画「トップガン」で主演のトム・クルーズのコールサインは「マーヴェリック（一匹狼）」だった。

最近の無人機（ドローン）は、パイロットの代わりに、コンピューターが制御する機体もある。一九七六年のロッキード社のステルス機、ハブ・ブルー機の飛行制御方式はコンピューターによる自動操縦ではなく、フライバイワイヤ方式を採用して、パイロットの操縦をコンピューターが補助する方式を採用していた。この方式では、パイロットが舵面に機械的に連結された操縦装置で、直接的に舵面を動かすのではなく、パイロットの操作をコンピューターが主翼や尾翼の舵面を動かす信号に変換し、その信号に従って舵面を動かす事で機体を制御する。パイロットが、ある角度だけ機首を上げようとか、ある角度まで横に傾けたいとする時には、パイロットはその角度に応じた量だけ操縦装置を操作する。そうすると、飛行制御用コンピューターが、現在の飛行速度と高度における機体の応答性を考慮して、どの舵面をどれだけ動かすかを決める。ハブ・ブルー機は、縦、横、偏揺れの三軸周り（機首の上下、翼の傾き、機首の左右方向への回転）全てについて不安定だったので、フライバイワイヤ方式にする事が必要だった。機体が不安定なため、一つの軸回りの運動が他の軸回りの運動を引き起こす場合があった。例えば、機首を上下させようとすると、横揺れや偏揺れを起こしてしまう事があるのだ。しかし、フライバイワイヤ方式にした事で、パイロットは機体を動かしたいと思うイメージ通りに操縦操作をすれば良かった。機体を右に五度傾ける位置まで操縦桿を横に操作すれば、機体は右に五度傾く。

アポロ計画ではプログラム可能な超小型電子回路を使用したデジタルコンピューターを使用したが、空軍はアナログ方式の飛行制御コンピューターを開発させ、ハブ・ブルー機の二年前に初飛行したF‐16戦闘機に使用していた。時間と費用を節約するため、ハブ・ブルー機はF‐16戦闘機の飛行制御コンピューターを使用する事にした。このコンピューターは、振動、衝撃、温度環境などの試験に合格して機体搭載用として認定されていた。そのため、新しいコンピューターを作る必要はなく、ロッキード社の技術者は縦、横、偏揺れ方向の操縦について、新しく制御則を作るだけで良かった。パイロットが操縦操作をすると、コンピューターはその制御則に従い、機体の各種のセンサーなどから判定した飛行状態に応じて、瞬時に操縦舵面への動作信号を出力する。

ハブ・ブルー機の飛行制御コンピューターの処理系は独立四チャンネルで、米国の機器にふさわしく民主的に作動する。三チャンネルが操舵量を計算して出力し、残る一チャンネルが予備系統となる。例えば、チャンネル1が二ボルト、チャンネル2が二・五ボルト、チャンネル3が三ボルトの信号を出力したとすると、制御系統としては二・五ボルトの信号を出力する。一つのチャンネルが、事前に設定されている限界以上に他のチャンネルと違う大きさの信号を、例えば一〇ボルトを出力したとすると、制御系統はそのチャンネルを除外して、代わりに予備チャンネルの値を使用して、系統としての出力を決める。

各チャンネルは七枚の回路基板を使用していて、各基板の大きさは二三センチ×三〇センチである。コンピューター全体では二八枚の基板を使用していて、コンピューター本体の大きさは長さ六〇センチ、幅三八センチ、高さ三〇センチで、重量は約二三キログラムである。プログラム可能な半導体プロセッサーは使用していなくて、マイクロチップやトランジスターのような個別の素子を基板上に配置し、配線で接続したアナログ回路を使用している。そのため、制御則を変更する場合は、ソフトウエアを変えるのではなく、物理的に基板上の配線や素子を変更して行う。例えば、縦操縦の制御則を変更する場合、各チャンネルの縦操縦用の基板、四枚を抜き取り、変更対象のトランジスターを外して、必要な特性を持つ新しいトランジスターを取り付ける。四枚の基板を飛行制御用コンピューターの本体へ戻し、制御則が正しく修正されているか、多数決方式の故障検出は正常か、他の軸の制御則に影響はないかを確認する。制御則を仕上げるには、この面倒な処置を何度も繰り返して行う必要があった。

そのため、ステルス機の設計では、これまでの機体設計作業に加えて、レーダー探知対策のための電磁気的な設計と、フライバイワイヤ方式の飛行制御系統の設計にも新しく取り組まねばならなくなった。飛行機が急速に進歩した五〇年前の航空の黄金時代以降は、航空工学を専門とする技術者が設計の主導権を握っていて、風洞で翼型の試験をしたり、図面上でスマートで空力的に優れた形状を検討したりしていた。一九七〇年代になると、電気、電子関係の技術者の重要度が高まり、図面だけでなく、コンピューターのプログラムや回路図も重要になってきた。技術者達が言っているように、電気技術者や電子技術者が機体技術者より幅を利かせるようになったのだ。

飛行制御系統の重要性が増すと、その担当の技術者も多くなった。多くは電気工学分野の出身で、フィードバックループとか周波数応答などの用語を使用する技術者だった。ロッキード社の飛行制御系統の技術者のリーダーはロバート・ロシュクだった。オクラホマ州出身のロシュクは、一九七六年の時点ではまだ四〇歳にもなっていず、ほっそりして、物静かで、几帳面な性格だった。彼は航空工学、電気工学、制御工学の三つの分野で学位を持っていて、粘り強く問題に取り組んで解決する能力を持ち、優れた技術者として評判が高かった。

フライバイワイヤ方式が盛んになるのと並行して、フライトシミュレーターの役割も大きくなった。X-15実験機はフライバイワイヤ方式を早い時期に採用した機体だが、機体の開発過程でフライトシミュレーターを大々的に使用した事は、偶然ではない。アポロ計画の宇宙飛行士達は、月着陸船の操縦を実際に宇宙空間で練習できないので、シミュレーターで長時間の訓練を行った。ステルス機についても事情は同じだった。機体がパイロットの操縦操作に正しく反応するかなどについて、試験、調整、確認を繰り返す事が必要だった。飛行制御系統には多くの欠陥が残っていて、そうした欠陥を修正する過程で、機体を、ましてパイロットを失いたくないとロシュクのグループは思っていた。そのため、ハブ・ブルー機の二人のテストパイロットは、後に実機で飛行する時間よりはるかに多くの時間、おそらく一〇〇〇時間を越える時間、シミュレーター試験を行なった。ハブ・ブルー機の開発では、シミュレーター試験は、実機の飛行試験と同じくらい重要な役割を果たした。

　ロシュクは穏やかそうな外見に似ず、シミュレーター試験ではパイロットにわざと難しい状況を与えて試験させていた。例えば、シミュレーター試験で、一〇メートル／秒の強い横風を受けながら着陸しようとする難しい状況の中で、突然、エンジン故障などの状況を追加したりするのだ。特に、ロシュクはＰＩＯ（パイロット誘起振動）を生じる可能性のある状況を見つけたいと思っていた。ＰＩＯは人間より反応が速いコンピューターを飛行制御系統に組み込んだ時に、起きやすくなる可能性がある。[訳注1] ＰＩＯは、コンピューターが機体の運動を検出してそれを修正しようとした時に、パイロットも一瞬遅れて同じ運動を修正しようとすると、修正量が過大になる事で生じる。コンピューターがその修正操作による機体の運動を修正しようとし、パイロットがさらに修正しようとすると、修正量が過大になって、意図した以上に機体が動く。それを繰り返す度に修正量が大きくなり、数秒の内にパイロットが機体を制御できなくなる。一九九二年四月に、ステルス機のＹＦ－22戦闘機（ロッキード社設計のステルス戦闘機）は、滑走路上三〇メートルの高度でこのＰＩＯを起こし、機首を激しく上下させてから滑走路に激突し、滑走路上を胴体をこすって炎を出しながら二四〇〇メートルも滑り、機体は大破した。幸いパイロットは無事だった。

　フライバイワイヤ方式の飛行制御系統は、こうしたクローズドループ方式のフィードバック制御を行うので、思いがけないトラブルを起こす事があるが利点もある。費用を削減するため、ハブ・ブルー機の設計チームは別の機体で使用されている脚を使用する事にした。脚に機体の重量がかかると少したわむ。機体が滑走路を走っていてブレーキを掛けると、脚は少し後方に曲がる。脚に掛かっている荷重に差があり、曲がる量が左右で違った場合、飛行制御コンピューターはその曲がる量の差を感じるとラダーで修正しようとするが、そうすると機首が振れる。機首を振る量が大きすぎると、機体は滑走路から飛び出してしまうかもしれない。フライバイワイヤ方式では、こうした問題に対処する場合、コンピューターを調整するだけで良い。基板を取り出し、新しい部品に交換する必要はあるが、それでも、脚を交換するなど、大掛かりな機体の改修をするよりはずっと簡単である。

シミュレーター試験の結果で、ハブ・ブルー機の設計が変更された事が何度もあった。設計チームは、主翼の後縁についている舵面であるエレボン[訳注2]が、ある条件の時には、機体が機首を上げようとするのを止める能力が不足する事を発見した。そこで、設計チームは、エンジンの排気口の後方の胴体後端部を、前端にヒンジをつけて動かせるようにした。必要な時は、この可動部分（フラップ）を下方に曲げれば、機首が上がるのを抑える事ができる。設計者はその部分を、形が似ているので「カモノハシの尻尾」と呼んでいた。

シミュレーター試験により、パイロットは彼が飛ばす事になるこの奇妙な機体について、いろいろ学ぶ事ができた。ハブ・ブルー機は基本的に不安定な機体なので、フライバイワイヤ系統は、舵面に他の機体の場合とは感覚的に異なる動きをさせる事がある。パイロットが操縦する際に、他の多くの機体を操縦する場合とは反対の方向に、ラダーやエレボンを動かす事があるのだ。例えば、通常の機体であれば、飛行速度を下げる時には、エンジンのパワーを絞り、速度が落ちるにつれて機首が下がろうとするので、下がらないように主翼の後縁のエレボンを上に動かす。しかし、ハブ・ブルー機では速度を下げると機首を更に上げようとするので、飛行制御系統はエレボンを下げ方向に動かす。ハブ・ブルー機のフライトシミュレーターには、舵面の位置を示す計器がついていた。テストパイロットのビル・パークは、このエレボンが下げ方向に動くのを見たが、それは彼が今まで飛んできた機体とは逆方向だった。パークはロシュクに「ロシュク君、これで本当に良いのかね？」と尋ねると、「これで良いんです」とロシュクは答えた。パークはため息をついて「こんな動きをするなんて知りたくなかった」と言った。

―――

新しい技術を考え付いても、それを現実の物にできるとは限らない。原子爆弾を考えてみよう。科学者達は一九三九年には原子爆弾を作る事は可能だと分かっていた。しかし、原子爆弾を実際に作るには、第二大戦中に米国と同盟国が何年間も大変な努力を続けねばならなかった。幾つかの国は、今でも作りたいと思っていても、まだ実現できずにいる。ステルス機についても同様だ。物理学者がステルス機は理論的には可能だと言い、設計技術者がステルス機の図面を完成させても、生産現場がその図面から実際の機体を作る事ができなければ、ステルス機は実現しない。

一般の人達は、航空宇宙産業の技術者といえば、計算尺やコンピューターを使って設計作業をする技術者をイメージするだろう。しかし、航空宇宙産業では設計作業以外の技術、技能も重要だ。フォン・ブラウンの言葉では「手を汚して仕事をする」製造現場の、機械工、組立工、生産技術者の技術や技能が大事なのだ。スカンクワークスでも、人数が一番多いのは現場の作業者だ。スカンクワークスの人員の四分の一程度は技術者で、経理、保安、管理などの人員も少しはいる。しかし、全体の半分以上、機体の製造で忙しい時は、三分の二程度が製造現場関係の人員である。

製造現場は事務所や設計室とは違う世界である。計算尺や雲形定規ではなく、ドロップハンマー、リベットガン、油圧プレス、オートクレーブ、旋盤などの生産設備が中心の世界である。ホワイトカラーの世界とは異なり、大卒ではなく高卒が、白人だけでなく様々な人種の人が働くブルーカラーの世界である。しかし、製造現場は革新的技術を生み出す技術部門と同じくらい重要な部門である。

スカンクワークスの強みの一つは、設計部門と生産部門が常に密接に連携し、一体となって機体の製作作業を進める事である。設計部門と生産部門は同じ建物内に居て、現場の作業員は上の階の技術部門に行って、設計した人間にその設計では物が作れないとか、割り当てられたコストでは作れないと話す事が出来る。米国の幾つかの企業は、製造作業を外部に委託したために、製造部門と設計部門との連携が損なわれて失敗した経験から、設計部門と生産部門の一体的な連携の重要性を再認識する事になった。ゼネラル・エレクトリック社（GE社）のある工業デザイナーは、「製造作業を外注化すると、現場作業員の退職者が増える。有能な現場作業員が辞めると、彼らは二度と戻ってこない」と言っている。

ハブ・ブルー機の設計者が、どんなに素晴らしい設計をしても、現場の作業員がそれを具現化できなければ、その設計は何の役にも立たない。機体外面を構成する平板をどう作るのか？　型に流し込んで作るのか、機械加工するのか、それとも板金整形で作るのか？　平板の構造的な強度をどうやって確保するのか？　表面の凹凸や隙間はレーダー波を反射させるので、凹凸や隙間をなくするために、どの様にしてこれまでにない高い精度での平板の製作とその取り付けを実現させれば良いのだろう？　ハブ・ブルー機までは、航空機は通常、内側から製作されていた。まず骨格を製作し、そこに外板を張るのだ。ハブ・ブルー機では、表面の形状の正確性が重要なので、外側から内側へ向けて作る感じになる。

更に、温度、圧力、湿度などで特性が変化する材料が多く使われている事も問題だ。ある現場作業員は、機体の材料は生き物のようだったと言っている。何の変化も起こさない金属ではなく、生きて、呼吸している動物に似ているのだ。

例えば、レーダー波を吸収するために、主翼と尾翼の前縁は、導電性のフェライトの粉末を含侵させたＦＲＰ製のハニカム材が使用されている。ハニカム材とその下の金属構造が、両者の接合部で電気抵抗が同じになるように、フェライトの含侵量は、外側では少なく、内側に行くにしたがって多くなるように、調整されている。通常の機体でも、前縁の外形を空気力学的に要求される高い精度で製作する事は難しいが、こうした新しい材料で高い精度で製作する事はずっと難しい。このハニカム材で前縁を製作する際には、フェライトを含む樹脂を含侵させたガラス繊維の布を積層するが、その際に各層の繊維の方向を指定された方向に合わせる。その後、型に入れて所定の形状にするが、寸度精度だけでなく、フェライトの含有量も指定通りに変化させる必要がある。

前縁にフェライトを含むＦＲＰハニカム材を使用したのは、低い周波数のレーダー波を前縁で吸収するのが目的だった。一方、平面の部分は全て、高い周波数のレーダー波を吸収するために、フェライト粉末を含むゴム質の塗料が〇・七五ミリの厚さに塗られた。機体製造時には、このゴム質の塗料を壁紙のような厚さで機体に塗るのに苦労した。壁紙を貼った事がある人なら知っているように、表面が完全にきれいでないと、塗料の層は剥がれてしまう。

ハブ・ブルー機の機体構造の材料は、エンジンの周囲にチタン合金が使用されている以外は、ほとんどがアルミニウム合金だった。チタン合金は一九六〇年代前半に、スカンクワークスが初めてＳＲ‐71偵察機に使用したが、その使用に当たってはいくつか問題を生じた。スカンクワークスのボスのケリー・ジョンソンは、ＳＲ‐71型機の図面をソ連に渡しても、ソ連は図面通りに機体を作れないだろうと言った事がある。ソ連はチタン合金を切断、成形、溶接する技術を持っていないと思ったからだ（しかし、その当時、チタン鉱石はソ連から輸入していた。後には米国内で調達が可能になった）。チタン合金を成形するには、炉の内部で七六〇℃まで加熱し、炉の内部に設置された油圧プレス機で高温状態のまま加工する必要がある。この熱間成形には、通常の成形とは異なる生産技術が必要である。何より、高温で成形する場合は、時間を掛けてゆっくり行う必要があるので、慌てない事が必要である。

ハブ・ブルー機の生産を指揮するのはロバート・マーフィーだった。痩せていて、精力的で、当時は四七歳だった。第二次大戦の時は十代で、ニューヨーク州北部に住んでいたが、飛行機が好きになり、高校を卒業するとすぐに空軍に入隊した（彼はまだ一七歳だったが、母親を説得して入隊承諾書にサインしてもらった）。彼は整備兵としての訓練を受け、訓練課程が終わるとそのままベルリン大空輸で機体の整備兵として働いた。一九五〇年代初めに空軍を辞めると、彼は友人とカリフォルニア州まで車で行った。カリフォルニア州は航空機産業の中心地だったからだ。彼はロッキード社に入社し、すぐにスカンクワークスに入った。彼は高校しか卒業していなかったが、周囲の技術者は大卒ばかりだった。しかし、彼は難しい技術的な問題に対して、巧みな解決策を考え出す才能を持っていると評価されるようになった。最初はＸＦ‐１０４戦闘機の試験飛行で整備員として働き、次にはＵ‐２偵察機の整備を担当した。二五歳の時には係長になり、彼よりずっと年上の作業者を部下に持つようになった。Ｕ‐２機の仕事で日本に駐在していた時に、ＣＩＡで働いていた女性と知り合い、結婚した。彼はトルコに駐在した事もある。ケリー・ジョンソンは彼がまだ三四歳の時に、パームデール工場のＳＲ‐71型機の最終組立と飛行試験関連作業の現場責任者に任命した。

マーフィーは、任せられた仕事は必ずやり遂げ、部下にはあれこれ言訳をするのを許さない事で知られていた。スカンクワークスはそうした社員が能力を発揮できる組織だった。ジョンソンは部下に目標は示すが、それをどうやって達成するかは各自に考えさせる主義だった。ハブ・ブルー機では担当者が自主性を発揮できる機会が多かった。一九七七年にはマーフィーはスカンクワークスの現業部門の副部門長になった。現業部門は、技術部門と契約担当部門以外の全ての業務を担当する。ぶっきらぼうで厳しい言い方をするマーフィーは、ユーモアのセンスも持っていた。彼の下で働く部下は、彼から厳しい仕事を命じられた時も、そのユーモアで少し救われる時があった。彼は部下には厳しい要求をするが、それ以上に自分に厳しかった。毎朝、午前五時には会社に来て、すぐに現場に行っていた。

スカンクワークスの技術部門と現場部門には、一つの大きな違いがあった。現場の作業者は労働組合に加入しているのだ。それが原因でハブ・ブルー機の製造が危機的な状況に陥った事があった。ハブ・ブルー機の初飛行の予定日の二か月前の一九七七年一〇月、スカンクワークスも含めてロッキード社の現場の作業員がストライキに突入したのだ。ロッキード社は空軍に、ストライキの日数分だけ、初飛行の予定を遅らせてもらうよう頼みたいと思った。マーフィーはストライキにひるまなかった。彼は初飛行の予定日は「一〇〇パーセント」守ると断言した。

マーフィーは非組合員である現場の管理職を、二つのチームに分けて働かせる事にした。管理職の人間が直接、機体の作業を行うのだ。各チームは休日返上で、二交代制で一日一二時間働いた。設計技術者も、作業が上手か下手かに関係なく、作業を手伝った。テストパイロット達は、現場の作業をした事がない技術者達が、工具を手に機体の作業をするのを、心配しながら眺めていた。結局、ハブ・ブルー機は予定した日に初飛行を行う事ができた。

ハブ・ブルー機が試験飛行を行ったのは、地図に載っていない場所だった。二〇年ほど前に、ケリー・ジ

ヨンソンはU-2機の試験飛行を行う場所を探していて、グルームレイクを見つけた。「レイク（湖）」と言っても、実際にはネバダ州南部の、ラスベガス市とトノパーの町の中間の、砂漠の中の塩で覆われた平らな乾湖である。ジョンソンがこの場所を選んだのは、一九三〇年代に空軍が、カリフォルニア州モハーベ砂漠のミュロック乾湖を飛行試験センターに選んだのと同じ理由である。乾湖の表面は完全に平坦で固く、試験する機体が滑走路にたどりつけない場合でも、滑走路の代わりに使用する事ができる。しかも、そこは国有地だった。冷戦の初期に、米国が原子爆弾の試験を行なったネバダ試験場の片隅に位置する。大気圏内の核爆発実験が行われていた頃には、グルームレイクには放射性降下物が、試験の度に降り注いだ。試験場は碁盤の目に区切られ、各マス目には番号が付けられていて、ジョンソンが選んだ場所は五一番のマス目で、後にエリア51として有名になった。ジョンソンはその場所を、少しふざけて「パラダイス牧場」と呼んでいた。そこで働く従業員に良い場所だと思わせるためだった。ロッキード社の関係者は、そこを単に「ランチ（牧場）」と呼んでいた。その場所の上空の空域には、もっと魅力的な名前が付けられた。「ドリームランド」だ。

この頃のエリア51は、ニューメキシコ州ロズウエルでのUFO事件との関連で、陰謀論者の間でUFOから回収された宇宙人が冷凍保存されている場所として有名になる前だった（しかし、後にステルス機が初めて飛んだ場所である事が分かると、エリア51の神秘的なイメージは更に強くなった）。実際はそんな神秘的な土地ではない。グルームレイクはネバダ砂漠の中の、乾燥して埃っぽい人里離れた場所で、そこに普通の質素な軍の基地があるに過ぎない。基地の宿泊設備としては、最初は居住用のトレーラーが持ち込まれ、次に粗末な宿泊用の建物が作られただけだった。飛行基地として必要最低限の施設があるだけで、雑草に囲まれた、急造で粗末な軍の基地でしかなかった。

しかしカリフォルニア州のロッキード社の工場と同様に、グルームレイクでは、米国の最新の技術を投入した重要な航空機の開発作業が行われていて、通常の基地のような単調さは無かった。まさに最先端の機体がそこで試験されていた。最初は、対空ミサイルが届かない二万一〇〇〇メートルの高空を飛行するＵ‐２偵察機、次には高々度を高速で飛行するＡ‐12偵察機とその姉妹機のＳＲ‐71ブラックバード偵察機の試験飛行が行われた。Ａ‐12型機やＳＲ‐71型機はとても速かった。迎撃を避ける方法は、単純にマッハ三・二の速度でミサイルを振り切る事だった。この速度ではロサンゼルスからワシントンＤＣまでを約一時間で飛んでしまう。こうした機体の試験では、テストパイロットは何度も危険な状況を経験している。エンジン停止や背面での水平きりもみに入っても助かったパイロットもいるが、命を失ったテストパイロットもいる。

一九七〇年代の中頃、スカンクワークスのテストパイロットの中で、グルームレイクでの経験が一番長いパイロットは、前にも出て来たビル・パークで、彼がハブ・ブルー機の試験飛行を行う事になった。サウスカロライナ州チャールストン出身のパークは、第二次大戦末期に陸軍航空隊に入り、朝鮮戦争ではスカンクワークスが設計したＦ‐80戦闘機で一〇〇回以上出撃した。その後、一九五七年にロッキード社にテストパイロットとして入社した。パークは伝説的なパイロットである。彼はＵ‐２型機で航空母艦に着艦した事があるし、Ａ‐12型機で初めてマッハ３の速度を出した。ある時、Ａ‐12型機の試験飛行で着陸しようとした時、高度一五〇メートルで機体は左右に横揺れを始め、止まらなくなった。機体は乾湖に激突して激しく炎上し、地上にいた人達は恐怖を感じながら見つめていた。皆がパークはだめだろうと思ったが、彼が束ねたパラシュートを手に、落ち着いて歩いて来るのを見て驚いた。彼は墜落寸前に高度六〇メートルで射出座席により脱出し、地面に落ちる寸前にパラシュートが開いて助かったのだ。その後も、彼はグルームレイクで何度も危険な目に会っている。

テストパイロットは危険を覚悟している必要があるが、だからと言って、彼らは向こう見ずで冒険好きな人間達ではない。あるF‐117型機のテストパイロットは、「僕達を知ってもらうと、僕達は何でも良いからやってしまえ、と言うタイプの人間ではない事が分かると思う。僕達は慎重に飛行して、危険を避けるようにしている」と言っている。特に、テストパイロットの若い世代は、地方巡業で曲技飛行を見せていたバーンストーマーの時代のパイロットから技術者的なパイロットに、カウボーイからコンピューターを使いこなす人間に変化してきている。端的に言えば、チャック・イエーガーからニール・アームストロングへの変化だ。若い世代のテストパイロットの多くは、高度な工学的教育を受け、学位も持っているが、それは二つの点で役立っている。彼らは自分が飛行する航空機を技術的に深く理解しているし、試験飛行で生じうる危険については技術的にその内容を理解し、危険が生じる可能性を最小にするようにしている。

だからと言って、彼らは鈍感でにぶい人間ではない。彼らは冷静で淡々としている様に見える。特にパークは冷たく皮肉っぽい感じがする。U‐2型機のある飛行で、燃料系統に問題が起きたので、彼はエンジンを停めたまま基地に帰り、滑走路の端のフェンスをぎりぎりで越えて着陸した。ベン・リッチが機体の所へ走って来て「何が起きたんだ?」と尋ねた。パークは「俺にも分からないよ。エンジンが停まったので帰って来ただけだ」と答えた。

しかし、テストパイロット達は楽しむ事も知っていた。彼らは仕事にも打ち込むが、遊びにも打ち込むのだ。後には、グルームレイクの基地にバスケットボールのコートと、ソフトボール用の球場が作られたし、何人かは夢中になってラジコン機を飛ばしていた。パーティも盛んだった。エドワーズ基地には、「ライトスタッフ」の本と映画で有名になった、パンチョ・バーンズが経営する悪名高い酒場、ハッピーボトム・ライディング・クラブがあったが、エリア51にも酒場があった。CIAの職員で、エリア51の最初の頃の司令官だったサム・ミッチェルにちなんで、サムズ・プレイスと言う名前だった。サムズ・プレイスが基地で一番大きなバーだったが、後にはロッキード社の技術者も、建物番号79番の自分達の宿舎の中に、自分達用のバーを開いた。そのバーを、ロッキード社の技術者は、飛行制御技術者達の事をふざけて「コーンヘッド(conehead)」と呼ぶのにちなんで「コーンヘッド・バー」と呼び、バーのロゴは建物番号にちなんで4F（79を十六進法で表すと4F）とした。技術者達は自社の格納庫にも愛称を付けた。彼らの施設はエリア51の飛行場の南の端にあったので、格納庫をカリフォルニア州の南端のバハ・カリフォルニア半島にちなんで「バハ・グルームレイク」と名付けた。コーンヘッド・バーについて、あるパイロットは「飲みすぎてつぶれた連中を引きずり出した事が何度もある……男が皆、男らしかった時代だった」と回想している。

こうした大騒ぎの裏には、個人の生活の犠牲が隠されていた。エリア51では、期限に間に合わせるための長時間労働によるストレスに加え、家族の負担も大きかった。月曜日の朝には、ハブ・ブルー機担当の技術者とテストパイロットは、バーバンク地区の家を出て一週間を留守にするが、どこへ行くのかは家族にも言う事ができない（現在でも、彼らの大部分はどこで試験飛行をしていたかを話そうとしない）。週末に家に帰る人もいるが、スケジュールが厳しくなると何週間も帰れない人もいた。ロッキード社は妻たちには、家で何か緊急の用件が生じた場合に連絡する特別な電話番号を伝えていた。電話をすると、電話を受けた人間が用件を夫に伝えてくれるのだ。また、会社は出張手当も余分に出していた。それでも、個人的な生活の犠牲が大きすぎるとして、グルームレイクでの仕事を途中で辞める人が少なかったのは、少し不思議な感じがする。

ハブ・ブルー機は一九七七年一二月一日、ロッキード社が受注してから二〇か月後に、パークの操縦により初飛行した（パークはこの不安定な機体を飛ばす事に対して特別手当を要求し、ベン・リッチはそれに同意した）。試験飛行は、周囲の好奇心を刺激しないように、日の出の直後で、基地の他の従業員が到着する前に行われていた。ソ連の人工衛星が上空を通過する時間帯は、機体は格納庫の中に入れられた。

図 7.1　ケン・ダイソン操縦のハブ・ブルー機の離陸。これは二号機で、エアデーター計測用の長いブームは装備されていない。
（ベン・リッチの発表資料より。ハンチントン図書館提供）

初飛行の直前まで応急手当的な作業が続いた。初飛行の七二時間前、整備員がエンジンの最終確認のための運転試験をすると、エンジンの熱で胴体の温度が上がりすぎる事が分かった。マーフィーは遮熱板を応急措置として取り付ける事にした。彼は格納庫の隅に鋼板製の戸棚を見つけた。「これだって鉄板だ」と言うと、戸棚を切断して何枚かの板にして、それで遮熱板を作った。その後も、マーフィーはハブ・ブルー機で、このような応急的な措置を何度も行なった。

箒の柄が、アメリカの航空の歴史で大きな役割を果たした事がある。チャック・イエーガーが一九四七年に人類初の超音速飛行に成功した時、同僚のパイロット兼飛行試験技術者のジャック・リドリーが箒の柄を切り取って、それをイエーガーが機体乗降扉を閉める時に臨時の補助レバーとして使用させた話は、多くの人が知っていると思う。三〇年後のハブ・ブルー機の初飛行では、ロッキード社と空軍の要人達が初飛行を見に来ていた。ビル・パークが滑走路上の機体で初飛行の準備をしていたが、機体に問題が生じた。胴体タンクの燃料が主翼の燃料タンクに移動してしまうのだ。ロバート・マーフィーはその対策として燃料ポンプを作動させた。すると、胴体の燃料タンクから気泡が噴き出し、燃料タンクの蓋が外れてしまった。「何てことだ」とマーフィーは叫んだ。燃料タンクの蓋は、タンク上部の狭い張り出した部分に引っ掛かっていた。マーフィーは蓋を取ろうとしたが、手が届かなかった。パークは「後ろで何をしてるんだ?」と尋ねた。「すぐに終わるから!」とマーフィーは答えた。彼は近くにあったモップを見つけると、それをつかんだ。モップの柄を突っ込んで蓋を引っ掛けると、蓋を引き出して締め直した。マーフィーはパークに言った。「エンジンを掛けてくれ。」

初飛行は順調だったが、その後の飛行では設計や製造上の問題が明らかになった。例えば、胴体尾部の「カモノハシの尻尾」の部分は、上面はエンジン排気に接するので温度が高くなるが、下面は温度が高くならない。熱による膨張量が違うので、排気口後方の部分がポテトチップスの様に変形し、レーダー波の反射が大きくなってしまった。構造設計の担当者は、設計変更をしては強力な加熱ランプで熱して結果を確認し、その結果、温度が上がっても変形しない設計にする事に成功した。

飛行試験ではブレーキ系統の問題も見つかった。費用を節約するため、スカンクワークスはハブ・ブルー機のブレーキに、ハブ・ブルー機用には能力が十分でない他の機体のブレーキをそのまま使用した。そのため、一号機はブレーキの補助にドラッグシュートを装備した。ドラッグシュートを使用しても、着陸停止後はいつもブレーキは高温になり、真っ赤に輝いていた。整備員は滑走路の端に大型の送風機を準備しておき、ブレーキの過熱で火災が起きないように、機体が停止すると送風機を持って行って、風を送ってブレーキを冷やしていた。

このブレーキの能力不足が影響して、非常に危険な状態が生じた。一九七八年五月のある飛行で、パークはブレーキの負担を減らすために、着陸前に速度をできるだけ減らそうとした。接地寸前に速度を下げ過ぎたので、フライバイワイヤ飛行制御系統の失速防止機能が働いて、機体は自動的に機首を下げたので、滑走路に激しい勢いで落下した。落下の衝撃で機体は空中に跳ね上がり、パークは本能的にエンジンのパワーを上げて機体を上昇させ、再び着陸をしようと思った。しかし、落下の衝撃で片側の脚が曲がり、パークが操作をすると、脚は上がったが、曲がった側の脚は脚室の中で引っ掛かり、下げようとしても下がらなくなった。パークは引っ掛かってしまった脚を下げるために、Gを掛けて旋回したり、正常に下がった側の脚だけで滑走路に機体を接地させて、その衝撃で引っ掛かっている脚を下げようとしたりしたが、脚は下がらなかった。テストパイロット達は事前にこのような事態について話し合っていて、片側の脚しか下がらない場合は、そのまま着陸すると機体はひっくり返るかもしれず危険なので、空中で射出座席により脱出する事に決めていた。そうこうしている間に、機体の燃料が無くなってきた。パークはどうしようもないので、緊急脱出する事にした。脱出の際に彼はキャノピーに頭を当てて意識を失い、地面に降りた時に足を骨折し、顔を下にして地面に倒れたので、口に土が入って窒息しそうになった。

それまでのハブ・ブルー機の飛行の際には、事故に備えて救急隊員が搭乗したヘリコプターが空中で待機していた。その日の朝、基地の司令官がパークの所に来て、今日はヘリコプターを飛ばさないと言った。司令官は基地で救急隊員を必要としていて、ハブ・ブルー機は五か月間で三六回の試験飛行を行ってきたが、危険な状況になった事がなかったので、ヘリコプターの空中待機は必要がないと考えたのだ。パークはヘリコプターを飛ばしてくれるよう要求し、司令官はそれを受け入れた。それでパークの命が助かったのかも知れない。救急隊員がパークの所に駆け付けた時には、パークの顔は酸素不足で青くなっていた。救急隊員はのどをきれいにして呼吸が出来るようにしてから、パークを病院に運び込んだ。パークは命を取り留めたが、しかし、これが彼が操縦する最後の飛行となった。

　パークの代わりはケン・ダイソンになった。彼はテストパイロットになる前はベトナム戦争に参加していた。ハブ・ブルー機の一号機で何度か飛んでいたので、彼がパークに代わる事は当然だった。ダイソンは背が高かったので、ハブ・ブルー機の狭い操縦席に乗り込む時にはかがむ必要があり、操縦席に座っても頭をキャノピーによくぶつけた。ダイソンは頭が当たってもキャノピーのガラス部分に傷をつかないよう、整備員に彼のヘルメットにゴム布を被せてもらった。

　ハブ・ブルー機の二号機は、一号機の墜落後しばらくして到着したので、飛行試験の中断期間は短かった。二号機には一号機とは少し異なる点があった。一号機は飛行特性を調べる事が目的で、レーダー波の反射特性の調査は対象外だった。そのため、一号機には機首からエアデーター[訳注3]を計測するために、一・八メートルの長さのブーム(棒)が突き出していたし、背中にはドラッグシュートを収納するための箱型の容器が取り付けられていた。二号機は機首のブームも背中のドラッグシュート用の箱もついていない（エアデーター計測用には一号機と同じく、短い棒状でレーダー反射が少ないピトー管が三本と、そのピトー管の軸部に静圧計測用の静圧口が八か所に装備されている)。さらに、一号機は労働組合員のストライキの時は、設計技術者も手伝って、現場の管理職達が組立作業を行っているが、二号機はストライキを終えた現場の作業員が職場に戻って作業をしている。パイロットのダイソンには、二号機の組立精度の方が一号機より少し良い様に思われた。

　一九七九年七月までに、ダイソンの操縦により二号機は五〇回以上飛行して、地対空レーダー、空対空

図 7.2　下から見た飛行中のハブ・ブルー機。機体中心線右側の引込式のアンテナは、展開位置にある。脚収納部のドアのわずかな隙間は 6 ミリ以下だが、高度を変化させた際の機体内部と外部の圧力差でこの隙間ができた。この隙間により、正面からのレーダー反射断面積は 3 倍になった。そのため、F-117 戦闘機ではこの部分は設計が変更された。
（ロッキード・マーチン社提供）

レーダーに対する特性の調査が行われた。その全ての飛行で、ハブ・ブルー機はレーダーに対してステルス性を有している事が確認された。予定されていた試験飛行の完了が近くなった頃のある飛行で、飛行中に操縦系統の油圧の圧力が無くなってしまった。油圧が無くなると舵面を動かす事が出来ず、操縦不能になった機体は、単なる金属のかたまりと同じだった。機体は激しく機首を下げ、ダイソンにはマイナス６Ｇの荷重がかかった。機体はそれに続いて機首を上げたかと思うと、またすぐに機首を下げた。ダイソンはかろうじて緊急脱出に成功し、彼がパラシュートで降下している間に、機体が砂漠に突っ込んで爆発するのが見えた。脱出時にかかった力で、ダイソンは脊椎の三か所で圧迫骨折をした。それでもダイソンは、回復後もまだステルス機を飛ばし続けた。しかし彼は機密保持のために、家族には別の説明をしなければならなかった。彼は娘には、機体に乗り込もうとした時に、乗降用のはしごから落ちて怪我をしたと説明した。

二機しか作られなかった機体の二号機も、一号機と同じく墜落して失われたので、博物館で展示される機体は残らなかった。しかし、この二機のハブ・ブルー機で目標は達成された。速度はマッハ〇・八を出したし、高度は通常飛ぶのは飛行雲の発生を防ぐために九〇〇〇メートル以下だが、一万三五〇〇メートルまで上昇可能で、設計上の飛行可能範囲を実際に飛べる事を証明した。飛行制御系統が適切に作動する事も証明した。要約すれば、ジョンソンがトタン小屋と酷評した機体が、実際に飛行出来るばかりか、レーダーに探知されない事も証明したのだ。

空軍がこの後、ハブ・ブルー機を実用機に発展させた機体を採用し、購入してくれる保証は何もなかった。ハブ・ブルー機は試験飛行だけで終わるかも知れなかった。新しい技術の実証機としては素晴らしい成果を上げたが、実用化されるとは限らない。ステルス機が作られた一九七七年から一九七八年にかけての時期に、偶然だが、ステルス機のような新技術を評価するのに適した、極めて有能な国防政策作成チームが国防総省に編成された。カーター大統領は海軍で技術士官として原子力潜水艦の開発に参加した経験があるので、一九七七年に大統領に就任すると、国防総省に技術面で有能な人材を集めたチームを作らせた事は不思議ではない。しかも、その集められたチームの構成員達の、科学技術分野における知識と経歴は際立っていた。まず国防長官のハロルド・ブラウンは、コロンビア大学の物理学の博士号を持ち、カリフォルニア工科大学の学長を何年か務めたばかりだった。ブラウンは理系の博士号を持つ初めての国防長官である。国防総省の職

員は、ブラウン長官が技術的な評価報告書をもらうと、すぐに長官自身が目を通して、報告書の余白に関係する方程式を書き込んだりして点検する事に驚かされた。

ブラウン長官は、国防研究技術担当国防次官（通常はＤＤＲ＆Ｅと略称される）にウィリアム・ペリーを選んだ。ペリーは数学の博士号を持ち、シリコンバレーの防衛用電子機器製造企業のエレクトロマグネティック・システム社の共同創業者である。従って、ペリーはデジタル技術の持つ可能性については良く分かっていた。空軍次官のハンス・マークはＭＩＴで物理学の博士号を取得し、ＮＡＳＡのエイムズ研究センターのセンター長だった事もある。エイムズ研究センターは、リチャード・シェラーがロッキード社に入る前の若い頃に働いていた研究所である。ペリーは彼の特別補佐官に、若い空軍士官のポール・カミンスキーを起用した。カミンスキーはスタンフォード大学の航空工学と宇宙工学の博士号を持っている。このブラウン長官の下の有能なグループは、核物理学の博士号を持っているルー・アレン空軍大将に目を付けた。カーター大統領は一九七八年七月に彼を空軍参謀総長に任命した。アレンは実戦部隊の司令官やパイロットの経験がなく、空軍の技術部門から参謀総長に任命されたが、そうした経歴から参謀総長になったのは彼が初めてだった。噂によれば、彼の任命を知って、前空軍参謀総長で、生粋のタカ派であるカーティス・ルメイは心臓発作を起こしそうになったとの事である。

ＤＤＲ＆Ｅなどのポストに、博士号を持つ科学者や技術者が任命される事は珍しくない。この場合が特異だったのは、実際、歴史上でこの時だけだが、国防長官から空軍参謀総長まで、主要なポストの全てをこうした科学者や技術者が占めた事だ。こうした科学的知識に優れたチームが、ソ連の兵士、戦車、航空機などの数的優位性に対して、技術的優位性で対抗しようと考えた事は理解できる。米国は以前にはソ連の数的優位性に対して、核兵器で対抗しようとしていたが、一九七〇年代中期には、ソ連は核戦力で米国に追いついた。ソ連が核戦力で米国と対等になり、通常戦力では数量的に大きな優位性を持っているので、米国は戦力の均衡を得るための戦略として、技術的な優位性を追求する事にした。ブラウン長官とペリー次官は、この技術で敵の優位性を相殺する「オフセット戦略」には特に熱心で、ステルス技術をその中心的存在にする事にして、その開発を促進するために、他の開発計画を犠牲にしてでも、予算を投入する事にした。

カミンスキー補佐官の慎重な検討作業に基づき、ＤＤＲ＆Ｅ事務局は、ステルス技術は技術的優位性を確保する上で切り札的存在になるうる技術だと結論を下した。カミンスキーの報告書では、戦場ではステルス機はうまく機能しない可能性が指摘されていた。雨、砂、ほこりの影響でステルス性が低下するかもしれないし、ロッキード社の整備員ではなく、空軍の整備兵が整備する事も影響するかもしれない。しかし、報告書はステルス機が実戦で有効であろうとも書いている。ステルス機は飛行経路を注意深く選ぶ事で、ソ連の防空網の最も強力な場所を避けながら突破できるであろうし、地形的にレーダー信号に対するクラッターを生じやすい経路を飛べば、ソ連のレーダーがステルス機を捕捉するのは困難になるだろう。

ペリー次官はカミンスキー補佐官の勧告を空軍に渡したが、その際にもう一つの選択肢も考えていた。米国側のステルス機開発計画をソ連が知ると、ソ連もステルス技術を開発して米国を攻撃するのに利用する可能性がある。そのため、ステルス技術の開発を中止すると言う選択肢だ。しかし、ペリー次官は、ステルス技術の開発を中止するより、こうしたハイテク分野でソ連と競争をする方が良いと判断した。守りの姿勢より攻めの姿勢の方が良いと考えたのだ。更に、ソ連は防空網構築に米国よりはるかに多くの費用を投じているので、ステルス機に対応するための負担は、米国よりソ連の方が大きいと思われた。

一九七八年一一月、空軍はシニアトレンドの計画名で、スカンクワークスにステルス機の製造を発注した。機体の名称は、飛行試験用の試作機はＹＦ-１１７Ａ、量産型はＦ-１１７Ａとされた。この機体は対地攻撃用の機体で、戦闘機とは言えない機体だが、攻撃機を示す「A」や、爆撃機を示す「B」の機種記号ではなく、戦闘機を表す「F」の機種記号が与えられた。主任設計者のアラン・ブラウンの記憶では、戦術航空軍（TAC）の司令官の将軍が、「最高の戦闘機パイロット達にこの機体を操縦させるので、彼らに「A」とか、もっとひどい「B」の付く機体を操縦するようには言えない……だからこの機体の機種記号は「F」にしてもらいたい」と言い渡したとの事だ（同じ将軍に対してロッキード社が、F-117型機が目視で発見されるのを難しくするため、迷彩塗装をどうするか研究していると説明した際に、将軍は「この機体は夜間に飛ぶのだろう?」と尋ねたそうだ。ブラウンが「そうです」と答えると、将軍は「それなら黒い色で塗るべきだ」と言ったとの事だ。ロッキード社の塗装担当の技術者は、機体の迷彩塗装について長い間、詳しく検討してきたので、将軍の指示を聞くと「そんな事を言うのはひどい!」と叫んだそうだ）。

ステルス機は冷戦中の米国にとっては、「驚異の兵器」と思われたので、空軍は速やかに機体を入手したいと思い、SR-71型機と同様な生産方式を希望した。つまり、少数の機体しか作らないが、短期間に速やかに製造してしまうのだ。スカンクワークスはYF-117A型機を五機、F-117A型機を五九機製造する事になった。初飛行は二二か月後、部隊配備の開始は五一か月後の一九八二年一二月とする事になった。この短期間に製造する計画は、スカンクワークスに適していた。最初の契約では、契約書と付属文書は七〇ページしかなかった。ロッキード社と空軍の管理担当官は、書類が少ないのを、毎日の電話連絡と工場を頻繁に訪問する事で補った。空軍の担当官は、大事な時期には、スカンクワークスに継続的に駐在した。

空軍は当初、ロッキード社に「小型戦闘機案」（全長二〇メートル、全幅一三メートルのF-15戦闘機程度の大きさ）と、「大型戦闘機案」（全長二九メートル、全幅一七メートルのB-58爆撃機程度の大きさ）の双方を検討させたが、「小型戦闘機案」を発注する事に決めた。その理由の一つに、実戦における長距離の任務に必

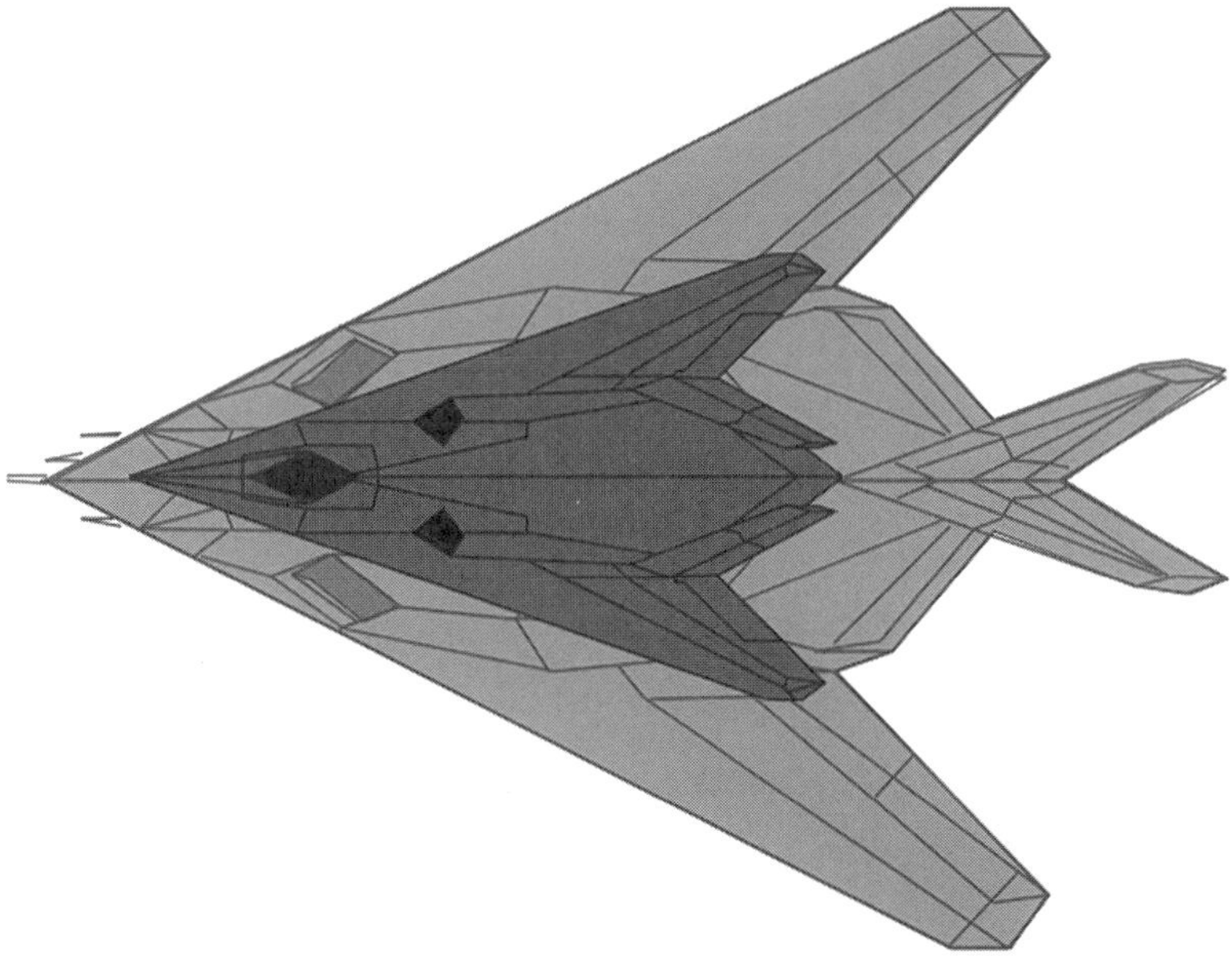

図 7.3　ハブ・ブルー機（内側の小型の機体で、濃い灰色で示す）とＦ-117 型機（外側の大型の機体で、薄い灰色で示す）の大きさの違い。
（アラン・ブラウン氏提供）

要な兵装と燃料を搭載すると、「小型戦闘機案」の機体でもハブ・ブルー機より一・三倍以上大きくする必要があり、それだけの大型化はかなり難しい作業になると考えられた事がある。ハブ・ブルー機は全長が一四・四メートル、全高が二・四メートル、全幅は六・九メートルだったが、Ｆ‐１１７Ａ型機は全長一九メートル、全高三・九メートル、全幅一三メートルになった。ハブ・ブルー機から設計が大きく変更された箇所が幾つかあった。一番目立つのは尾翼だった。ロッキード社の技術者は、ハブ・ブルー機では尾翼が内側に傾いているので、排気の熱が尾翼と胴体の間にこもりやすく、機体からの赤外線の放出量が大きい事を発見した。そこで、Ｆ‐１１７型機では尾翼を外側に傾けてＶ形とし、位置も

図 7.4　RATSCAT における、F-117 型機の実物大模型。
（ベン・リッチの発表資料より。ハンチントン図書館提供）

後方に下げた。それにより機体からの赤外線の放出量が減少したが、レーダー反射断面積はわずかに大きくなっただけで済んだ。

ハブ・ブルー機を完成させるには一八か月を要した。ベン・リッチはずっと大型で複雑なＹＦ‐１１７型機の初号機を、二二か月で完成させると約束した。ベン・リッチはそれをすぐに後悔する事になった。製造を始めると、設計上の問題がいろいろ出て来たのだ。周囲の状況もＦ‐１１７型機の開発に不利な方向に作用した。製造を始めてから三年間は、一九七九年の石油危機で二桁の物価上昇率に見舞われ、ロッキード社の利益は減ってしまった。

この頃、軍事力の増強が始まり、民間航空輸送も急成長を始めたので、労働者も資材も不足する事になった。ボーイング社は特に活況を呈していた。一九七九年には、ボーイング７４７ジャンボジェットも含めて、大型の旅客機を毎月二八機生産していた。つまり、平均してほぼ毎日一機のペースで、新造機がボーイング社の工場から送り出されていた事になる。こうした状況だったので、ロッキード社では熟練作業者、特に機械加工作業員と電気作業員が不足する事になった。作業を外注する事は解決策にはならなかった。特に、ボーイング社の外注先の多くは南カリフォルニアの工場で（ボーイング７４７旅客機だけでも、南カリフォルニアに外注先の工場が一〇〇〇社近くあった）、そのため外注先の工場は作業量が多すぎて、ロッキード社の注文に応じられなかった。また、資材も不足していた。ボーイング社だけでも航空宇宙工業用のアルミニウムの三〇パーセントを購入していた。

ハブ・ブルー機の製造では、数百人の作業員が必要だったが、Ｆ‐１１７型機では数千人の作業員が必要だった。作業者の不足に対して、スカンクワークスは未経験者の雇用で対応せざるを得なかった。それに加えて、保全適格証[訳注4]を持っている応募者はごく少なく、保全適格証の審査に合格しそうな応募者はもっと少な

図 7.5　YF-117 型機の初飛行の後、パイロットのハロルド・ファーレーはビル・フォックスから恒例の水の洗礼を受ける。
（ロッキード・マーチン社スカンクワークス提供）

かった。スカンクワークスの求人に応募した人間の四〇パーセント以上が、禁止薬物の摂取経験があるので保全審査を通らなかった。審査を通っても、適格証が交付されるのを数か月待たねばならなかった。それまでの間は、ステルス機のような秘密プロジェクトの仕事には就けない。そのため、スカンクワークスはそうした人達を雇用しても、適格証を申請して交付されるまでの間は、「冷蔵庫」で過ごさせねばならない。「冷蔵庫」は機密事項に関係ない建物内の職場の事で、新しく雇用された人達はそこで正規の給料をもらいながら、ボルトやナットを分類するなどの簡単な作業をしながら、適格証の交付を待つのだ。ロバート・マーフィーは現場の作業員を集める苦労を、「死にたくなるほど大変だった」と言っている。

二桁の物価上昇率と、作業員や資材の不足、適格証交付に要する時間、未経験の作業員の投入などの要因により、F-117型機の当初の

図 7.6　YF-117 の１号機の初飛行後の、スカンクワークスの祝賀パーティー。飛行試験は男ばかりの世界だった。ベン・リッチは三列目の右から六人目、暗い色のＴシャツの人の左側。アラン・ブラウンは二列目の中央、チェックのシャツの人の右側、ロバート・ロシュクは二列目の左から四人目で、帽子をかぶっている。
（スクラッチ・アンダーソン氏提供）

契約額は三・五億ドルだったのが、実際には七・七三億ドルと二倍以上に跳ね上がった。製造作業も遅れた。ＹＦ‐１１７型機の初飛行は、契約から三一か月後の一九八一年六月で、当初の予定より一一か月遅れた。テストパイロットのハロルド・ファーレーが初飛行を行ったが、エンジンの排気管が過熱したので、飛行時間は短かった。又、この初飛行では、飛行前から尾翼の面積が小さ過ぎるし、剛性も不足しているのではないかと懸念されていたが、それが事実である事が確認された。後に尾翼の面積と剛性は大きくされた。しかし、機体は飛べる事が確認され、パイロットのファーレーは恒例に従い、初飛行後にバケツで水を掛けられ

図 7.7　上から見た飛行中の F -117 型機。
（ロッキード・マーチン社スカンクワークス提供）

た。その晩、エリア51にいたロッキード社の関係者は、徹夜でビールパーティを行った。

しかし、この排気管の過熱トラブルは、それ以後も続く排気管関連のトラブルの始まりに過ぎなかった。排気管の製造では、製造工程でも頻繁に問題が起きていた。排気管の出口の部分は扁平な四角形で、縦に仕切り板が何枚も入っていて、熱を吸収するタイルが貼られていた。こうした構造にする事で、レーダー波の反射と赤外線の放出は大幅に減るが、エンジンの排気を機体の外へ出す時の抵抗は大きい。排気管が通常は円筒形で、出口に排気を邪魔する物を付けないのには、それなりの理由があるのだ。平たい形状は構造的には弱く、仕切り板は排気の流れの邪魔になる。排気の温度が高く、圧力が高い時には、排気管に亀裂が入って割れやすい。ある試験飛行では排気管内の部品が脱落し、後ろの仕切り板に引っ掛かって排気の流れを塞いでしまった。排気は行き場所を失い、排気管の途中に穴を開け、胴体の側面を破って外に噴き出した。

試験飛行で判明した問題は排気管の問題だけではなかった。そうした問題が生じたのは、製作を急いだのが原因だった時もあるし、それまでにない新しい設計だったのが原因だった時もある。試験飛行に関係している技術者達は、試験飛行を行いながら、並行して問題の解決方法を考えなければならなかった。量産の一号機は、予定どおり試験飛行を終える事ができなかった。製造ラインの作業者が、飛行制御系統の機器を交換して配線をつないだ際に、不注意からピッチ系統とヨー系統の配線を逆に接続してしまった。テストパイロットのボブ・リーデナウアーが離陸引起しを始めた時、機体は横に傾いて地面に落ちて、砂漠の上を転がって行った。リーデナウアーは命を取り留めたが、数か月の入院が必要だった。もっと後の試験飛行では、飛行中に片側の尾翼が取れてしまった。随伴機のパイロットは、尾翼が砂漠に落ちて行くのを、恐怖を感じながら見ているしかなかったが、片側の尾翼が取れた機体のパイロットは冷静に対応して、機体を着陸させる事に成功した。

トム・モーゲンフェルドが操縦した別の機体では、離陸で前脚の車輪が脱落した。飛行試験担当の技術者達は、モーゲンフェルドに緊急脱出するように伝えた。彼らは前脚が脚柱だけの状態で着陸すると、脚柱が地面に突き刺さって、機体がひっくり返るのではないかと心配したのだ。しかし、モーゲンフェルドは前車輪が無い機体をそのまま着陸させた。接地後は、機首をできるだけ長い間上げておくようにしたが、最後に前脚の脚柱が滑走路の路面に落ちると、脚柱からは盛大に火花が出た。ケリー・ジョンソンとベン・リッチは後で冗談として、モーゲンフェルドに「組合員でない人間が機体部品の研磨作業を行なった」との、偽の労働組合からの苦情申立書を渡した。

Ｆ‐１１７型機の開発では、開発の段階に応じて異なるタイプの総括責任者が必要な事も明らかになった。

アラン・ブラウンは製造作業よりも研究や設計の方に関心が強かった。そのため、ロッキード社の上層部と空軍は、量産とそれに続く部隊配備段階を担当する総括責任者を変更する事にして、一九八二年二月にシャーマン・マリンがＦ‐１１７型機の総括責任者に任命された。プリンストン大学を中退したマリンは、最初は小説を書こうとしたが、しばらくして陸軍に入隊した。陸軍はマリンに彼の希望とは別の進路を進ませる事にした。電子工学を勉強させた後、一九五五年にマリンをテキサス州フォートブリス基地の誘導ミサイル学校へ行かせた。まだ一九歳の若さにも拘わらず、彼はその学校で、学生で来ている将校や兵士に電子工学を教えた。その後、彼は陸軍を辞めて民間会社に入り、幾つかの会社を移りながら、仕事の一部として、普及し始めたデジタルコンピューターについて学んだ。最後に、ニュージャージー州のスタビッド社と言う小さな会社に入ったが、その会社は一九五九年にロッキード社に買収された。その後、マリンはロッキード社の社員として、対潜哨戒機関連の仕事でシステム工学を学び、後にロッキード社のＰ‐３対潜哨戒機の総括責任者を五年間務めた。Ｐ‐３対潜哨戒機の仕事をした事で、彼は新しい機体が部隊に配備された時に、部隊の司令官や整備担当者とどうしたらうまくやって行けるかを学んだ。又、Ｐ‐３対潜哨戒機の高度な電子機器システムを扱った事は、Ｆ‐１１７型機を担当する上で、良い経験になった。

　マリンの経歴を見ると、航空宇宙産業の技術者になる道筋は一つだけではない事が分かる。彼は大学を卒業していないが、数学が得意で、彼の世代の人間には多かったが、陸軍で電子技術について行き届いた教育と訓練を受ける事ができた。彼はまた仕事に対して特に熱心だった。Ｆ‐１１７型機の総括責任者として、彼は社内の関係者や軍の担当官と親密な関係を築いた。以前に陸軍の軍曹だったので、技術的な問題だけでなく、部下の仕事ぶりについても、自分の意見を、辛辣ではないまでも、きっぱりとした言葉で言い切る事もあった。

マリンは飛行試験と製造作業における問題に取り組み、日程計画上で多少の余裕を確保する事が出来た。この段階で残っていた大きな問題の一つに、赤外線とレーザーを利用する目標指示装置用の窓の問題があり、それについても応急的な対策が取られた。この装置は機首内部に装備されていて、上と下に目標を捕捉し指示するタレットがついている。赤外線センサーは物体が発する赤外線で目標を検出するのに、レーザー光は機体から投下した爆弾を目標に誘導するのに使用される。タレットが装備された空間は、レーダー波が入ると、内部で反射して外部へ強い電波を出す可能性があるので、その窓は赤外線とレーザー光は通すが、レーダー波は通さない事が要求される。通常のガラスは、透過する赤外線の波長の範囲が狭いのでこの窓には使用できない。ロッキード社はセレン化亜鉛のような特殊な結晶の板も試した。しかし、こうした特殊な結晶の、五〇センチを越える大きさの板はとても高価（一機分の窓二枚で一億円程度）な上に、とても割れやすい。

アラン・ブラウンは週末に自宅で良いアイデアを思い付いた。窓を気密にする必要はないかもしれない。もしそうなら、金網を使用すれば、レーダー波は機内に侵入できないが、赤外線やレーザー光は自由に通過できるだろう。金網は強い張力を掛けて枠に張るので、ブラウンはピアノ線を使用する事にした。想定される最も短いレーダー波の波長は一三ミリ（〇・五インチ）程度で、赤外線やレーザー光の波長よりずっと長い。そのため、金網のピアノ線の間隔は二・五ミリ（〇・一インチ）程度で十分だ。この間隔なら赤外線とレーザー光は自由に透過するが、レーダー波は通らず、開口部で気流が乱れる事もない。スカンクワークスの製造現場はピアノ線を購入して金網を製作した。金網は設計部門がもっと良い恒久的な対策を考え付くまでの暫定的な対策だと思われていた。結局、金網に代わる解決策は見つからなかった。全てのＦ－１１７型機で、最後まで金網がそのまま使用された。

Ｆ‐１１７型機は一九八三年に部隊への配備が始まった。当初の予定より九か月遅れたが、それでも開発が承認されてから五年以内に戦力化された事になる。これはＦ‐15戦闘機の六年や、Ｆ‐16戦闘機、Ｆ‐18戦闘機の七年よりは短い。空軍はＦ‐１１７型機をトノパー試験場内のエリア52と呼ばれる地区に、二億ドルを投じて新たに建設した第４４５０戦術飛行群の基地に配備した。

この頃になると、米国がステルス機を開発している事は広く知られていたが、ステルス機が生産され実戦配備されている事はまだ秘密だった。そのため、ステルス機については様々な憶測が飛び交った。一九八六年に米国の飛行機のプラモデルメーカーのテスター社は、ステルス機のプラモデルを発売した。その模型の機体の名称はＦ‐19戦闘機だったが、最新の戦闘機であるＦ‐18戦闘機の次の機体なので、機体名も次の番号だろうと考えた事は理解できる。この模型は議論を呼び、新聞でも大きく取り扱われた。大恐慌の時代に接着剤の製造から始まったプラモデル会社が、どうして最新のステルス機の模型を発売する事が出来たのだろう？「なぜプラモデルの会社が、連邦議員ですら知らない秘密を知っているのか」と怒り狂った連邦議員が、プラモデルを議事堂の床に放り投げた事もある。実際には、飛行機好きのプラモデル設計者のジョン・アンドリュースが、ステルス機の形を想像してみて、ＳＲ‐71型機を小型化して、ステルス機らしさを強調したような機体をプラモデル化したに過ぎない。テスター社は話題になった事で、最初の一年間で五〇万キットを、通算では一〇〇万キット以上を販売したが、これは飛行機のプラモデルとしては、史上最高の販売実績である。ソ連大使館は大使館員をワシントン市内の模型店にそのプラモデルを買いに行かせたが、売り切れで買えなかったとの噂がある。

ステルス機に関する憶測が増え、その存在が知られるようになっていたＢ‐２爆撃機を公表する事を検討中だった国防総省は、一九八八年一一月一〇日にＦ‐１１７ステルス戦闘機の存在を公表した。部隊配備から五年後、初飛行から七年後の事だった（カーター大統領に対して、政治的な思惑からステルス機の開発を一九八〇年の大統領選挙の直前に発表したと非難したので、レーガン大統領の陣営は公表を一九八八年の大統領選挙のすぐ後まで遅らせた）。国防総省発表の、粒子の荒い、不鮮明な写真では機体の細部は良く分からず、一般の人達の好奇心を刺激しただけだった。機体の存在は公表されたが、納税者である米国の国民に対して、この機体にいくらの費用が掛かったのか、この機体はなぜ必要なのかの説明はされなかった。

ステルス機の実戦デビューは、圧倒的ではあったが、あっけない感じだった。一九八九年一二月、パナマ国のマニュエル・ノリエガ将軍に対して、米国はもはや忍耐の限界に達していた。ノリエガ将軍はかつては米国に協力的だったが、麻薬を扱う独裁者になっていたのだ。ノリエガ政権が米国に敵対的な姿勢を取り、米国海兵隊の兵士を殺害すると、ブッシュ政権はノリエガ政権を転覆させ、ノリエガ将軍を捕らえるために「ジャストコーズ作戦」を開始した。パナマへの侵攻に当たり、二機のＦ‐１１７戦闘機は、それぞれ一トン爆弾をパナマ陸軍の兵舎に投下した。兵士達を驚かすが殺しはしない程度の距離に命中させる予定だった。しかし、目覚ましい実戦デビューとはならなかった。投下目標地点に関する情報が混乱していて、爆弾の一発は近くの丘の中腹に着弾した。パナマ軍の防空体制は貧弱だったので、ステルス機の能力を証明する機会としては不十分だった。冷たい見方をする人からすると、米空軍はその秘密兵器を見せびらかす機会が欲しかっただけだ。ステルス機の真価が試されたのは、それから一年少々後の、イラクのバクダッド市上空においてだった。

第8章　秘密保持と軍事戦略への影響

一九八三年にF‐117型機が部隊に配備されるまでは、ステルス機を実際に知る人は、ロッキード社とノースロップ社、DARPA、空軍の技術関係の人だけで、限られた範囲に限定されていた。そうした人たちは、秘密保持が要求されない普通の機体の場合とは全く異なり、全員が「ブラックワールド」と呼ばれる、厳しい機密管理が要求される条件の下で働いていた。ステルス機が開発されていた七年間に渡り、ステルス機は「特別許可必要計画（SAP：Special Access Program）」と呼ばれる最も機密度の高い開発計画に指定されていて、その開発計画が存在する事自体が、秘密になっていた。ステルス機はずっとこんなに機密度が高かった訳では無い。「ハーベイ計画」は機密度が最も低い「秘」の区分だった。XST計画が進むにつれて、機密度は高くなった。ハブ・ブルー計画は一九七六年から、特別許可が必要な「ブラックワールド」の計画として扱われる事になった。人類学者のミヒール・パンデヤが述べているように、このレーダーに見えない機体の極秘の開発作業は、ホーソン市とバーバンク市の一見何でもない普通のオフィスビルの内部で行われていたが、そんな場所で秘密の作業が行われていた事に、冷戦の影響がアメリカ社会のいかに深くまで及んでいたかが分かる。

秘密にされたのには正当な理由があった。一九七〇年代の初めから、ソ連はＫＧＢの第一総局に属するラインＸと称する組織でスパイ活動を活発に行っており、米国の国防産業や電子産業の内部情報を得ようとしていた（映画化もされた小説『コードネームはファルコン』は、ロサンゼルス市近郊のレドンドビーチ市にあるＴＲＷ社に勤務する技術者が、一九七〇年代中頃にソ連のためにスパイ活動をして逮捕された事件を扱っている）。一九八一年にフランスの諜報機関が獲得したＫＧＢ内部の情報提供者は、ラインＸの活動内容の情報をフランスに提供し、その情報をフランスはアメリカに提供した。この件は「フェアウエル事件」と呼ばれている。ＣＩＡはソ連の諜報活動を逆手に取って、ソ連に偽の設計情報や図面を流した。

しかし、秘密保持には費用がかかる。一人の従業員に対する「秘」の区分の適格性の調査に一万ドルかかる事もあり、もっと厳しい「機密」の区分については、調査にその二倍から三倍の費用が掛かる。こうした調査には数週間から数か月を要し、新規に雇用された従業員は、適格証が交付され、本来の業務に従事できるようになるまでの期間を、「冷蔵庫」と称する一般向けの仕事の場所で適当に時間をつぶす必要があった。更に秘密保持のためには、毎日の面倒な作業も必要だった。機密文書の保管や管理、機密情報を扱うコンピューターの管理、秘密文書の作成に使用したタイプライターの印字リボンの回収と廃棄などを毎日行う必要がある。機密保持のためには、次のような特別な対策も必要だった。米国はソ連のＫＧＢが、情報を探ろうとしている建物の内部で会話がなされた時、その部屋の窓ガラスに赤外線のビームを当てて、会話の声による窓ガラスの振動を計測する事で、会話の内容を知る技術を開発した事を知った（電子楽器のテルミンの発明者のレフ・テルミンのアイデアを利用）。秘密事項を扱う部署は、部屋の窓を塞ぐか、窓に振動を防ぐ特別なコーティングをしなければならなかった。

秘密保持のためのその他の費用も莫大だった。冷戦時代の秘密保持活動の規模の大きさには、ただただ驚くばかりだ。米国内で保全適格証の所有者は、常時数百万人、成人の六〇人に一人程度の割合で居たと思われる。南カリフォルニアのような地域では、その比率はずっと高かったはずだ。また、歴史研究家は、秘密文書の分量は数十億ページもあり、国会図書館の全蔵書数のページ数より多いと推定している。当時の資料の多くはまだ秘密になったままなので、我々は冷戦期の実像のごく一部を知っているに過ぎない。

こうした大規模な秘密保持活動が米国の社会に与えた影響は、今でもほとんど理解されていない。ステルス機の場合は、機体の具体的内容ばかりか、その予算、その存在すらも一般国民には秘密にされていた。国防総省は連邦議会の軍事委員会の議長やその委員など、数人の議員にだけは説明をしたが、それ以外は連邦議会にも秘密にしていた。説明を受けた議員は、説明を受けていない他の議員達に、目的や内容が秘密にされているが、その予算には認めるだけの価値があると説得する必要があった。

こうした秘密主義には利点もあった。例えば、第二次大戦中の原爆を開発するためのマンハッタン計画では、計画の責任者達は、議会や他の政府機関からの干渉で原爆の完成が遅れないように、計画の内容を秘密にしていた。同様に、一九七〇年代と一九八〇年代におけるステルス機の開発では、秘密にする事で効率的に開発を進める事ができた。ロッキード社はハブ・ブルー機を契約から二〇か月で、F‐117戦闘機は三一か月で初飛行させた。スカンクワークスがこんなに短期間で開発作業を行なう事が出来たのは、秘密管理が厳重だったので、調達契約担当官や監査官が介入する事が無かったからだ。しかし、こうした管理、監督を省略して効率を求めたやり方は、民主主義の原則に反する面もあった。国民や国民の代表である連邦議員が、こうした秘密の計画について知らされていないなら、どうしてそれに対する賛否を決める事ができるだろう？

機密保全で最も困る事は、関係者個人に対する圧迫感や心理的な負担が大きい事である。保全適格審査のための調査は、費用がかかるだけでなく、対象者のプライバシーに踏み込む、不快な調査になる事がある。個人の生活の全てが調査対象となる。家族や交友関係、精神衛生上の問題、薬物やアルコールの摂取、経済的な状況、性的な嗜好など全てが調査対象になる。もし、過去の恋愛関係のトラブルや、大学生の時のマリファナの経験などを黙っていて、調査官がそれを発見すると、許可証は発行されず、仕事に就けなくなるが、それでも異議を申し立てる事はできない。

保全適格証を交付されても、秘密を守るための心理的な負担を担い続ける事になる。秘密指定された仕事に従事する作業者は、仕事の内容を家族にも話せない。名前も無い砂漠の基地に何週間も行く時も、妻や子供に何処へ、何をしに行くかを言う事ができない。彼らは秘密を守るよう自分に言い聞かせ、自分で自分自身の言動を監視する。自分の行動や発言に注意し、自分に注意を向けたり、聞き耳を立てたりしている人がいないかを気にするようになる。ある退職した航空宇宙関係の技術者は、自分の仕事を説明できない苦労を説明するのに「僕が四〇年間、何も言わないようにしてきた苦労を分かって欲しい」と言っている。秘密の計画に関係した人には、いまだに自分がしてきた事を、たとえ一般論としてでも話そうとしない人がいるし、その仕事から離れてから何十年か経った後でも、秘密と秘密でない事の境界が判断できなくて、間違って秘密を漏らして問題になる事を恐れて、何も話さない人もいる。

秘密保全が要求される人達が居た事は、冷戦が抱えていた大きな矛盾を示している。米国の自由を守るために、航空宇宙関係の技術者は、市民としての自由を放棄していたのだ。

こうして秘密保全の壁で囲い込んでいても、ソ連はステルス機の構想の検討が開始されて一年も経たない

内に、その情報をつかんでいた。ソ連はステルス機開発について、ハイテクを利用した情報収集や、昔ながらのスパイからの情報ではなく、単に米国の業界誌を読むだけで情報を得る事ができた。「アビエーション・ウイーク」誌（「アビエーション・リーク」と皮肉られる事もある）のような業界誌には、業界内の様々な噂が紹介されている。一九七五年六月のアビエーション・ウイーク誌には、ＤＡＲＰＡが「敵のレーダー、赤外線、目視での追尾を避ける事の出来る戦闘機又は攻撃機」、つまり「高度なステルス性を有する航空機」の実現可能性の研究を、ノースロップ、ロッキード、マクドネル・ダグラスの各社にさせる事にしたと報じている。その後のアビエーション・ウイーク誌には、ロッキード社とノースロップ社の競争、ロッキード社への発注（ハブ・ブルー機と呼ばれる事になった機体について）、ステルス技術実証機の試験飛行の記事が出ている。

ＣＩＡにとって、こうして情報が流れる事は、一概に不都合と言えない面もあった。記事には事実と想像が混在していた。Ｂ－２爆撃機のレーダー反射断面積の推定値について、記事の値には五・〇平方メートルから〇・〇〇〇〇一平方メートル、納屋の扉から針ほどの大きさまでの幅があった。その後、一九八八年のＣＩＡの報告書には、こうした推測記事は「米国のステルス機開発計画を謎に満ちた物とし、ステルス技術についていつまでも間違った情報が残り、ソ連の分析者が米国のステルス機の能力を推定するのを難しくさせる事になった」と記載されている。

カーター政権は、情報の漏洩をあまり気にしていなかったようだ。ステルス爆撃機の情報をマスコミが取り上げるようになった一九八〇年の夏に、国防総省は記者会見を開いた。その席でハロルド・ブラウン国防長官とウィリアム・ペリー国防次官（研究・技術担当）はステルス爆撃機の存在を公表した。記者会見が行われたのは、大統領選挙のキャンペーンの最中だったので、この発表と、記者会見をするに至った情報漏洩の背後に、もしかしたら政治的な意図があったのではないかと感じた報道関係者もいた。カーター政権は一九七七年にＢ－１爆撃機の調達を取りやめたが、一九八〇年の大統領選挙戦で、対立候補の共和党のロナルド・レーガンはそれをカーター大統領が国防には消極的だと攻撃するのに利用した。カーター大統領はブラウン国防長官とペリー国防次官に、政府としてステルス機を開発している事を公表して良いか質問した。その際、カーター大統領は国防総省側が反対なら、その意見を尊重すると言った。しかし、ブラウン長官とペリー次官は、ステルス爆撃機の詳細な内容は駄目だが、存在自体は公表しても問題ないと判断した。Ｆ－１１７型機の部隊配備がほぼ二年後と予定されていたし、多額の予算を必要とするステルス爆撃機の開発が始まろうとしていたので、政権側としてはいずれ公表せざるを得ないだろうと考えたのだ。

　発表のタイミングに疑問を感じたのは、マスコミ関係者だけではなかった。議会側も突然の方針変更に疑問を投げかけた。議会の調査報告書には、「その名前さえ秘密だったのが、記者会見では全世界に向けてその存在を発表した」と書かれている。下院軍事委員会の分科会による調査では、「公式の記者会見におけるステルス機に関する情報の開示は、大統領選挙の年に、国防総省と政権側を良く見せかけるために行われた」と結論している。この報告書では、ステルス爆撃機の実用化はまだ一〇年は先なのに、ステルス爆撃機の計画を発表した事は、ソ連にソ連側のステルス機の開発ばかりか、ステルス機への対抗手段の開発を一〇年早く着手する事を可能にしたと非難している。

　業界誌がステルス機の事をそれまで五年間も報道し続けてきた事を考えると、軍事委員会の非難は、そのまま受け入れる事はできない。又、民主党が多数を占める議会が、大統領選の最中に民主党のカーター大統領を攻撃するのも奇妙である。しかし、軍事的な事項を巡っては、大統領とその出身政党が多数派を占める議会が争った例は多くある（第二次大戦中のトルーマン委員会や、朝鮮戦争におけるジョンソン委員会など）。これは政治家が、自分が所属する政党よりも、自分個人が目立つ事を優先する場合がある事の証明である。そして、皮肉な事に、秘密にされている開発計画は、関心を集めやすい。ステルスはすでに政治問題化していたが、開発は始まったばかりだった。

このステルス機の存在を公表した記者会見は、思いがけない副産物として、国防総省がステルス技術に関して、よく分からないが何か大きな成果を上げたように思わせる効果があった。一八世紀に出現した潜水艦から、二〇世紀の戦略爆撃機と核兵器に至るまで、米国は敵国を威圧し、自国の安全を確保するために、新技術を用いた革新的な兵器の開発に努力してきた。米国は、大陸横断鉄道から月着陸に至るまで技術的優越性を追求し、華々しい成果を数多く実現してきたが、ステルス機はその歴史的な流れの最新の実例だった。

大きな技術的成果を実現しても、それを秘密にしておいたのでは、相手に与える心理的効果は無い。映画『博士の異常な愛情』に登場するストレンジラブ博士は、ソ連の有名な「人類終末兵器」[訳注1]について、「その存在を秘密にしているなら、終末兵器が存在する意義はない」と言っている。その意味では、ステルス機に関する情報の漏洩や記者会見による公表は、ブラウン長官やペリー次官がその当時に主張したように、相手に圧力を感じさせるには役に立った。しかし、米国が技術的優位性を示してソ連を威圧する活動の一部として、ステルス機の存在を明らかにしたと推測させる証拠はない（後にレーガン大統領の支持者の何人かが主張したように、このステルス技術そのものが、レーガン大統領が推進したSDIとかスターウォーズとも呼ばれた「戦略防衛構想」のように、ソ連を追い詰める戦略の一部だったとの証拠もない）。米国はステルス機を実際に戦闘に使用するつもりだったので、その後も、ステルス機の秘密を守る努力を続けた。秘密保全を徹底すると共に、試験飛行もソ連の偵察衛星が上空を通過する時間は行わないようにしていた。しかし、ステルス機の存在を公表する事により、米国は意図しないまま、重要な成果を上げた。ソ連の考え方に影響を与えたのだ。

その意味では、ステルス機は核兵器と似ていて、それが存在するだけでその目的を達成していた。ブラウン長官は記者会見で「可能性があるだけですでに効果がある」と言っている。こうした新しい技術は、実際に使用しなくても、存在するだけで戦略的役割を果している。つまり、相手に対して軍事的に直接的な脅威を与えなくても、想像力に訴える事で影響を与えるのだ。ステルス機はソ連に深い恐怖を感じさせた。

ステルス機の情報に、ソ連の戦略立案者達は強い不安感を持ち、彼らは間もなく「軍事技術の革命」の時代が到来するが、米国はその革命に関してソ連をリードしていると考えさせた。

一九六二年にソ連邦元帥のソコロフスキーは、二〇世紀における軍事における二つの革命について述べたが、その二つの革命、すなわち、戦闘行動の到達範囲の拡大および展開速度の向上のどちらにも、新技術が用いられたとしている。一つ目の到達範囲の拡大に関する革命は、第二次大戦のドイツの電撃戦のように、無線通信網で結ばれた戦車軍団と航空機により、縦深方向への速やかな進撃が可能になった事を指している。二つ目の戦闘の展開速度の向上に関する革命は、弾道ミサイルと核弾頭を組み合わせる事で、別の大陸への攻撃が一時間以内に可能になった事を指している。

一九七〇年代後半、ソ連軍の参謀本部は三番目の「軍事技術の革命」についての見解を発表し始めた。そこではセンサー、コンピューター、精密誘導兵器、ステルス技術により、敵は前線のはるか後方の、厳重に防御されている目標に対して、目標を発見して攻撃する事が可能になると予想している。ステルス機はこのソ連が言う所の「偵察・攻撃複合システム」の構成要素の一つに過ぎないが、防空網を突破する上では重要な存在である。この見解を提唱した主要人物の一人であるニコライ・オガルコフは、一九七七年に元帥になり参謀総長に任命された。それ以降、ソ連の軍事情報誌には、ステルス機により可能となる前線後方への攻撃の影響も含めて、軍事技術の革命が及ぼす戦術面や戦略面への影響を論じる記事が多くなった。

ソ連が、技術革新が軍事における革命をもたらす事を、世界で最初に気付いたのは意外な事ではない。ソ連では革命理論と唯物論で歴史を理解するように教育されているし、ドイツ軍の電撃戦により壊滅的な被害を受けている。ソ連には文化的にも思想的にも、体系的な理論を好む気風がある。軍事技術の革命の概念は、より幅広い概念である「科学および技術による革命」の一部であると見なす事ができる。「科学および技術による革命」では、コンピューターとオートメーションに、無限とも言える核エネルギーを組み合わせると、労働と生産の在り方が変化して、理想的な共産主義社会が実現すると考えられていた。

ソ連の戦略理論家達は、軍事技術の革命はソ連に対して大きな脅威だと考えた。まず、ソ連の「縦深攻撃」理論が危うくなる。最前線の部隊を飛び越して、後方の部隊に対して直接に航空攻撃が可能になる事は、ソ連式の前線を一本の線ではなく箱状とする考え方により、後方に待機させている後続の梯団に対する大きな脅威である。二番目には、ソ連の兵員と装備の数的優位性が、技術的優位性で打ち消されてしまう。三番目には、コンピューターと電子機器は、高等教育を受けていない、徴兵された兵士が多いソ連軍では、使いこなす事が難しい。オガルコフ参謀総長は一九八三年に米国からの訪問団に次の様に語っている。「最近の軍事力は科学技術に立脚している。科学技術の活用にはコンピューターの利用が必要不可欠だ。米国では就学前の児童でも、コンピューターで遊んでいる。米国ではコンピューターは至る所にある。ソ連では国防省ですら、全ての事務室にコンピューターが置かれているとは言えない状況だ」

最後に付け加えると、軍事技術の革命は、ソ連の国防産業に深刻な問題を投げかけた。第二次大戦後、ソ連は次の戦争に備えるためには、兵器を備蓄するだけでなく、兵器を製造する工場も維持しておく事にした。しかし、こうした大きな生産能力を保持し続ける際には、将来どのような兵器が必要になるかを想定しておく事が必要である。ソ連の経済は計画経済なので、生産計画を前もって決めておく必要がある。一九七〇年代後半に、ソ連の戦略立案家達は、科学技術の急激な進歩により、今後に必要となる兵器の生産計画を、前もって決めておく事は不可能な事に気付いた。新しい兵器が必要になっても、その生産ラインを構築するにはある程度の時間が必要である。ソ連は米国の兵器の技術的進歩に対応したくても、短期間に兵器の生産体制を変える事ができないだろう。

こうした問題が存在する事の認識は、一九八一年の、アレクサンドル・ポズハロフによるソ連軍参謀本部への「社会主義国家の軍事力の経済基盤について」と題した論文に述べられている。その論文を読んだオガルコフ元帥は、ゴルバチョフが共産党委員長になりペレストロイカ（再構築）を提唱するずっと前から、ソ連の経済システムをより柔軟かつ速やかに対応できるように改革したいと考えた。しかし、そのために彼は失脚する事になった。ソ連の軍事産業の支配者達は、戦車、トラック、航空機、軍艦などの在来型の装備を大量に生産する事で、大きな影響力を維持してきた。こうした「重装備優先論者」は、重工業から先端技術産業への転換には興味が無かった。彼らは一九八四年に、米国の先端技術の優位性をオガルコフが言い立てるのに辟易しているソ連の指導者達の暗黙の同意を得て、オガルコフの罷免を実現させた。

軍事技術の革命は、核兵器の役割についても大きな影響を与えた。一九八四年のインタビューで、オガルコフはステルス、精密誘導爆弾、巡航ミサイルなどの新技術を適用した兵器により、「通常兵器の実質的な破壊力を大幅に大きくでき（少なくとも一〇倍以上）、その有効性を大量破壊兵器に近いものとした」と指摘している。ステルス機は、通常兵器による攻撃力を、核攻撃と同程度にするのに役立つと思われたのだ。

こうした考え方は、一九七〇年代前半の、DARPAと国防原子力機関が共催した長期研究開発研究会でもすでに出て来ている。新技術を利用した通常兵器により、核兵器を使用しなくても、西ヨーロッパに対するソ連の攻撃に対抗できるのではないかとする考え方が出て来たのだ。一九八〇年代には、ソ連の戦略立案家達の自国に対する提言を知って、米国の戦略立案家の中にも、米国の冷戦戦略の根本的再検討を求める人が出て来た。

再検討の必要性の提唱者はアルバート・ホールセッターだった。ある学者は彼を冷戦期における「戦略研究の第一人者」と呼んでいる。ランド研究所で核戦略構想の研究者として高く評価されていたホールセッターは、その後はシカゴ大学で教育に当たったが、彼の弟子たちは新保守主義（ネオコンサバティブ）の考え方を広めた。ホールセッター自身は現在、パン・ヒューリスティクス社と言う自分のコンサルティング会社を経営している。ホールセッターは一九七〇年代前半の長期研究開発研究会の会長を務め、一〇年後にはその研究会で始まった考え方を更に発展させていた。

ホールセッターは核兵器の使用を基本とする戦略が策定された以後、技術的な進歩に伴い戦略的な環境や政治的な環境が変化したと考えた。それまでの二〇年間、米国は主として相互確証破壊（Mutual Assured Destruction：MAD）戦略を採用してきた。その戦略では、米国はソ連の攻撃に対して核兵器の使用で対抗すると威嚇する事により、ソ連に侵略を自制させる方針だった。しかし、米ソ両国とも一九八〇年までに核兵器の保有量を著しく増加させ、両国で五万発を越える核弾頭を保有するに至ったので、核兵器による抑止は「信頼性の低下が進んだ」状態になって来ていた。両国とも、相手が領土の一部を死守するために、本当に人類の文明を絶滅させる核戦争を起こすとは思わなくなった。そのよい例が、核抑止戦略ではソ連のアフガニスタン侵攻を止められなかった事だ。米国はホールセッターの言葉を借りれば、「実効性のない威嚇」

に頼っていた事になる。また、ホールセッターは米国とＮＡＴＯが、ソ連の西欧への侵攻へ対抗するために核兵器を使用すれば、自分達の核兵器によりＮＡＴＯの国土を荒廃させる事になり、良い戦略とは言えない事を指摘している。政治的な観点からは、米国やＮＡＴＯ諸国のような民主主義国家では、戦争では国民の支持が必要だが、テレビが核兵器の応酬による惨状を伝えれば、国民が戦争の継続を支持し続けるとは思えない。それどころか、核凍結運動の状況を見ると、一般国民の間で核兵器に対する反感が高まっていると、ホールセッターは指摘している。

端的に言えば、ホールセッターは核兵器に関しては戦略的にも政治的にも、根本的な問題が生じていると主張している。更に、彼は新技術を利用すればその問題を解決できると主張している。現在では、通常兵器でも高い精度の攻撃が可能なので、いかなる目標も破壊する事が出来るし、そうした可能性が出て来た事で、核兵器による「自殺的な無差別大量破壊による反撃」に頼る必要性が低下した、と付け加えている。

ホールセッターのパン・ヒューリスティクス社で働くリチャード・ブロディは、この変化について次のように言っている。一般的に目標を破壊するには二つの方法がある。小型の爆弾を目標のすぐ近くに命中させるか、大型の爆弾をそれほど近くでなくても、目標の近辺に投下するかの二つだ。第二次大戦の戦略爆撃では、大型の爆弾を大量に投下する物量作戦が採用された。米国の冷戦における核戦略は、それを極端にしたものだ。米国は、爆弾やミサイルをソ連側の目標のごく近くに命中させる事ができるとは限らないので、核兵器で攻撃する事を計画した。核兵器による攻撃は、確実に目標を破壊する最も良い方法だった。やり過ぎかもしれないが、軍の作戦計画部門は不確実性を好まない。通常兵器を高精度で命中させる事が可能になった事で、作戦立案の前提条件が変わった。もはや大型の爆弾は不要で、小型の爆弾で目的を達成できる。ブロディは、新技術により核兵器は「無駄で不適切」な兵器になってしまった、と結論している。

米国の国防計画研究者のあるグループは、この考え方を国防原子力機関主催の、一九八二年に始まった一連の「新代替え戦略」の研究会で取り上げ、一九八六年からは、一九七〇年代前半に始まった国防原子力機関とＤＡＲＰＡ共催の長期研究開発研究会（ＬＲＲＤ）の続きとなる、第二期長期研究開発研究会（ＬＲＲＤⅡ）で検討を続けた。ＬＲＲＤⅡに参加した国防計画研究者達は、ステルス技術は精密誘導爆弾や先進的センサーなどと並んで、軍事技術の革命を推進する五つの優先度の高い技術の一つだと考えた。

こうした研究会や、その背後にある戦略構想の見直しの動きは、一般の人々にはほとんど注目される事は無かった。こうした新しい軍事政策の検討が行われている事は、一九八三年三月二三日のゴールデンアワーに、レーガン大統領の演説がテレビで放送されても、一般の人達はそれに気付かなかった。その演説の中で詳しい説明はしなかったが、レーガン大統領は「米国は今や、核を使用しない通常兵器の有効性に関して、極めて大きな進歩を可能にした科学技術を保有している」と述べている。

この発言が重視されなかったのは、同じ演説の中で、戦略防衛構想（ＳＤＩ：Strategic Defense Initiative）、又はスターウォーズ計画とも呼ばれる、大規模な戦略ミサイル防衛システムを構築するとの大胆な構想が明らかにされたためである。マスコミも一般大衆も、この演説のミサイル防衛の部分に注意を引き付けられ、通常兵器についての発言に注意を払わなかった。後になって、政府高官の何人か、特にレーガン大統領の科学補佐官のジョージ・キーワースは、この演説では、新しい通常兵器の持つ能力は、スターウォーズ計画の目的と同じ目的を達成するための、もう一つの手段になると言っていた事に気付いた。つまり、レーガン大統領は核兵器を「時代遅れにする」と言っていたのだ。

しかし、戦略を議論する上で、通常兵器の新しい能力の意義が無視されたのは、スターウォーズ計画が注目を集めた事だけが理由では無かった。軍の側からもはっきりとした抵抗があったし（ホールセッターは陸軍も海軍も新しい技術の採用に抵抗しているとこぼしている)、政治家からも、右派、左派を問わず反対があった。ホールセッターによれば、保守派の中には、核兵器に依存する事は悪い事ではないと言う人もいた。彼らは、米国は核戦争に生き残って勝利できると信じていた。批判的な左翼の政治家の中には、新型の通常兵器と核兵器の間には大差は無く、通常兵器の軍拡競争により、戦争を抑止する力が弱くなって戦争が起きやすくなる事を懸念すると共に、軍事予算の拡大で社会政策の予算が減る事を心配する政治家もいた。

また、兵器がますます複雑化し高価になる傾向があり、当時のある本の題名である「バロック的な武器庫」の状態になりそうな事を嘆く人もいた。ジャーナリストのジェームズ・ファローは、大きな影響力を持つ月刊誌のアトランティック誌に「米国のハイテク兵器」と題した記事を書き、F‐14戦闘機やF‐15戦闘機の価格は一機数百万ドルに達しており、「より優れた技術により勝利を得ようとする傾向は無くなりそうもない」と指摘した。こうした意見の人達は、米国は少数のハイテク兵器ではなく、単純な兵器をより多く生産すべきだとしていた。質より量と言う事だ。言い換えれば、米国はソ連の戦力の数的な優位性に、技術的な優位性で対抗するのではなく、より多くの兵器を持つ事で対抗すべきだと言うのだ。同様な考えから、連邦議会の二〇名以上の議員が(その大半は共和党で一部が民主党の保守派だったが)、一九八一年に合同で軍事政策改革研究会を発足させた。彼らが主張する政策には、ある防衛政策研究者が主張するところの「技術的な進歩だけを目的とした、夢の兵器への熱中」はやめるべきだとする政策が含まれていた。ステルス機もこうした「夢の兵器」に含まれていたと思われる。

通常兵器を戦略的用途に使用する構想は、やがて長期総合戦略検討委員会に注目される事になった。この委員会は一九八六年に、国防総省とレーガン大統領の国家安全保障補佐官のために、米国の今後二〇年間の安全保障政策について広範囲な検討を行なった。この委員会のメンバーに選ばれた戦略研究家には、ズビグニュー・ブレジンスキー、サミュエル・ハンチントン、アンドリュー・グッドパスター、ヘンリー・キッシンジャーも含まれていた。委員会が軍事技術の革命に理解を示したのは意外な事ではない。この委員会の共同委員長はフレッド・イクレとホールセッターで、どちらも一九八〇年代の戦略研究会の参加メンバーだった。

委員会の『差別化による抑止』と題された報告書では、ステルス技術は精密誘導兵器と組み合わせる事で、核兵器に代わる役割を果たせる可能性があるとして、米軍はステルス技術の実用化を最優先にすべきだとしていた。報告書では「新技術による高い精度の攻撃が実現した事により、これまで核兵器を使用する事になっていた任務の大部分に対して、通常兵器で対応する事が可能になると思われる……このために特に重要なのは、『低被観測性（Low-observable：ステルス性）』技術と、極めて攻撃精度の高い兵器と、より優れた目標位置特定手段を組み合わせて使用する事である」と述べられている。

しかし、この主張は、その分野では著名な人達が提唱したにも拘わらず、あまり支持を集められなかった。ステルス技術自体は、その時点ではB‐2爆撃機が核兵器の運搬手段として開発中のように、戦略的な目的でも価値があると認められていた。ステルス技術が核兵器運搬手段として採用された事自体が、軍事的、政治的、戦略理論的に従来の核戦略を継続したい傾向が強い事を示している。米国はこれまでに数兆ドルも核攻撃能力に投じてきたので、それを簡単に捨てる事はできない。核兵器の使用に関する問題点を解決するには、技術的な解決策以上の物が必要だった。

米国は当初は、ステルス技術を戦術的な目的のために開発しようとした。ソ連が西ヨーロッパに対して、通常兵器を用いて侵攻してきた場合に、ソ連の防空網を突破するための手段だった。この戦術的な、戦場に密着した利用方法は、核戦略と言う高度な戦略理論の領域からはかけ離れている様に思える。しかし、ソ連の戦略理論家達は、ステルス技術と他の先端技術、特に精密誘導兵器の組合せは、従来の通常兵器と核兵器の間の明確な区分を不明確にしてしまう事に気付いた。このソ連の理論家達の強い反応は、米国の戦略研究者に影響を与え、一九八〇年代には、核兵器はリチャード・ブロディがはっきりと言った様に「無駄で不適切」かも知れない可能性まで含めて、その役割について根本的な再検討が行われた。もし誰かが、レーガン大統領の発言に沿って、ホールセッターが言うように核兵器を「時代遅れ」にしたいなら、この時がそのチャンスだった。しかし、結局は「軍事技術の革命」をもってしても、冷戦が終結する前に、米国が核兵器依存から脱却しない事は明らかになってしまった。

第9章　もう一つのステルス機「タシット・ブルー」

Ｆ‐１１７型機やＢ‐２型機は良く知られているが、「タシット・ブルー」と呼ばれる機体を知る人はほとんどいない。この機体は一機しか作られず、部隊配備もされなかったので、知られていない事は不思議ではない。しかしタシット・ブルー機開発計画では、他のステルス機とは全く異なるステルス機が開発され、ステルス機の開発に於いては、Ｆ‐１１７型機とＢ‐２型機の中間段階として重要な役割を果たした。

タシット・ブルー機は、一九七〇年代前半の長期研究開発研究会における、ハイテク兵器の使用が予想される戦場についての研究から生まれた。研究対象となったのは、幸いにも現実にはそうならなかったが、冷戦時において戦場になる事が有力視されていた場所の一つだった。そこはフルダ・ギャップと呼ばれる、東独と西独の境を流れるフルダ川沿いの回廊で、ソ連軍が西ヨーロッパに侵攻する際には、そこを通ってやって来ると予想されていた。フルダ・ギャップは、幾つかの山地を通る、東西をつなぐ通路である。このフルダ・ギャップを通り抜ければ、ソ連の戦車部隊はフランクフルトのすぐ近くに出る。フランクフルトは西ドイツの経済的中心であると共に、航空基地も存在する米国の重要な軍事拠点でもある。フランクフルトを越えれば、ライン川までは開けた、起伏の少ない地形が拡がっている。

ソ連の陸軍は、前述の様に、前線を一本の線ではなく箱型と考えて、梯団により何波にも分けて攻撃する計画を持っていた。米国とNATOはそれに対して、攻撃の第一波の上空を飛び越えて、後方の部隊を攻撃する計画だった（この前線を越えて後方を攻撃する戦術は「縦深攻撃」と呼ばれ、NATOでは一九八一年にFOFA戦闘教義〔Follow-On Forces Attack Doctrine：後続部隊攻撃教義〕として規範化され、米国も一九八二年にエアランド・バトル〔AirLand Battle〕戦闘教義として規範化した）。ソ連軍の後続の梯団は、フルダ・ギャップの後方の出撃待機地域で待機している。そこは東ドイツの鉄道で運ばれてきた戦車や兵員が集結する場所である。この出撃準備地域は、山頂の高さが六〇〇メートルから九〇〇メートル程度のフォーゲルスベルク山地やレーン山地に囲まれている。

米軍の防衛計画作成者は、航空機搭載レーダーにより前線のはるか後方のソ連軍の戦車を探知し、精密誘導兵器で攻撃しようと考えた。この作戦構想は一九七八年になると「アソールト・ブレーカー」と言う名前で呼ばれるようになった。この作戦構想で問題なのは、山地の向こうの、ソ連軍の出撃準備地域の状況を知る手段が必要な事だった。そのためには、高い高度から、強力なレーダーで偵察を行う必要があるが、その際にレーダー搭載機が撃墜されてはならない。それを可能にするには、レーダーを搭載した機体に、ソ連の防空部隊に撃墜されないようステルス性を持たせる必要がある。強力なレーダーシステムを装備するには、機体の内部に搭載用の大きな箱型のスペースが必要である。そうなると、強力なレーダーを装備した大きな箱型の構造を機体内部に持ちながら、どのようにステルス性を実現するかが問題になる。

一九七六年四月、ノースロップ社はXST機の競争に敗れたが、すぐにDARPAから救済案が提示され

た。ノースロップ社のステルス機設計チームを維持するために、ＤＡＲＰＡは一九七六年一二月に、ノースロップ社に対して、機体内部に箱型のレーダー搭載スペースを持つステルス機の検討を依頼した。この機体への要求内容に矛盾した点がある事を意識してか、ＤＡＲＰＡはその機体に「実験的戦場監視機（BattleField Surveillance Aircraft—Experimental)」、略してＢＳＡＸなる、大げさな名前を付けた。この機体は、その任務の性格上、ステルス性が必要であり、そのステルス性を損なわないようにレーダーを搭載しなければならない。この仕事はジョン・キャッセンが社内の総括責任者として担当する事になった。

ＢＳＡＸ機では大型のレーダーアンテナを、横向きに機内に装備するという、ステルス機としては新しい課題に取り組まねばならなかった。レーダーアンテナの外側の機体外板は、レーダーアンテナが送受信する周波数の電波を自由に通過させる必要がある。しかし、外板を通過して機内に入った電波が、機内で反射されて外部へ出て行かないように、機内のレーダー装備スペースの内側部分に反射対策をする必要がある。ステルス性は機体の外形形状で決まると考える人が多いだろうが、ＢＳＡＸでは機体内部もステルス化する必要があった。レーダーが搭載される機内の空間は、実質的に電波暗室と同様な構造になった。入射したレーダー波を吸収して弱めるように、音楽の録音スタジオの壁の吸音材に似た、円錐形のレーダー波吸収材が壁面全体に取り付けられている。

これでレーダーを装備するスペースの対策はできたが、レーダーそのものもステルス化する必要がある。敵がレーダー波の到来方向を検出して、電波を発信しているレーダーアンテナを見つける事ができるなら、機体だけをレーダーに映らないようにしても意味がない。ステルス機と並行して、ＤＡＲＰＡのケン・パーコの属する戦術兵器技術室は「ペイブムーバー」計画の名前で、戦車を周囲の地形から見分ける事ができるように、移動目標指示（Moving Target Indication：ＭＴＩ）機能を持つレーダーの開発を進めていた。ＭＴ

Ｉレーダーは、救急車のサイレンや汽車の警笛の音は、近付いてきたり遠ざかって行く時に音の高さが変化するが、その変化を生じさせるドップラー効果を利用する。移動物体から戻ってくるレーダー波の周波数は、送信したレーダー波とは周波数が違ってくる。ＭＴＩレーダーでは、受信したレーダー波の周波数を送信したレーダー波の周波数と比較して、土手や建築物のような動かない物体から反射されたレーダー波はドップラー偏移分が無いので、フィルター回路で除去するようにしている。

ＢＳＡＸ機は、前線の味方側の空域で、細長いレーストラック型のコースで飛行する。前線に平行に直線飛行し、一八〇度旋回をして逆方向へ飛行する。敵の方向を向いたレーダーアンテナからレーダー波を送受信し、敵と反対の方向を向いたデーターリンク用のアンテナから、地上の味方部隊に無線で情報を送る。地上部隊はその情報を利用して、対戦車ミサイルを目標に向けて発射する。地上部隊へのデーターリンク信号には、機上で受信したままの未処理のレーダー受信信号も含まれる。この機体で必要とされるレーダー受信信号の処理には、当時の機体搭載コンピューターでは能力が不足するので、地上のコンピューターで受信信号の処理をして目標の位置を割り出す。レーダーアンテナとデーターリンク用のアンテナは、同じ回転台に背中合わせで取り付けられていて、機体が周回コースの端まで行ってＵターンすると、回転台を一八〇度回転させて、レーダーアンテナが敵側に、データリンクアンテナが味方側に向くようにする。

ＢＳＡＸ機はヒューズ社が製作した、「ペイブムーバー」レーダーの中で、ＬＰＩレーダー（低被探知レーダー又は低探知可能性レーダーとも呼ばれる：low-probability-of-intercept radar）と呼ばれる、機密度の高いレーダーを搭載する。レーダーは常に目標を追尾し続けなければならないが、その発信したレーダー波がサーチライトの様に目立つと、ステルス性を損なう。レーダーで監視している事を敵に気付かれないためには、レーダー波を地上の同じ点に当て続けてはいけない。又、予測可能な同じパターンで地上の走査を繰り返してはならない。従って、地表面を走査する際は、レーダー側で設定した、一見すると不規則と思われるパターンで走査を行う。更に、発信するレーダー波の波形を変化させながら、広い帯域に渡って周波数ホッピング（周波数を高速で切り替える事）を行い、レーダーの周波数を予測されないようにする。

キャッセンはヒューズ社の技術者達と協議した結果、ペイブムーバー・レーダーの周波数に、一二ギガヘルツから一八ギガヘルツのKuバンドを選択した。Kuバンドの波長は比較的短いので、アンテナを小型にできる。また、Kuバンドの電波は降雨量が多いと、雨に吸収されるので、戦術用のレーダーではほとんど使われない。キャッセンは降雨量が多い領域は通常は狭い区域に限られるし、熱帯地方では多いが西ヨーロッパでは少ないので、実際の運用ではほとんど影響がないと考えた。また、レーダーアンテナの部分の機体外板は、「特定帯域透過型レドーム」とする事にして、使用するレーダー波の帯域の電波だけが通過できる細いスリットを入れる事にした。そのため、このKuバンドの電波だけを通すレドームは、戦術レーダーによく使用されている周波数帯のレーダー波を通さない。

それに加えて、BSAX機のペイブムーバー・レーダーは合成開口機能を持っていた。合成開口機能は、飛行方向に移動しながら、各位置で受信したレーダーの反射波を足し合わせて、見かけ上はアンテナを大きくしたのと同じ効果を得る事により、高い解像度のレーダー画像を得る機能である。そのためには大量のレーダー信号を処理する必要があり、コンピューターの処理能力が高い事が必要である。BSAX機はデータリンクを使用して、受信したレーダー信号を地上に送り、地上でリアルタイム処理をする事で、航空機搭載合成開口レーダーとしては、初めてリアルタイムで合成開口レーダーの画像を得る構想だった。

XST機はレーダーを搭載していないので、こうしたレーダーを搭載するための設計は、ステルス機としては初めてだった。機体の外形形状についても、BSAX機は別の条件を考慮する必要があった。攻撃機は低高度を高速で突入するので、主として機体前方からのレーダー探知を避ける事を考えれば良いが、ＢＳＡＸ機は高い高度を飛行する偵察機なので、全ての方向からのステルス性、つまり「全方位ステルス性」が必要で、その中でも、戦場の前線に平行に飛行する時間が多く、その間は機体側面を敵の防空レーダーに向けるので、機体側面のステルス性が重要である。

機体の設計では、まず初めに、機体を上から見た時の形状である平面形を決める。平面形により、機体に対して水平方向から到来するレーダー波に対する反射特性がほぼ決まる。前述のように、ノースロップ社もロッキード社と同じく、機体の縁を直線にした場合には、レーダー波の反射については、鏡に光を反射させた時のような、鋭く強いスパイク状の反射が生じるが、ステルス性を確保する上ではそれは許容する事にした。スパイク状の反射波は、機体の飛行速度と同じ速度で地上を通過していくので、地上のレーダーは機体を追跡する事ができない。防空レーダーはレーダービームを振って上空を捜索するので、スパイク状の反射波が鋭く狭いと、スパイクが来た時に防空レーダーは別の方向を向いていてスパイクを見逃す可能性があるし、受信してもそれは一瞬の出来事なので、追尾に移る事が出来ない。

低高度で攻撃を行う攻撃機は、機体前方からのレーダー波を相手の方向に反射するのを減らすために、主翼の後退角を大きくする必要がある。ＢＳＡＸでは側方からのレーダー波を相手の方向へ反射するのを減らす事が課題となる。たまたまだが、ＸＳＴ機の競争が終わった直後に、ＤＡＲＰＡはノースロップ社に「ティール・ドーン」と呼ばれるステルス性を持つ巡航ミサイルの開発に応じるように持ち掛けた。結局、ノースロップ社はそのミサイル計画を辞退したが、そのミサイルの構想を検討する過程で重要な事に気付いた。そのミサイルは長い直線的な胴体に、短くて四角い形の主翼と尾翼が付く構想だった。この形態は主翼‐胴体‐尾翼形態と呼ばれ、ＸＳＴ機の設計案のようなブレンデッド・ウイングボディまたはブレンデッド・デルタ翼よりは、通常の航空機の形に近い。長い直線的な胴体の端部（エッジ）は、レーダー波を反射する際に強いスパイク状の反射を生じるが、その幅は非常に狭い。その事から、キャッセンはＢＳＡＸ機では長い直線的な胴体を持つ、主翼・胴体・尾翼形態を採用しようと考えた。

もう一つの設計上の原則として、スパイクの数を減らすために、エッジの数を少なくする事がある。そのためには、エッジの向きは、出来る限り他のエッジと平行にした方が良い。平行な二本のエッジは、エッジが一つだけの時と基本的には同じで、各エッジはスパイクを生じるが、方向が同じなのでスパイクは一本とみなせる。そのため、ノースロップ社の設計チームは、ＢＳＡＸ機の平面形としては、平行なエッジを持つ形を採用する事にした。単純な箱型の機体にして、胴体、主翼、機首、尾翼のエッジの向きをできるだけ平行にすれば、スパイクの数は少なくなる。ノースロップ社のＢＳＡＸ機では、スパイクは六本になった。主翼の後退角は約一〇度と小さく、機体側方から来る敵のレーダー波の、同じ方向への反射を弱くしている。

平面形が決まると、次は現実の機体とするために、三次元的な厚みのある形にして、機体の内部容積を確保する必要がある。レーダー反射断面積を最小にする理想的な形は、厚みが無い平板である。しかし、現実の機体は、機体の内部の容積が必要である。パイロット、エンジン、燃料、そしてこの機体の場合はレーダーを機内に収納する必要がある。そこでキャッセンは平板の上に、容積を持つ部分を付け加える事にした。その結果、胴体の外周をチャインが取り巻く形になった。チャインは胴体から薄く張り出した部分で、ＳＲ-71型機の外形上の特徴にもなっている。ＢＳＡＸ機の場合は、チャインは太い箱型の胴体の周囲に張り出しているので、機体はぼってりとしたつば付きのバター容器の様で、不格好に見えた。しかし、チャインは役に立った。通常はレーダー反射断面積を大きくする事になる、操縦席、エンジンの空気取入口、エンジンの排気口はチャインの上にあるので、それらの部分を地上からのレーダー波から遮蔽する事ができた。

図 9.1　上から見た飛行中のタシットブルー機
（ノースロップ・グラマン社提供）

設計上、もう一つの大きな問題はレーダーを装備するための機内のスペースだった。キャッセンは胴体の両側に大きな出入口扉があるＵＨ－１ヘリコプターのように、四角い大きな空間を、操縦席のすぐ後方からエンジンの空気取入口のすぐ前方までの、胴体中央部に設けようと考えた。その空間内に装備したレーダーの送受信機とアンテナ、データーリンク用のアンテナをカバーする外板を外せば、チャインの上の胴体は左右に貫通している大きな空間だけになる。その箱型の空間を覆う外板は一五度内側に傾斜している。箱型の空間の下端が上端より大きくなっているのだ。その傾斜で、入射したレーダー波を地上の方向ではなく、上方に反射するようになっている。それに加えて、キャッセンはもう一つ、特徴的な設計を採用した。ＸＳＴ機の設計案のよ

図 9.2　横から見たタシット・ブルー機
（米空軍提供）

うに垂直尾翼を内側に傾けるのではなく、外側に傾いたV尾翼にしたのだ。これは自家用機として多く使用されている、小型機のビーチクラフト・ボナンザ機からヒントを得て考えたものだ。

ビーチクラフト機をお手本にした部分があるように、BSAXでは新しい考え方の設計を採用している部分が多いが、懐古主義的に見える設計の部分もある。まず、BSAX機は最近のスマートなブレンデッド・ウイングボディ機とはずいぶんと異なり、主翼、胴体、尾翼が明確に分かれた伝統的な形状をしている。第二には、主翼の翼型に、下面が平らなクラークYを使用している。この翼型は一九二〇年代にアメリカ人の航空機設計者のバージニウス・エバンス・クラークが考案した翼型で、リンドバーグの「スピリット・オブ・セントルイス」機に使用されているし、アメリア・イアハートが世界一周飛行で謎の失踪をした際の使用機のロッキード・エレクトラ機にも使用されている。キャッセンはレーダー反射断面積を低減するために、下面が平面の翼型を使いたいと思ったし、この機体は高速での機動性は必要が無く、低速での性能が良ければ十分なので、クラークＹが良かったのだ。古い翼型だが、下面が平面のクラークＹはこの機体にはピッタリだった。

もっと古めかしい手法として、この機体はたわみ翼方式を横方向の操縦に採用している。この方式は、七五年前にライト兄弟が（鳥はもっと遥か以前から）採用した横操縦方式と同じ方式だ。この方式は名前の通り、機体を傾けて旋回させるために、主翼の後縁をたわませて変形させる方式だ。この方式ではたわませるのに大きな力が必要なので、ほとんどの機体は主翼の後縁部に補助翼（エルロン）を付けて、それを動かして操縦する。しかし、機体を傾けるために補助翼を動かすと、その補助翼の角度が変化した事で、レーダー波の反射が大きくなる。ＢＳＡＸ機ではそれを避けるため、ノースロップ社の設計チームは、補助翼の内側の端は固定し、外側の端の後縁を上下に動かして補助翼を捩じって変形させる事で、横方向の操縦をする方式にした。それにより、補助翼を操舵した時も、レーダー波の反射はあまり大きくならない。

―――

一九七七年中頃には、ＢＳＡＸ機の全体の形状はほぼ決まった。胴体は角ばって太く、胴体の底部の外周を大きなチャインが取り巻いている。尾翼はＶ字形である。多くの点で、ほっそりとして主翼の後退角が大きいＸＳＴ機とは全く違った外形である。しかし、この時期のＢＳＡＸ機は、ＸＳＴ機に似ている点が一つだけあった。機体の前方部の、操縦席部分がチャインにつながる部分は、太い胴体によるレーダー波の反射対策として、平面を組み合わせた形状になっていた。しかし、この平面を組み合わせた形状により、機体のレーダー反射が強くなり、スパイクは六本から更に増えてしまった。レーダー反射試験場での試験では、いろいろ機首の形状を変更して試験したが、模型の機首部はレーダーの表示画面では、サンタクロースのトナカイの赤い鼻のように、明るく光っていた。

この平面を組み合わせた形状の機首のレーダー波の反射が大きい事から、三つの結果が生じた。一つ目として、ＤＡＲＰＡのパーコはノースロップ社が問題を解決できないのに我慢ができなくなり、内密にロッキード社にＢＳＡＸの設計を考えるように持ち掛けた。二つ目としては、パーコはノースロップ社に開発チームを改編して、もっと強力に対策を進めるように迫った。その結果、一九七七年七月に、ノースロップ社はアーブ・ワーランドを総括責任者に任命し、キャッセンを主任技術者に降格した。キャッセンは、降格はもちろん面白くなかったが、「こうした仕事では、良い総括責任者は首になるものだ」と言って、降格を受け入れた。一方、ワーランドはもっと短く「ひどい事になったものだ」とコメントした。

三つ目としては、この機首の外形を平面の組合せにした事で、レーダー波の反射が大きくなった事への対策から、ステルス機とディズニーランドの間に、また新しい接点が生じ、ノースロップ社の曲面を重視する考え方の復活につながった。機首部の形状に対する新しい発想は、フレッド・オーシロがもたらした。彼は前にも出てきたが、一九六〇年代のノースロップ社のレーダーグループの最初のメンバーの一人である。彼は日系アメリカ人で、第二次大戦中はまだ少年だったが、家族と共に日系人収容所に入れられた。この経験から、彼がノースロップ社に入社して、保全適格証を取得するために調査を受けた際などには、保全管理の調査の対象になる事に内心では不快感を持っていたかもしれない。

オーシロがインスピレーションを得たのは、ノースロップ社が、従業員とその家族をディズニーランドに招待する催しを行った時である。彼の子供達がマッターホルンやティーカップ（ロッキード社で彼と同じ仕事をしているリチャード・シェラーが以前に設計した遊具）で遊んでいる間、オーシロはベンチに座ってＢＳＡＸ

機の機首の問題を考えていた。彼は模型用の粘土をポケットに入れて持ち歩く習慣があった。ベンチに座って、彼は粘土をポケットから出し、それをこねていろいろな形にして見た。子供の遊びを見ていて発想が浮かんだのだろう。翌朝、彼は会社に来ると、成形した粘土の塊を作業机の上に置いて、「機体の模型をこんな形にしてくれ」と言った。オーシロは粘土で、複雑な二重曲面を使用した機首部の形を作って、それを持って来たのだ。機首部を平面で構成する代わりに、曲面を使用したらどうかと考えたのだ。模型の機首部をオーシロが提案した曲面を用いた形にし、レーダー反射試験場で試験した所、何と機首部からのレーダー波の強い反射は無くなったのだ。

粘土を使って考えたのはオーシロだけではない。ノースロップ社のレーダー反射断面積研究グループの一員で、オーシロの同僚のケネス・ミッツナーもそうだった。ミッツナーは電気技術者で、グループでは電磁波理論を担当していて、彼も粘土を使用して対策を検討していた（彼は粘土で動物の小さな模型を作って、それを周囲にプレゼントしていた）。キャッセンも設計の補助に粘土を利用していた。彼らは粘土を利用するやり方を「現象学的方法」と呼んでいた。レーダー波の振舞を、理論的な方程式やコンピューターによる解析に頼らず、物理学者としての直感を利用して、頭の中でイメージして理解しようとしていたのだ。ノースロップ社のレーダー反射解析用のソフトは二次元の問題しか扱えなかった。粘土を使えば三次元的に反射の状況をイメージできる。キャッセンはそれを「レーダー波を見る」と言っているが、頭の中で、機体に当たって跳ね返るレーダー波でサーフィンしている様にイメージ出来る時もあったと言っている。

これはノースロップ社の設計チームが、コンピューター解析を軽視したり、直感と推測だけに頼ったりしていたと言う事ではない。ミッツナーとオーシロは、以前にオハイオ州立大学のレーダー反射に関する夏季講習会に参加した事があるが、二人とも電磁波の回折現象の理論を数学的に深く理解していた。ミッツナー

図 9.3 正面から見たタシット・ブルー機。操縦席回りのオーシロの考えた曲面と、上が外に開いた尾翼に注目されたい。

（ノースロップ・グラマン社提供）

は「僕はこの計算で何週間も、演算子はコンパクトかそうでないか悩んだ事がある。だから僕のアイデアは簡単に思いついた物だと思って欲しくない」と言っている。こうした物理学的直観を利用する方法は、ロッキード社のコンピューター解析を重視する方法と対称的で、そうした違いから、ノースロップ社が曲面を重視し、ロッキード社が平面を使用した違いが理解できるかもしれない。

ＢＳＡＸ機では他の箇所にも曲面が使用された。キャッセンはＢＳＡＸ機の胴体下面を平らな形状にしていた。しかしワーランドが総括責任者になると、彼はこのままではＢＳＡＸ機はうまく飛べない事にすぐ気づいた。ワーランドはもともと空力技術者だったので、下面を平らにすると、機体は機首を上げる傾向が強くなり、うまく飛べないと指摘した。キャッセンはミッツナーに、胴体下面を曲面にしてもレーダー反射断面積を大きくしないためには、どのような曲面にすべきか検討するように指示した。ミッツナーはいろいろ数学的に検討した結果、ドイツ人の数学者、カール・フリードリッヒ・ガウスにちなんだガウス曲率を持つ曲面にたどり着いた。ガウス曲率の一番有名な例は、ガウス分布の釣り鐘型の曲線である。ガウス曲率を使用した機体下面の形状は、「ケネス・ミッツナーのガウス型底面」と呼ばれるようになったが、冷戦中なのでふざけて「KGB（ソ連の諜報機関のKGBと、Ken's Gaussian Bottomの頭文字を取ったKGBとを掛けている）」とも呼ばれていた。

BSAX機には、ノースロップ社の以前からの曲面への好みが、全面的に表れている。胴体下面をKGBにしたのに加えて、機首にはオーシロの曲面が採用され、後部胴体はエンジン排気口に向けて下向きに緩やかな曲線を描き、排気口両脇の尾翼は先端部が優雅な曲線を描いて外側に開いていた。

ノースロップ社はXST機では曲面を使用したが、それが競争では弱点になったかもしれない。ノースロップ社の設計チームでは、ロッキード社ほどにはレーダー技術者の立場が強くなく、空力技術者の方が強かったが、その空力技術者は曲面を好んでいた。また、ノースロップ社がフライバイワイヤ技術に着目したのはロッキード社より遅かったので、そのため空力的に安定性を確保しようとして、曲面が使用された。XST機では曲面の使用がノースロップ社の弱点をもたらしたが、今回のBSAX機では曲面の使用が効果を発揮した。結果的に、XST機の競争で、DARPAの競争者間の情報交換をさせなかった方針は、有益な結果をもたらした。ロッキード社とノースロップ社の設計の良い所を一つの機体に集めるようにしなかった事で、長期的にみれば両社の設計の良い点だけでなく、良くなかった点も後で役立つ事になった。

一九七七年一二月にノースロップ社がDARPAにBSAX機の設計案を提出すると、DARPAはノースロップ社のやる気を高めるために、ロッキード社と競争させようとした。ノースロップ社はここで大胆な賭けに出た。DARPAに、競争させるなら開発契約を辞退すると宣言したのだ。受注を前提に作業を進めて来たので、政府側がロッキード社に開発させるかもしれないと言って来た事に、抗議の意を表すためだった。ノースロップ社は、政府はロッキード社にステルス機の分野を独占させたくないだろうと読んでいた。そこでノースロップ社は「仕事をくれないなら、我々は降りる」と言ったのだ。そうなれば、ノースロップ社はステルス機の分野から撤退してしまい、ロッキード社だけが残るので、政府は将来のステルス機開発で、ロッキード社に対して弱い立場になる。賭けは成功した。DARPAは競争させる事を止め、一九七八年四月にタシット・ブルー機の開発を、随意契約によりノースロップ社に発注した。この契約はその後の経過から見ると、非常に大きな意味を持っていた。この契約によりノースロップ社はステルス機の開発に参入する機会を得たし、他の機体も含めて空軍との関係を強化できた。

しかし、DARPAがタシット・ブルー機の開発からロッキード社を外す前に、ロッキード社はステルス機の開発について大きな貢献をした。ロッキード社のシェラーは脳卒中で入院したが、退院して仕事に戻ると、古いスパイ機のU‐2偵察機の後継機として、ステルス性の高い機体の検討を始めた。かなり前の事だが、彼は海軍の哨戒機について、航続距離を長くできるので全翼機を検討した事があった。また、ロッキード社でハブ・ブルー機の検討作業をした事で、ステルス機では平面形に平行線を使用する事が重要な事を知った。つまり、平面形で前縁や後縁などのエッジになる部分の角度を同じ角度にそろえると、直線的なエッ

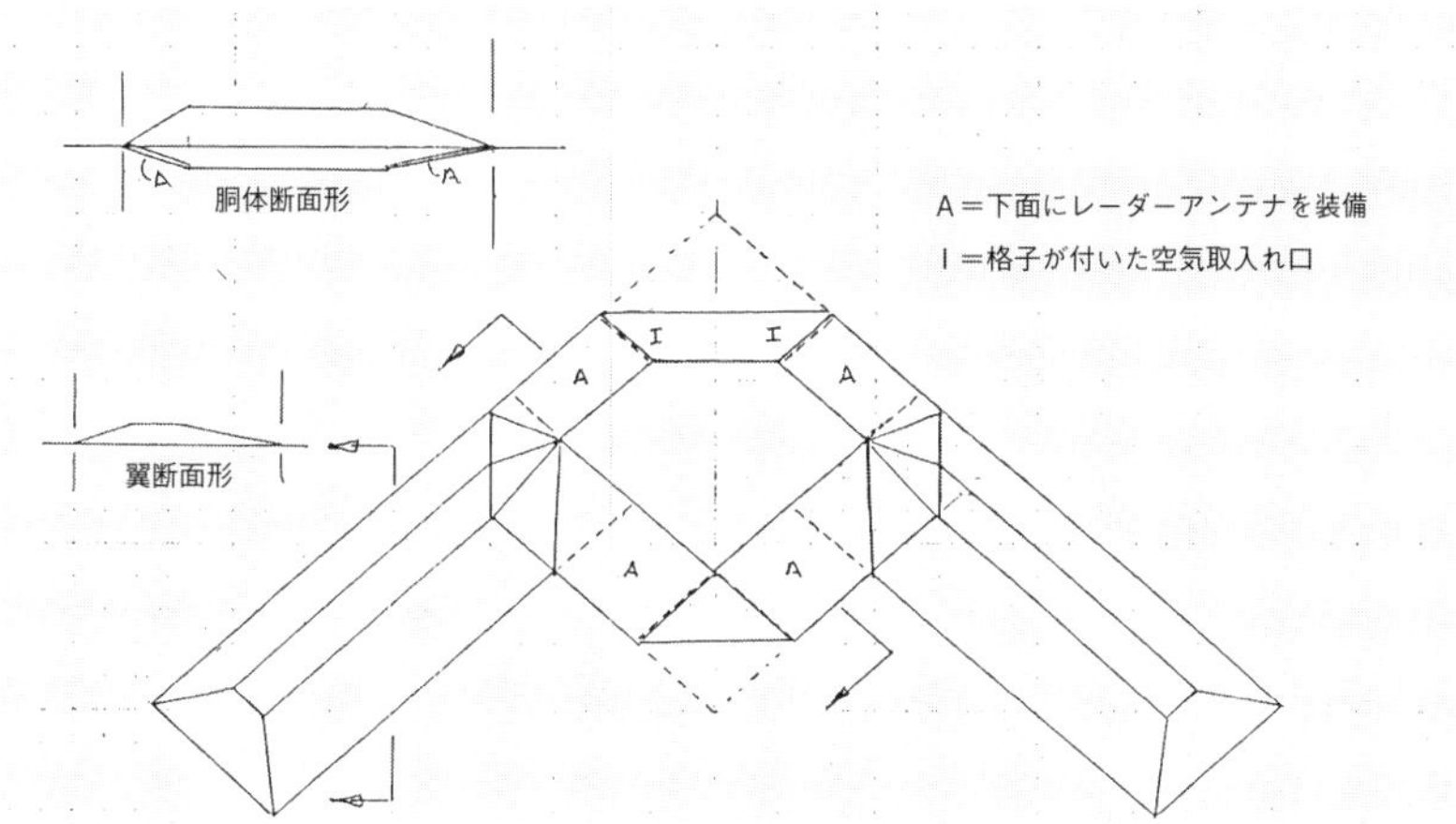

図 9.4　ロッキード社のＢＳＡＸ機案のスケッチ。全翼機で平面を組み合わせた外形。（リチャード・シェラー提供）

ジはレーダー波の反射でスパイクを生じるが、平行なエッジからのスパイクは同じ方向に放射されるので、スパイクの数としては同じと見なせるが、それが重要な事を知ったのだ。全翼機は胴体も尾翼も無いので、スパイクの数を最小限に抑える事が出来る。Ｕ‐２偵察機の後継機（これも長距離性能が必要）の検討結果と、ステルス性の確保を合わせて考えると、全翼機が良いとの結論になるのは自然だった。シェラーは全翼機の構想図を描いてみたが、その構想ではスパイクは四本だった。ノースロップ社のＢＳＡＸ機の六本より二本少ない。

ＤＡＲＰＡのステルス機担当のパーコが、ノースロップ社のＢＳＡＸ機の設計が難航しているので、ロッキード社に声を掛けると、シェラーはパーコにその全翼機の構想図を見せた。パーコはすぐにその設計案をＢＳＡＸ機に適用したらと提案した。シェラーと数人の技術者が、全翼機の構想をＢＳＡＸ機に適用する事を検討した。まず、機首の尖った部分はやめる事にした。ＢＳＡＸ機では、前方へのスパイクが生じたとしても、横方向へのスパイクが弱ければそれで良いからだ。しかし、シェラーの設計案では問題が一つあった。ロッキード社のレーダー反射解析用ソフトのＥＣＨＯプログラムは、平面しか扱えない。そのため、ロッキード社が計算できるのは、平面を組み合わせた外形の機体のレーダー反射特性だけなので、シェラーの全翼機も平面を組み合わせた形だった。シェラーには平面を組み合わせた外形では空力的に不利な事が分かっていた。また、曲面は空力的に良いだけでなく、レーダー反射特性も良いかもしれないと思っていた。そこで彼は、自分の全翼機案について、曲面を使用した翼にして、レーダー反射試験と風洞試験を行ないたいとパーコに提案した。しかし、パーコはロッキード社の上層部にちょっと考えてみてくれと声を掛けただけだった。彼は設計作業用の費用は出さず、単にＢＳＡＸ機でロッキード社を競争に参加させるかもしれないと言っただけだった。ロッキード社は、自社の負担で試験をする事を断った。そのため、ロッキード社の全翼機案は平面を組み合わせた、空力的に不利な外形のままだった。ＢＳＡＸ機の任務では、高空を長時間飛行する事が必要なので、揚抗比[訳注1]の低いロッキード社案は採用される見込みはなかった。

ＤＡＲＰＡはノースロップ社の要求を受け入れて、ロッキード社をＢＳＡＸ機計画に参加させない事にしたので、この件は表面から消えた。しかし、ステルス性を持つ全翼機の可能性は関係者の記憶に残って、次の機会を待つ事になった。ＤＡＲＰＡでパーコの上司であるブルース・ジェームズ部長は、全翼機のアイデアに特に魅力を感じていた。一九七八年一月初めに、ジェームズ部長はノースロップ社のワーランドをワシントンに呼んで、ＢＳＡＸ機の設計についての話し合いをした。ジェームズはワーランドを機密文書保管庫へ連れて行き、そこでＢＳＡＸ機のレーダー反射断面積の新しい目標値を教えた。その値は、現在のＢＳＡＸ機案の推定値より低い値だった。ジェームズは、新しい目標値を達成できる設計案を三か月以内に提出するようにワーランドに要求した。

ワーランドがホーソン工場へ戻ってキャッセンと相談すると、要求されたレーダー反射断面積を達成できるのは、スパイクが四本の機体しかないとの結論にすぐに達した。つまり全翼機と言う事だ。二人とも、ロッキード社が全翼機を提案していて、ＤＡＲＰＡはノースロップ社にその方向で検討させようとしていると推測した。結局、彼らはＤＡＲＰＡの打診を、この機体の任務を果たすためには、全翼機は形状的に適さないとして断る事にした。ＢＳＡＸ機は側方を観測する大型のレーダーを搭載する必要がある。大型のレーダーアンテナを、機体の厚みが小さい全翼機に搭載する事は難しく、その上、全翼機で横方向をレーダーで観測する事は難しい。そもそも全翼機は、機体全体が後退角を持つ翼なので、側面と言えるほどの横向きの面がないのだ（シェラーの全翼機の案では、レーダーを左右にそれぞれ二台搭載し、斜め前と斜め後ろを観測するようになっていた）。ノースロップ社はＤＡＲＰＡに、全翼機にするとレーダーの性能が犠牲になると伝えた。レーダーによる監視能力は、ＢＳＡＸ機の任務上で最も重要な能力である。ＤＡＲＰＡはこれまで通りの、胴体、主翼、尾翼が独立した案で続ける事に同意した。しかし、ノースロップ社は全翼機案を断る前に、模型でレーダー反射特性を試験し、全翼機のレーダー反射断面積が小さい事に驚かされた。もともとの機体の形態で設計を進める事にしたが、この試験の結果は彼らの脳裏にしっかりと刻みつけられた。

ノースロップ社は創立者のジャック・ノースロップが全翼機に熱心だった事から、一般的には全翼機のメーカーとのイメージが強い。しかし、ノースロップ社のＢＳＡＸ機の設計案は、ブレンデッド・ウイングボディ機だったＸＳＴ機の設計案とは異なり、在来型の、胴体、主翼、尾翼が独立した形だった。実際には、ＢＳＡＸ機用にステルス機としての全翼機を初めて提案したのはロッキード社だった。ＤＡＲＰＡはそれを見て、ノースロップ社に全翼機を検討させようとした。間接的ではあるがロッキード社のアイデアを伝えたので、ＤＡＲＰＡは二つの会社の設計チームが互いのアイデアを交換しないように、設計チーム間の交流をさせない方針に反した事になる。しかし、ＤＡＲＰＡの両社を競争させる方針は、後に良い結果を生む事になった。

XST機の設計提案活動が、飛行実証機のハブ・ブルー機の製造につながった様に、BSAX機の設計作業も、一九七八年四月のタシット・ブルー機の飛行実証機の試作製造契約につながった。それまでの総括責任者のワーランドは、先進的な機体の計画を専門とする技術者だったが、タシット・ブルー機では実際に機体を製造するので、ノースロップ社は総括責任者をスティーブン・スミスに変更した。スミスにしたのには、別の理由もあったかもしれない。先進的航空機計画部門の部門長のジョン・パティエルノは、パイプでタバコを吸う穏やかな人物だが、部下のキャッセンとワーランドがいつも口論をするので、その仲裁にへきえきしていた。彼は自分の部屋で二人が口論を繰り返して相手を非難する時に、その仲裁をしてくれる別の人間が必要だと思って、スミスを選んだのかもしれない。

スミスはスタンフォード大学で工学の学士号と修士号を得た後、ノースロップ社に入社し、管理職に昇進していた。彼はT‐38練習機の海外販売に携わった（T‐38型機は自動車で言えばフォルクスワーゲンの「ビートル」の様に、非常に良く売れた機体で、スミスはその機体の西ドイツへの販売を担当した。つまり、西ドイツは低速のビートルを米国に販売し、米国はドイツに超音速のビートルを販売した訳だ）。その後、スミスはF‐5戦闘機の総括責任者になった。一九七〇年代の三年間、スミスはイランに駐在して、イラン空軍のF‐5戦闘機の飛行訓練と整備作業の支援を行った。タシット・ブルー機を担当するため、一九七八年の初めに彼は米国へ帰国したが、間もなくイラン革命が起きて、米国人は歓迎されざる存在になったので、これは良いタイミングだった（ロッキード社もイランに販売したP‐3哨戒機のために、数百人の社員をイランに送り込んでいて、その人達はスミスより危険な状況になりそうだった。ロッキード社はイランの王政が覆る直前に、チャーター機で全員を国外に脱出させた）。

ノースロップ社は初めてステルス機の製作を受注したが、ロッキード社と同じ問題に直面する事となった。実際に飛行する機体を作らねばならないのだ。ロッキード社は、機体外面を平面で正確に作り上げるのに苦労したが、タシット・ブルー機では曲面を正確に作るのに、平面とは別の難しさがあった。胴体は、横には り出したチャインが胴体側面の平面の部分に滑らかにつながり、そこから胴体上面の平面の部分に滑らかにつながるので、胴体の側面は複雑なＳ字形の曲面になっている。一方、オーシロが考えた機首部は、平面形と側面形のどちらで見ても曲面、つまり二重曲面を使用した形になっている（円筒や円錐は単曲面で、球やドームは二重曲面である。一枚の紙を丸めれば円筒形に出来るが、半球形や球形は紙を切るか折らないとできない）。飛行機の製作では、これまでも旅客機の機首部分のように二重曲面の部分を作って来ているが、今回、ノースロップ社はこれまでにない高い精度で、機体の二重曲面の部分を製作する必要があった。

設計者が考えた美しい曲面の機体の外形形状を二次元で表現している紙の図面から、三次元の実際の機体にする過程には、現図と呼ばれる高度な技術を必要とする工程が必要である。現図は、図面から現実の機体部品を作る上で重要な役割を果たすが、あまり注目されない工程である。「現図」と言う用語は、造船業界から来た用語で、自動車業界でも使用されている。機体の外形形状は三方向から見た図で表現される。平面図（上から見た形）、側面図（横から見た形）、正面図（前から見た形）である。こうした三種類の図面から、現図作成者は指定された間隔または位置（ステーションと呼ぶ）における、胴体や主翼の断面形を実物大で正確に描く。断面形を描く時には、現図作成者は引きたいと思う曲線に合わせて、曲げやすい細いプラスチック板（木の板の事もある：バッテンとかしない定規と呼ばれる事がある）を「くじら」と呼ばれる魚の形をした鉛を皮で覆った重い文鎮（金魚と呼ばれる事もある）で動かないように押さえる。造船用語を借用して、水平な面で切った断面の位置をウォーターライン、正面から見て垂直方向に切った断面の位置をバトックライン、横から見て機軸に直角に切った断面の位置をステーションと呼び、適当な間隔で各位置における断面図を作成する（現図は線図と呼ばれる事もある）。ステーション一〇〇〇（機首方向の基準点から一〇〇〇ミリの位置）などの、機体の指定された位置の、機体の外表面に接する部品を作る場合、現図を利用して、その位置における外表面の形状に正確に合わせた実物大の型板を作る。断面図の間の形状については、数式を設定して内挿により形を決める。

ワーランドは「良い現図職人は二次元の図面を見て、三次元的な形が分かる」と言っている。現図作成工が製造現場に渡す現図は正確である必要がある。問題はノースロップ社の現図職場が、第二次大戦当時の方法で作業していた事だった。まだ要求される精度が低く、機体の形も単純だった時の作業方法のままだった。現図作成工は、いつもの楕円とか放物線のような円錐曲線とは異なる、ガウス曲線には苦労した。ワーランドはこの件について、「ＲＣＳ（レーダー反射断面積）の担当者は現図工に『ガウス曲線にしてくれ』といつも言うんだ。しかし、機体の外形形状を担当する技術者は『現図職場の連中はガウス曲線にしたと思っているが、実際には円錐曲線になっていた』と言っていた」と、笑って話している。ＲＣＳ担当者は当然、それでは困る。ミッツナーは現図職場に正しく作図するようにとのメモを送り続け、キャッセンは部下の数学者のヒュー・ヒースに、現図の出来を確認させる事にした。ヒースの仕事は、出来上がった現図が、ＲＣＳ担当者の希望する形状に本当になっているかを確認する事だった。つまり、図面でガウス曲線と指定されている部分は、現図も、そこから製作される部品や機体もガウス曲線通りの形状になっていなければならないのだ。

タシット・ブルー機は、レーダー探知防止対策としては、主として機体形状で対応する事にしていたが、開発作業を始めて何か月か経過して、機体の製作を開始する直前に、レーダー波吸収材（ＲＡＭ）も使用する事になった。これは、国防総省がノースロップ社に突然、持ち出した要求に対処するためだった。一九七〇年代になって、ソ連を攻撃する手段として、爆弾を目的地に直接的に投下するのではなく、巡航ミサイルで離れた場所から攻撃する事になったので、米国の戦略上で巡航ミサイルの重要性が大きくなった。米空軍が、巡航ミサイルがソ連のレーダーにより探知されないか試験を始めると、トールキング・レーダーのような、低周波の電波を用いる長距離早期警戒レーダーは、巡航ミサイルを簡単に探知してしまう事を発見した。ルー・アレン空軍参謀総長は、低周波のレーダーに対しても、タシット・ブルー機は対策を講じるように命じた。設計チームは、機体の形状を変更するより、機体をとりまくチャインの全てのエッジにＲＡＭを使用する事にした。構造設計を変更しなくて良いように、ＲＡＭの部分は空気力だけを負担し、構造的な荷重は負担させない事にした（つまり、エッジに作用する風圧には耐えるが、エッジ以外の部分からの荷重は分担しない）。しかし、この変更は機体製作上でいろいろ問題を引き起こしたので、機体の完成は約一年遅れた。

ロッキード社のスカンクワークスと同様に、ノースロップ社も設計部門と製造部門を密接に連携させて仕事を進めていた。タシット・ブルー機では、設計部門と製造部門は、どちらもノースロップ社ホーソン工場内の建物番号３６０の建物に入っていた。製造現場は一階で、設計事務所は二階だった。そのため、同じ部位を担当する設計技術者と生産技術者は、階段を一階分上下するだけで、簡単に会って話し合う事ができた。

新型機が完成すると、通常の機体では、初飛行の前にお披露目のためにロールアウトの式典が行われ、機体は格納庫から初めて外に引き出される。タシット・ブルー機は極秘（トップシークレット）になっている機体なので、ロールアウトの形で式典が出来ず、ロールインの形で行われた。軍と民の関係者が格納庫に集まった。そこには空軍のタシット・ブルー機開発担当者のジャック・ツィッグ少佐もいた。ツィッグ少佐はノースロップ社を訪問する時は、極秘の機体を担当しているので、目立たないように軍の制服は着ないようにしていた。しかし、このロールインの式典の時は、トイレで平服から軍服に着替えて式典の舞台上に出た。ノースロップ社のタシット・ブルー機総括責任者のスティーブン・スミスは、「皆が制服姿のツィッグ少佐を見たのはこの時が初めてだった。半分くらいの人間は、彼が空軍の将校である事さえ知らなかった。彼の制服姿は衝撃的だった。皆は唖然とするばかりだった」と回想している。一方、会社の現場の機体製作担当者達は、スミスに野球のバットをプレゼントしたが、そのバットには「スミスの日程管理用の棍棒。注意：日程は厳守の事」と表示されていた。

式典が終わると、機体は初飛行のために砂漠の飛行場へ輸送された。

ノースロップ社の技術者が、エリア51の格納庫からタシット・ブルー機を引き出すと、ロッキード社の技術者達はその奇妙な姿を見て驚いた。ある技術者は「その箱のような機体の中には何が入っているんだい?」と質問した。タシット・ブルー機はバスタブをひっくり返した形に似ている。全体的には不格好で、機首は太いが、V字形の尾翼の先端部はきれいな曲線で外向きに拡がっていて、くじらの尾ひれに似ているので、「ホエール（クジラ）」と呼ばれるようになった。ノースロップ社の担当者達は、スカンクワークスのスカンクのロゴを真似て、機体にクジラのロゴを付けて喜んでいた。

タシット・ブルー機は外観が奇妙なだけではない。検討してみると飛行特性もおかしそうだった。ヨー方向に不安定で、機首が左右どちらかに振れると、そのままどこまでも機首が振れて行ってしまいそうになる。

ピッチ方向にも不安定である。水平姿勢から六度以上機首を上げると、機体はそのまま機首を上げてひっくり返る。そのため、機体には「ＨＵＭ」つまり「ひどく不安定な機体（Highly Unstable Mother）」と呼ばれる事もあった。

タシット・ブルー機をまともに飛ばせるようにするために、ノースロップ社の技術者は、ＸＳＴ機で飛行制御系統をフライバイワイヤ方式にしなかった失敗を教訓にして、飛行制御系統を設計する事にした。その結果、タシット・ブルー機の飛行制御系統は全面的にフライバイワイヤ方式が採用された。ロッキード社のロバート・ロシュクの役割を、ノースロップ社ではルディ・シーマンスが果たした。ロシュクがハブ・ブルー機で行ったように、シーマンスはタシット・ブルー機のテストパイロット達と、シミュレーターでフライバイワイヤ系統のソフトウェアを調整しては、様々な状況でパイロットの反応を調査する試験を何度も繰り返した。例えば、パイロットが機体を着陸させる寸前に、急に横から三メートル／秒の突風を受ける状況を試験したりした。

飛行試験の準備作業中の現場では、ハブ・ブルー機の時と同様に、間に合わせの応急処置作業が続いていた。地上試験を始めると、胴体上面のエンジン空気取入口で問題が見つかった。横風を受けると、十分な空気を取り入れる事が出来ず、エンジンの圧縮機が失速を起こすのだ。空気取入口はアルミニウムの骨組みの上にＦＲＰ製のカバーを付けた構造になっていた。そこで、現場にいた技術者は、のこぎりで空気取入口の先端部分を切り落とし、そこに樹脂を含侵させたガラス繊維の布を適当と思われる形に貼って硬化させ、形状を変更した。とても先端技術を適用した機体に対する処置とは思えない。また、費用を節約するために、操縦席への出入り口のドアの枠には、レーダー波が反射しないように特別な材質のシールを付けるべきだが、アルミニウムを用いた導電性の粘着テープで代用した。パイロットが機体に乗り込んだら、外から整備員がテープを貼るのだ。

初飛行を担当するテストパイロットには、総括責任者のスティーブン・スミスが一九七八年にこの機体の開発チームの一員に選んだリチャード・トーマスが指名された。トーマスは、大学の工学部を卒業した元空軍パイロットで、一九六三年にノースロップ社に入社する前に米海軍のテストパイロット学校を卒業している。髪をオールバックにし、細い口ひげを生やしたトーマスは、昔の映画スターのエロール・フリンを思わせるさっそうとしたパイロットだが、彼も危険な状況を経験している。一九六五年一一月、エドワーズ基地からF‐5戦闘機で飛び立ったトーマスは、エルロンが操作不能になり、シエラネバダ山脈上空で緊急脱出をしたが、キャノピーに頭が当たり、意識を失った。機体はきりもみ状態で落ちて行き、オーエンズ・バレーに墜落した。トーマスはホイットニー山中腹の岩だらけの場所に着地した。意識を取り戻したトーマスは、救急キットの発煙筒に点火して、上空から彼を捜索している救難機に合図して救出してもらった。その後の一〇年間で、彼はF‐5戦闘機で一〇〇回以上のきりもみ試験を行なったが、ひどく不安定なきりもみに入った事もあった。きりもみ試験では、高度一万五〇〇〇メートルで意図的にきりもみに入れ、回復操作を行って回復特性を試験する事になっていた。三〇〇〇メートル落下するまでに回復できなければ、高度七五〇〇メートルで機体に装備されたきりもみ停止用パラシュートを開き、きりもみを停止させる。それでもこうした試験は終わるまで安心ができない、長く感じる試験だった。

こんな経験を積んできたので、トーマスは危険な飛行には慣れていた。それでもタシット・ブルー機の初飛行には不安を感じていた。初飛行は一九八二年二月五日に行う事になった。その前夜、キャッセンは基地のバーの「サムズ・プレイス」に行った。彼の記憶によると、トーマスはそのバーでビールを飲んでいた。

「トーマス、もう遅い時間だよ。君は明日、夜が明けたらすぐに飛ぶんだろう」とキャッセンは彼に言った。

トーマスは「眠れないんだよ」と答えた。フライトシミュレーターで試験を繰り返してきたので、トーマスはタシット・ブルー機の飛行安定性が悪い事を良く知っていた。キャッセンは隣の体育室でバスケットボールをして遊ぼうと提案した。二人は着かえて、一対一でバスケットボールをして遊び、その後、トーマスは部屋へ戻り眠った。

初飛行では、この機体は問題なく飛べると言える結果にはならなかった。離陸を始めると同時に、地上へのデーター通信中継装置のヒューズが飛んだので、飛行試験技術者は飛行状況のデーターをモニターする事ができなくなった。飛行管制室はトーマスに離陸中止を命じたが、機体はすでに地面から浮き上がっていて、そのまま着陸するには滑走路の長さが不足していた。トーマスと飛行制御コンピューターの双方が機体を安定して飛行させようとしたが、その操作のタイミングがずれていたので、機体は短い周期で機首の上下を繰り返し始めた。トーマスが自分で操縦するのを止めて、コンピューターに機体の制御を任せると、機体は安定して水平飛行を始めた。トーマスは二〇分間飛行を行った。その後、トーマスはタシット・ブルー機の合計一三五回の試験飛行の内、半分以上の飛行を行った。タシット・ブルー機を操縦したもう一人のパイロットは、ハブ・ブルー機から非常脱出した時の負傷から回復したケン・ダイソンだった（ダイソンは空軍側のパイロットとして試験飛行を担当）。ダイソンはハブ・ブルー機とタシット・ブルー機の双方を操縦した唯一のパイロットである。

飛行試験の結果は良かったが、空軍はタシット・ブルー機のそれ以上の開発を中止した。ノースロップ社は一機を完成させただけで、それ以後の機体の発注は無かった。Ｆ‐１１７戦闘機につながったハブ・ブルー機と異なり、タシット・ブルー機は一機だけで終わった。なぜ空軍が開発を中止したかは発表されていない。ＤＡＲＰＡのアイデアで作られた機体だったので、空軍から見れば「俺たちが考えた機体ではない」からかも知れない。又、同じ任務に、空軍はE‐8ジョイントスターズ機[訳注2]の方が良いと思ったからかもしれない。ジョイントスターズ機は同様な機能、性能のレーダーを装備し、ステルス性は無いので護衛用の戦闘機が必要な機体だった。もしかしたら、空軍が単純に「ホエール」の外観が気に入らなかったからかもしれない。一機だけ作られたタシット・ブルー機は、一〇年以上も秘密裡に保管され続け、そのまま忘れ去られて行くかに思われた。

タシット・ブルー機の設計者達は、不採用になった事を嘆く暇はなかった。タシット・ブルー機の開発中止が決まるずっと前、まだ初飛行も行なわれていない時に、次のもっと重要なステルス機の開発が始まろうとしていた。タシット・ブルー機の開発で、技術者達はその開発に必要とされる貴重な技術的経験を得る事が出来たのだ。

第10章　B‐2爆撃機を巡る平面対曲面の争い

一九七〇年代の後半、ロッキード社はF‐117型機の量産契約を獲得しようと努力中であり、ノースロップ社はタシット・ブルー機の設計をしている最中で、どちらの機体も初飛行はまだかなり先だったが、空軍は三機目のステルス機を開発し、その開発担当会社は競争で決めたいと考え始めていた。今回の機体は、ソ連の防空網を突破して核攻撃を加えるための、ステルス戦略爆撃機である。XST機の場合と同様に、競争に勝利した側が全てを得る方式が予定されていたが、この機体の事業規模は、これまでのステルス機よりはるかに大きい。ロッキード社もノースロップ社も、この競争にはぜひ勝ちたいと思った。

米国が、ステルス爆撃機が必要だと考えた戦略上の理由は、米国の核戦力に脆弱性があるのではないかと考えたからである。米国の核戦争抑止戦略は、核戦力を戦略爆撃機、陸上発射型の大陸間弾道弾（ICBM）、潜水艦発射弾道弾（SLBM）の三種類の核戦力（Nuclear Triad：核の三本柱）で構成する事だった。米国の軍事戦略立案担当者は、ソ連は三本柱のうち、一本か二本（例えば爆撃機とICBM）は無力化できたとして

も、三本全てを同時に無力化する事はできないと考えていた。従って、ソ連の攻撃を受けても、米国には相手に破滅的な報復攻撃を加える能力が残るので、ソ連は核攻撃を自制するであろうと考えていた。

一九七〇年代中頃になると、少数ではあるが戦略立案担当者の一部は、三本柱のそれぞれに弱点が生じているのではないかと思い始めた。ソ連の戦略ミサイルは精度と威力を増しつつあり、強化したサイロに収納されているミニットマンＩＣＢＭを破壊できるのではないかと懸念された。それに対抗すべく、一九七〇年代初めから、米国はミニットマンＩＣＢＭより大型で命中精度が高く、生存性も優れた新しいＩＣＢＭであるＭＸミサイルの開発に着手した。しかし、ＭＸミサイルの配備方法を巡って論争が生じた。より強化したサイロから発射するのが良いのか、それとも移動発射台や鉄道車両から発射する方が良いかが決まらず、他の問題もあったので、ＭＸミサイルの配備は一九八〇年代に入っても、かなりの期間が経過しないと始まらない見込みとなった。

潜水艦発射弾道弾についても、脆弱性が生じる可能性が懸念された。米国の科学者や技術者は、ブルーグリーン・レーザーや合成開口レーダーによって、水中深くまで観測できる新しい方法を研究していた。そうした方法が実用化されれば、海中の潜水艦を発見したり、潜水艦が残す水中の航跡とも言える内部波を検出したりする事が可能になるかもしれない。米国の軍事戦略立案担当者は、ソ連海軍のセルゲイ・ゴルシコフ提督が予告したように、ソ連が海中を見通せて米国の潜水艦の位置を知る事ができる、革新的な探知手段を発見する可能性を懸念するようになった。

核戦力の三本柱の一つである爆撃機も、ソ連の防空能力の向上に伴い、問題を感じるようになった。ソ連の強力なレーダー網に探知されれば、老朽化しつつあるＢ‐52爆撃機が防空網を突破して攻撃を成功させる可能性はほとんどなさそうだった。Ｂ‐52爆撃機は二五年前の設計で、そのレーダー反射断面積は一〇〇平方メートル程度と大きい。空軍は三本柱の一本である爆撃機をあきらめたくなかった。その理由は、航空機はミサイルと違ってパイロットを必要とするからだけではない。戦略ミサイルは、それが中西部の平原の地下のサイロからであろうと、大西洋を航行する潜水艦からであろうと、一度発射してしまうと、その核弾頭が目標に命中して破壊するのを止める方法は無い。ミサイルは「発射したらそれで終わり」なのだ。それに対して爆撃機は、目標に向かう途中でも、呼び戻す事ができる。これにより、偶発的な核攻撃を防止する上で、僅かかもしれないが、少しは安心感が得られる。この理由だけでも、爆撃機を核戦力の三本柱の一本にする価値がある。

問題は爆撃機の有効性をどう維持するかだ。一つの方法としては、低空を高速で飛行してレーダー網をかいくぐる事で、敵の防空網を突破する方法が考えられる。B‐1爆撃機はその方法を採用して、コンピューターと地形追従用レーダーを用いる超低高度飛行用の航法装置を搭載して、超低空を音速に近い速度で飛行する計画だった。もう一つの方法としては、ソ連の防空網を突破するのではなく、ソ連の防空ミサイルの射程外からB‐52で巡航ミサイルを発射する事が考えられた。一九七〇年代中期には、空軍は新しい空中発射型の巡航ミサイルの試験を始めた。この巡航ミサイルは、新型の地形追従飛行用の航法装置と、超小型のジェットエンジンを搭載し、地上から三〇メートルの高度で、一六〇〇キロメートル（一〇〇〇マイル）以上を飛行できる。

一九七七年六月、カーター大統領は激しい議論の末に、B‐1爆撃機の調達をキャンセルした。表向きにはB‐52爆撃機から巡航ミサイルを発射して攻撃する方が、ソ連の防空網を突破しやすく、費用も安く済むからとされた。しかし、その裏には、ソ連の防空網を突破する新しい方法として、ステルス機の存在が意識されていたからかもしれない。カーター政権で新しく任命された、ブラウン国防長官とペリー国防次官を始めとする国家安全保障チームは、ステルス機の開発を支持していたので、Ｂ‐１爆撃機のキャンセルにはステルス機が影響したと考える人もいる。しかし、ハブ・ブルー機の初飛行はまだ六か月後であり、ステルス機の将来性は、Ｂ‐１爆撃機のような重要な機体をキャンセルするにはまだあまりにも不確実だった。そのため、ブラウン長官が一九八〇年八月の記者会見でステルス機の存在を発表した時、それがカーター政権がＢ‐１爆撃機をキャンセルした理由の一つではない事を強調したのは、十分に理解できる。しかし、キャンセル決定後も根強く残ったＢ‐１爆撃機復活論に対して、ステルス機の存在はそれを抑えるのに多少は効果があったかもしれない。

どんな事情があるにせよ、Ｂ‐１爆撃機の生産がキャンセルされた頃から、空軍が戦略爆撃機にステルス技術を採用しようと考えた事は不思議ではない。一九七〇年代後半の兵棋演習（ウォーゲーム）によるシミュレーションの結果では、一九九五年までには、ソ連の防空網は、Ｂ‐１爆撃機のような低空を高速で侵入する機体や、遠距離から巡航ミサイルを発射する機体を米国が用いても、それらの機体が攻撃兵器を使用する前に撃墜できるようになるであろうとの結論になった。ステルス機ならソ連の防空網の能力向上に対抗できるかもしれない。しかし、爆撃機のような大型機がレーダー探知を避ける事が可能かどうかは、まだはっきりしていなかった。

ハブ・ブルー機の発展型の機体として、ロッキード社のスカンクワークスは、二種類の機体を検討していた。一つはハブ・ブルー機を大型化して戦闘攻撃機とした機体で、もう一つは、Ｆ‐１１１戦闘爆撃機と同程度の大きさの中型の爆撃機で、攻撃兵器の搭載量が四・五トンの機体である。空軍は前者の機体を選択し、

一九七八年にロッキード社にＦ‐１１７戦闘機として発注した。しかし、スカンクワークスは独自にステルス爆撃機の研究を続けた。

ロッキード社のＦ‐１１７型機の主任設計者のアラン・ブラウンは「成功は失敗の母」と言っているが、今回はまたしてもその言葉通りとなった。Ｆ‐１１７型機の受注に成功した事で、ロッキード社はその開発と製造に力を入れる事になり、爆撃機の検討作業は、ブラウンの言葉では「二軍」の設計チームが担当する事になってしまった。ブラウン自身もＦ‐１１７型機の総括責任者としてＦ‐１１７型機に専念する事となった。そのため、彼は爆撃機の検討作業からは離れたが、その検討作業の結果は彼の言葉通りになった。

スカンクワークスは一九七五年の時点では、平面を利用したステルス設計には反対だったが、一九七八年には平面を使用する方針に転換した。リチャード・シェラーは前述のように、Ｕ‐２偵察機の後継機に、平面で構成した外形の全翼機の構想図を描き、その構想をＢＳＡＸ機に適用する事も検討した。しかし、その案はロッキード社が、翼を平面で構成するのではなく、曲面を用いた場合の風洞試験の費用を出さなかったので、そこで終わってしまった。ステルス爆撃機の設計では、シェラーは再び全翼機に挑戦したいと思った。ＢＳＡＸ機と同じく、爆撃機は高々度で長距離を飛ぶ必要があるが、全翼機は空力特性が良いので適している。シェラーは外形を平面で構成すると、空力特性が悪くなり、長距離飛行に必要な大きな揚抗比が得られないと主張した。しかし、彼の上司は曲面を使用した翼を用いる機体の風洞試験の費用を認めなかった。平面を使用してロッキード社はＦ‐１１７型機の受注に成功した。ロッキード社はその成功とは別の路線の設計にはしたくなかったのだ。シェラーは「僕にとって、平面で構成した外形の爆撃機が駄目な事は明らかだった。物理法則を会社の方針に沿うように変更するには不可能だからだ」と言っている。シェラーは最終的には自分の意見を主張するのを断念し、一九七九年六月に失意のうちにロッキード社を辞めた。

ロッキード社の爆撃機の設計案には、全翼機的な所もあった。タシット・ブルー機の時もロッキード社は全翼機を検討した事があったのだ。しかし、それ以外の点ではF‐117型機を大型化したような機体だった。大きなひし形の中央胴体から、細い主翼が出ている。その点は全翼機的だが、胴体から細い後部胴体が突き出しているので、全翼機的な印象が弱くなっている。後部胴体にはV尾翼がついていて、恐竜のステゴザウルスの尻尾のように見える。シェラーとデニス・オーバーホルザーは、後部胴体の無い純粋な全翼機にしたいと思ったが、スカンクワークスの空力技術者達は安定性と操縦性の観点から尾翼が必要だと主張し、シェラーとオーバーホルザーはその主張を覆す事が出来なかった。最も決定的だったのは、外形形状には平面を使用し、鋭く尖ったエッジと、面と面のつなぎ目には角がついたF‐117型機の設計方針を引き継いでいた事だった。空軍の開発担当官は、空軍内のその設計案に対する印象として、アラン・ブラウンに「F‐117型機に空気を吹き込んで、膨らませた感じだね」と言ったとの事だ。

タシット・ブルー機の開発を進めていたある日に、何人かの空軍の技官が、ノースロップ社の関係者と次のステルス機について意見を交わした事がある。ノースロップ社の関係者には、キャッセン、ワーランドだけでなく、彼らの上司のパティエルノも入っていた。キャッセンは空軍側の一人が、「ステルス爆撃機はどうだろう?」と質問した事を記憶している。パティエルノはパイプをふかしながら「ノースロップは戦闘機のメーカーなので、爆撃機はやりません」と答えた。キャッセンとワーランドはその素っ気ない答えに息を呑んだ。二人は、ロッキード社がステルス爆撃機を研究中との噂を聞いていたので、空軍はその内容に不満があり、ノースロップ社にも爆撃機を検討させたいので、その質問をしたのだろうと思ったのだ。

キャッセンとワーランドの想像は正しかった。そして、空軍はノースロップ社に嫌とは言わせない事にした。空軍は、ロッキード社がステルス機を独占するのを避けるために、ノースロップ社にタシット・ブルー機を担当させた経緯がある。空軍の高官は、ノースロップ社のトーマス・ジョーンズ会長に電話をして、空軍はタシット・ブルー機でノースロップ社がステルス機の世界に残れるようにしたので、今度はノースロップ社が空軍に協力する事を期待していると言ったのだ。ジョーンズ会長は空軍の意向を理解し、要望に従う事にした。

一九七九年五月頃、ワーランドはタシット・ブルー機の開発チームから離れ、再びキャッセンと共に爆撃機の設計チームを率いる事になった。まず、設計の前提条件として、今回の爆撃機はその任務を遂行するために、どのような飛行を行うのかを決める必要があった。飛行速度は亜音速なのか超音速なのか？　飛行高度は低高度か高々度か？　超音速機は考えない事にした。超音速で飛行できるステルス機は、これまで作られていない。亜音速機でもレーダー反射に関する要求と空力性能を両立させるのは難しいのに、超音速機では、大量の空気を効率的に吸い込む事が出来て、しかもレーダー波を反射しないエンジンへの空気取入口の設計は非常に難しい。次は、低高度で侵入する事は考えない事にした。そうした飛行を行う機体なら、Ｂ‐52爆撃機と、キャンセルされたＢ‐１爆撃機が存在するし、空気の密度が大きい低高度は、ジェット機が長距離飛行をするには不利である。そうすると、亜音速で、高度一万八〇〇〇メートル程度の高々度を飛行する機体が候補として残る。これくらい高い高度を飛べば、機体とソ連のレーダーの間の距離を大きくできるし、長距離を飛行するにも有利である。

ワーランドとキャッセンが爆撃機として良さそうな機体の形を考えている時に、二人はタシット・ブルー機の時に試験した全翼機の案を思い出した。今回の爆撃機は長距離を飛ぶ必要があるが、全翼機は揚抗比を

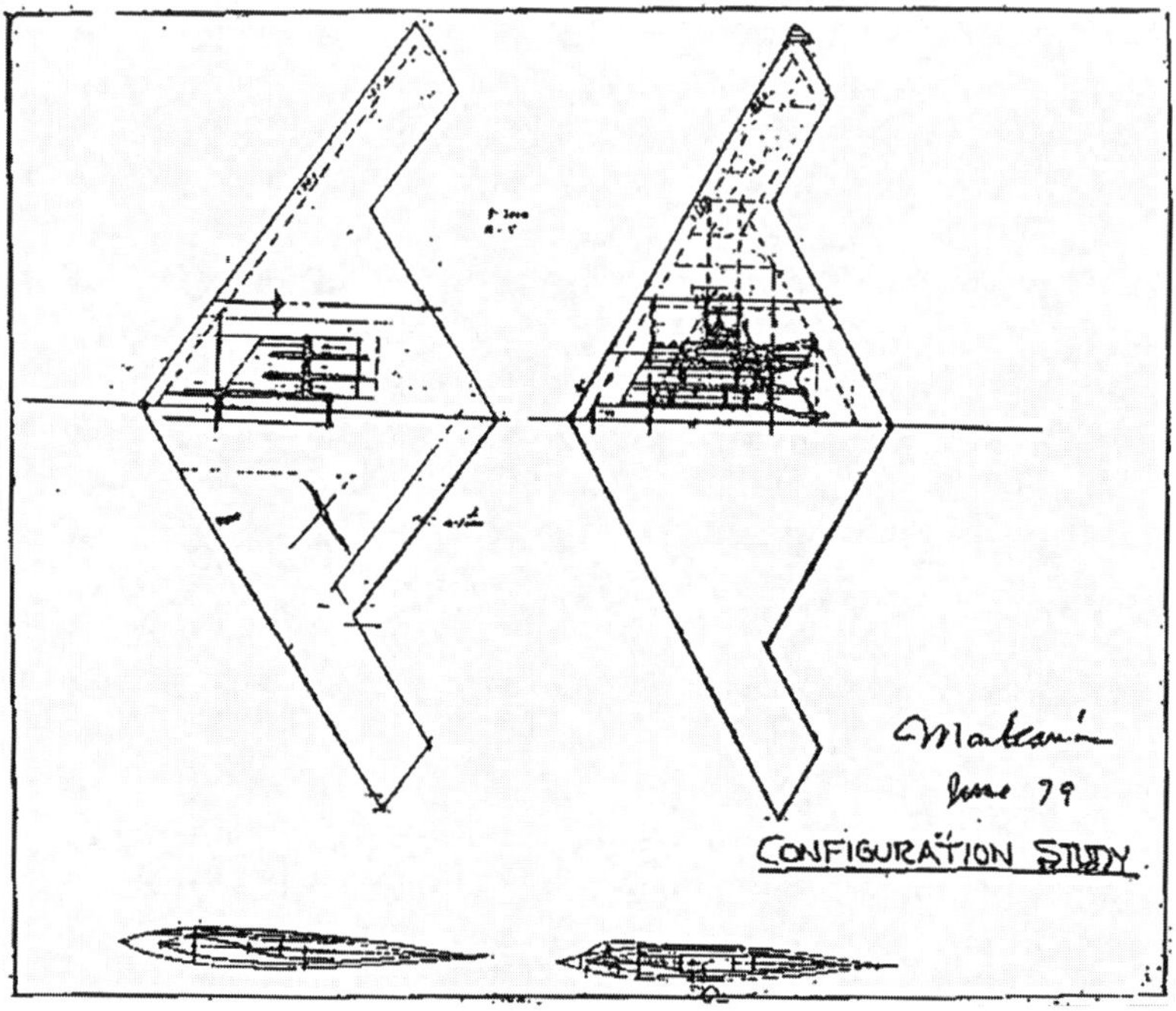

図 10.1　ハル・マーケリアンが 1979 年に作成した、ノースロップ社の全翼機案のスケッチ（訳注：マーケリアンは当時の総括責任者で、ワーランドやキャッセンの上司）（ノースロップ・グラマン社提供）

大きく出来るので、航続性能を良くできる。さらに、タシット・ブルー機の時のレーダー波反射試験では、全翼機はレーダー波を無害な方向にそらせる事が確認されている。全翼機は単純な形をしているので、平行なエッジの数を少なくでき、そのためレーダー波を反射した時のスパイクの数を減らす事ができる。スパイクは、光が鏡に反射した時のように、長い真っすぐな面で生じる、幅が狭くて強い反射波の事だ。一九七九年八月には、ノースロップ社の設計チームは、全翼機の機体の平面形をほぼ決定していた。

全翼機にする事は必要ではあるが、それだけでは十分ではない。もう一つ重要な条件に、内部容積の確保があった。平面の組合せがロッキード社の特徴とするなら、ノースロップ社の設計は曲面を特徴としていた。前から見ても、横から見ても曲面が使用されているのが良く分かる形状だった。機体の上面と下面は、滑らかな曲面になっていた。全翼機ではあるが、機体の中央部は操縦席と爆弾倉のための膨らみがあり、後方に行くにつれて平らになっている。機体前方の操縦室のふくらみは、タシット・ブルー機でオーシロが考案したガウス曲率を使用した曲面で翼面に滑らかにつながっている。エンジンの空気取入口は、主翼の上面に優雅な曲線を描いて張り出していて、中央の胴体に相当するふくらみとの間は狭くなっているので、前から見ると目が飛び出したカエルのような印象を与える。キャッセンは、空気取入口からエンジンまでの動力系統用の部分と、操縦席や爆弾倉用のふくらみの部分との間に少し間隔を開けようと思い、設計を始めたころの粘土で作った模型で、空気取入口と胴体に相当するふくらんだ部分の間を、親指で粘土を削って、この部分の形を決めた。

要約すれば、ノースロップ社は、全翼機にタシット・ブルー機の曲面を組み合わせて設計する事にしたのだ。「我々は全面的に曲面を使用する事にした。ガウス曲率は線図や現図の作成者の合言葉になった」とキャッセンは振り返っている。

その頃、ノースロップ社の設計者達はシェラーがロッキード社を辞めた事を知り、彼にノースロップ社に来てもらおうと思った。シェラーはロッキード社を辞めた後、自分で改造した、エンジンを二台搭載し、車高を低くしてキャンピングカーにしたバスで、妻と海岸地域へ夏の旅行に出かけた。九月初めにはワシントン州のオリンピック半島まで行っていたが、そこにノースロップ社の人間が追い掛けて来て、シェラーは航空機開発の世界に戻る事になった。ノースロップ社に入社すると、新しい爆撃機が全翼機として設計が進められている事を知って、うれしく思った。

シェラーの設計を見ると、最先端の機体の設計者でも、過去の機体から学ぶ点がある事が分かる。ステルス機の設計でも昔の技術がいくつも採用されている。タシット・ブルー機では、横操縦で補助翼をねじったり、翼型にクラークYを採用したりしているし、全翼機も昔から考えられてきた。シェラーは過去の設計を調べ、それを現在の機体の設計にうまく取り込むのが上手だった。彼は主翼の大きさを決める仕事を担当したが、それには翼幅と翼弦長の比である縦横比（翼幅の二乗を翼面積で割って求めても良い。アスペクト比とも呼ばれる）を決める必要があった。今回の全翼機案では、操縦室やエンジンが入る中央部はひし形をしていて、そこから主翼が出ている形になっている。シェラーは過去の機体で、主翼の中央部が太く、そこから細い外翼が突き出ている機体を何機も調べた。彼はそうした機体の多くでは、アスペクト比の値は特定の値の近くに集中している事を発見した。彼は、その値になっているのには理由があるのだろうと考えて、自分もその値にする事にした。

もう一つ、古い技術資料を参考にした例に翼型がある。ここで考える必要があったのは、他の部分も同じだが、空力的な性能とレーダー反射特性の間のバランスを取る事だった。レーダーの反射特性上は翼の前縁は尖った形にしたいが、長距離を高速で飛行する事を考慮すると、音速に近い速度における空力抵抗を小さくできるスーパークリティカル翼型（超臨界翼型）が良い。この種の翼型は、上面は平らで、下面は前方部が膨らんでいて、後縁部は薄く、全体としてキャンバー（反り）が付いた形で、前縁は丸くて太い。シェラーは空気力学担当のレオ・ニューマンと一緒に作業して、何十年も前のブルックリン工科大学の報告書に紹介されているスーパークリティカル翼型を探し出した（ワーランドもそうだが、ノースロップ社の技術者にはブルックリン工科大学出身者が何名かいた）。シェラーとニューマンはステルス機用に少し修正し、その翼型の性能をコンピューターによる計算と風洞試験で確認した。その翼型の前縁部は、鳥の尖ったくちばしが下に曲がったような形（ホークビル形）で、その鋭い前縁部から後ろはスーパークリティカル翼型になっていた。

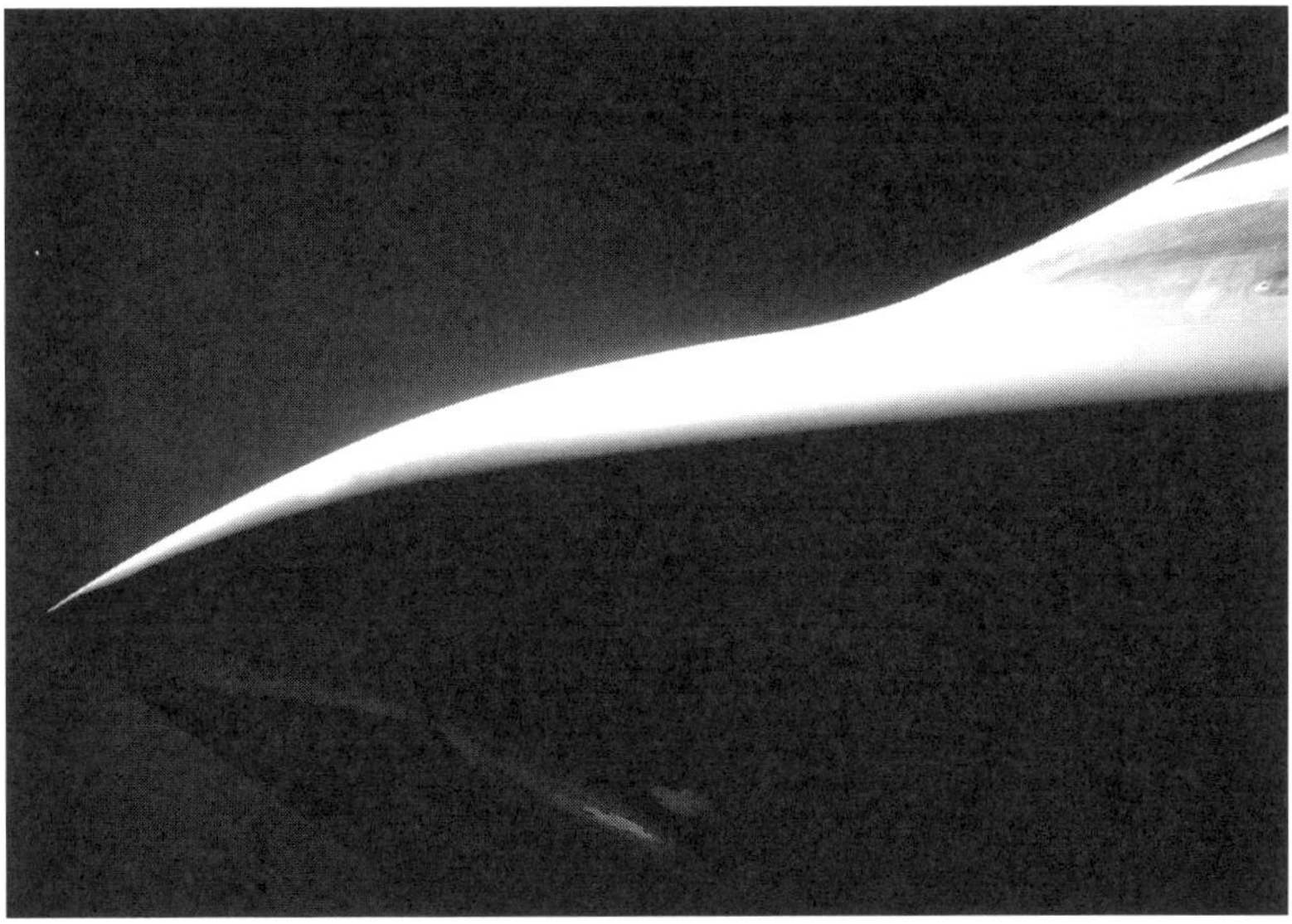

図 10.2　B-2型機の、先端が湾曲して尖ったホークビル型の翼型のクローズアップ（訳注：ホークビルは、鷹のくちばしの意味もあるが、尖ったくちばしを持つウミガメの一種のタイマイを指す事も有る）
（ノースロップ・グラマン社提供）

過去の設計は、操縦舵面の設計でも参考になっている。今回の全翼機の飛行安定性は比較的良好で、少なくともハブ・ブルー機やタシット・ブルー機よりは安定性が良いと見込まれていた。木の葉が地面に落ちて行く時のように、ふらふらと不安定に揺れ動く事はないだろう。問題は操縦性、特にヨー方向（機首を左右に動かす方向）の操縦をどうするかだった。ほとんどの機体では、機首を左右に動かすのに、垂直尾翼にある方向舵（ラダー）を使用する。ノースロップ社のステルス爆撃機の最初の設計案では、内側に傾いた二枚の小さな垂直尾翼がついていて、それをヨー方向の操縦のために使用する計画だった。また、翼端にウィングレットのような翼面を付ける事も検討された。

しかし、尾翼とか安定板を付ける事は、キャッセンなどのレーダー反射対策の担当者を激怒させた。何であれ、翼面から上に突き出す物は、レーダー反射特性の大敵である。誰だったかははっきりしないが、一九四七年頃のノースロップ社の全翼機のＹＢ‐49爆撃機には方向舵が無かったが、問題なく飛んでいた事を思い出した人がいた。ＹＢ‐49型機では、翼の先端部の後縁を舵面に使用していて、その部分が上下に開くようになっていた。片側の舵面を開くと、その部分の抵抗が増えるので、左翼と右翼の抵抗に差ができる。設計チームはそのアイデアを採用する事にして、前端を中心軸にして、後ろが上下に分かれて開く舵面を翼端に装備する事にした。片側の翼の舵面を開くと、その部分の抵抗が増えるので、機体は舵面を開いた側に機首を振る（舵面を開くと、当然ながらレーダー波の反射には悪影響がある。ステルスモードで飛行する時は、左右のエンジンの推力を変える。片側のエンジンの推力を上げ、反対側のエンジンの推力を下げると、推力を下げたエンジン側に機体は機首を振る）。この方式にした事により、垂直尾翼は必要が無くなり、レーダー波の反射特性を犠牲にしなくても良くなった。

一九七九年八月、ノースロップ社のワーランド以下の設計チームは、彼らの設計案を空軍に説明したが、その時点では自分達はロッキード社に対する当て馬に過ぎないと思っていた。しかし、曲面を使用したノースロップ社の全翼機案は、ロッキード社の平面を使用する設計案に比べて空力的に性能が良い事に空軍は注目した。ノースロップ社の機体の航続距離は一万一二〇〇キロメートル（七〇〇〇マイル）に達すると予想され、レーダー波の反射特性についても、周波数〇・一ギガヘルツから一五ギガヘルツ（波長では三〇〇センチから二センチ）の広い範囲で良好なステルス性を有すると予測されていた。空軍は予算の残り分を利用して、少額の設計検討契約をノースロップ社に持ちかけたが、ノースロップ社は大胆な賭けではあるが、単なる設計検討契約ではなく、技術実証契約にして欲しいと要望した。ワーランドの設計チームは、設計作業に加えて、大型の模型を使用する風洞試験とレーダー波反射試験も行う技術実証契約について、詳しい提案資料を空軍に提出した。

今回もノースロップ社の賭けは成功した。空軍はノースロップ社の提案に同意し、一九八〇年一月、本格的な設計作業を実施し、その結果の設計案の機体の模型を製作してレーダー波反射特性の測定試験を行い、ロッキード社の設計案の模型の試験結果と比較する契約をノースロップ社と結んだ。その時点ではロッキード社はすでにノースロップ社より一年前から設計作業を行っており、空軍はノースロップ社に、今回の契約は、ロッキード社の設計が思わしい結果にならない場合の「保険」だとはっきり言った。しかし、ノースロップ社は再びロッキード社と競争する事になり、勝利への意欲を燃やした。

両社とも今回の競争には、パートナーとして協力してくれる会社が必要な事を認識していた。一〇〇機を越える爆撃機の生産は巨大な事業であり、今回の機体は大型で極めて複雑なので、人的にも設備能力的にも、両社とも自社だけでは対応できないと予想していた。一九八〇年の夏ごろには、両社ともパートナーになってくれる企業を探し始めた。パートナーの候補としては、大手の機体製造会社であるロックウエル社、マクドネル・ダグラス社、ボーイング社が適している事ははっきりしていた。まずロッキード社がパートナー企業獲得に乗り出し、B‐1爆撃機のキャンセル後は、工場の作業量が減って困っていたロッククエル社と提携した。ノースロップ社はF‐18戦闘機で、マクドネル・ダグラス社の下請けをしていたが、F‐18戦闘機に関連してマクドネル・ダグラス社と法廷闘争中だった。[訳注1] マクドネル・ダグラス社は、F‐18戦闘機の海外へ輸出する機体について、ノースロップ社の分担比率を下げようとした。ノースロップ社はそれに対して一九七九年一〇月に訴訟を起こし、マクドネル・ダグラス社もすぐにノースロップ社を訴えた。この裁判は解決までに六年間を要し、ノースロップ社はマクドネル・ダグラス社ともう一度チームを組む気持ちが無くなった。

そこでボーイング社がパートナーの候補に残った。ノースロップ社のパティエルノが爆撃機の開発に否定的だったのには理由がある。ノースロップ社は三〇年前に全翼機の爆撃機を作って以来、爆撃機は一機も生産した事がなく、爆撃機メーカーとは言えない。それに対して、ボーイング社は軍用も民間用も大型機を以前から数多く製造してきているし、爆撃機、特に主力爆撃機のＢ‐52爆撃機のメーカーでもある。ノースロップ社はステルス爆撃機について説明するために、ボーイング社のＣＥＯのソーントン・ウィルソンと技術部門の幹部数名をホーソン工場に招待した。単に「Ｔ」とだけ呼ばれる事もあるウィルソンは、Ｂ‐52爆撃機の主任技術者だった事があり、ミニットマンＩＣＢＭでは提案活動の責任者として受注に成功した、敏腕で押しが強い経営者だった。

ワーランドとキャッセンが説明を行い、説明が終わると、二人の記憶では、ノースロップ社会長のトーマス・ジョーンズは、左手にはいつものように葉巻を持ち、右手を机の向こうのウィルソンの方へ伸ばして言った。「『Ｔ』、今の説明を聞いてくれたね。で、君はどう思う？　僕らと組んでくれるか？」ウィルソンは少しためらった後に「君たちと組むよ。今回だけはね」と答えた。ウィルソンはジョーンズと握手し、それから後ろにいたボーイング社の技術者達の方を向いて、「僕を二度とこんな状況に立たせないでくれ」と、厳しい声で言い渡した。ボーイング社は大型爆撃機で補助的な立場に甘んじる事には慣れていなかった。ウィルソン以下のボーイング社のメンバーにとって、ステルス爆撃機の開発計画は全く寝耳に水だった。

ロッキード社とノースロップ社は、エンジンについても、異なるメーカーを選んだ。ロッキード社はプラット・アンド・ホィットニー社を、ノースロップ社はゼネラル・エレクトリック社を選んだ。更に、ノースロップ社はもう少し小さな企業である、持株会社ＬＴＶの傘下のヴォート航空機社をパートナーに選んだ。ヴォート社はテキサス州に工場を持ち、製造能力、特に複合材製の構造部品の製造能力が優れていた。

一九八〇年九月、空軍は先進技術爆撃機（ＡＴＢ）と呼ばれる事になったステルス爆撃機について、その年の一二月を期限に、正式に提案書の提出を求めた。この提案要求書はロッキード社とノースロップ社だけに送られた。これまでのステルス機計画の例にならって、提案する機体には「シニア」がつく名前が与えられた。Ｆ‐１１７型機はシニアトレンド、ロッキード社のステルス巡航ミサイルはシニアプロムの名前だった。今回のＡＴＢでは、ノースロップ社の機体にはシニアアイス、ロッキード社の機体にはシニアペッグの名前が与えられた。スカンクワークスの責任者のベン・リッチは抜け目のないセールスマンでもあるが、このロッキード社の機体の名前は、戦略空軍司令官のリチャード・エリス将軍の妻のペギー・エリスの名前を意識して付けてもらったかもしれない。

ノースロップ社は提案書の作成に掛ける人員を増やし、提案チームの総括責任者をジェームス・キヌーに変更した。それまではワーランドが提案書作成の責任者だったが、彼は先進的な機体の技術的な計画が専門だった。ＡＴＢの提案作業は、何社ものパートナー企業や下請け企業も関係する、単なる設計作業の範囲を越える作業である。ノースロップ社はホーソン市内の専用のビルに、二五〇名の人員を集めて提案書の作成を行っていたが、キヌーはその作業を指揮する事になった。提案書作成チームはすぐにそのビルには入りきらなくなり、ロサンゼルス国際空港付近の、ホテルや立体駐車場が並ぶ一角の、センチュリー大通りにある目立たないオフィスビルの何階分かを借りて、そこに移転した。ノースロップ社は事務所の窓を、スパイによる盗聴を防ぐために塞いでしまった。センチュリー大通りをロサンゼルス国際空港へ行くために通った人は数えきれないが、そのビルで「軍事技術の革命」である爆撃機の開発が行われている事に気付いた人は誰もいなかった。

キヌーの父親はイラン北部に住んでいたアッシリア人で、米国に移民で来て、第二次大戦中はウェスタン・エレクトリック社でレーダーの仕事に従事した。キヌーは父親の工学的な才能を受け継いでいた。彼は他の多くの航空宇宙関係の技術者と同じく、子供の頃には模型飛行機を作って飛ばしていた。ノートルダム大学で物理学の学士号、ＵＣＬＡでビジネス関連の学士号を取得し、ロッキード社に入社して一七年間勤務した。そのほとんどは秘密扱いではない仕事だったが、最後の数年はスカンクワークスで働いた。ロッキード社を辞めて、一九七〇年代は幾つかの会社で働いたが、一九七九年にノースロップ社に入社した。ステルス爆撃機計画が本格的になる直前だった。

その時、キヌーは五〇歳に近く、航空機業界でほぼ二五年間の経験を積んでいた。先進的航空機計画部門長のジョン・パティエルノはすぐに彼の経験に目を付け、キヌーをステルス機の世界に引き込んだ。爆撃機ではなく、タシット・ブルー機を担当させたのだ。その当時、ノースロップ社のタシット・ブルー機のチームが空軍に対して行った説明が不評で、空軍は計画を中止しようかと考えていた。パティエルノはキヌーを問題解決のために、臨時の責任者に任命した。先入観の無い外部からの視点から、設計上で問題のありそうな箇所を見つけ出し、その解決方法を考えさせようとしたのだ。数週間後に空軍がもう一度説明を聞くためにやって来た時、キヌーはコスト、日程、各設計グループの問題についての詳細な資料を準備し、見事な説明を行ったので、空軍は納得してタシット・ブルー機の開発を継続する事にした。

これで分かるように、キヌーは技術面で高い能力を持っているが、彼の本当の長所は計画管理だった。計画管理の仕事は何をするのか漠然としているが、本質的には、何を行う必要があるのかを判断し、それが実現されるようにする事である。ＮＡＳＡも含め、多くの航空宇宙関係の企業や団体が、計画管理に関して苦い経験をした結果、学校ではあまり教えないが、計画管理はそれ自体、独立した一つの技術分野である事を認識するに至った。科学的知識や工学的知識は必要だが、それだけでは十分ではない。良い計画管理者は良い技術者でもある必要があるが、良い技術者がいつも良い計画管理者に成れる訳ではない。キヌーは、担当する事業で何が障害になっているかを見つける事ができ、それを解決する方法を考え付く事ができた。また、同じ位重要な事だが、キヌーは人の扱い方が分かっていた。技術者に自由に行動させた方が良い時と、指示に従わせた方が良い時が判断できた。多くの担当者のそれぞれの気持ちを、事業全体の目標に向けて一つにまとめるにはどうすれば良いかが分かっていた。優れた技術者をどのように探し出し、雇用し、適切な部署に配置するか、駄目な技術者はどうやって事業から外すかが分かっていた。Ｂ‐２爆撃機の開発事業では、彼のその能力が限界まで試される事になった。

キヌーはその他にもう一つ、特別な資質を持っていた。彼の仕事に取り組む時の人間性だ。彼は提案書を作っている間は、週末も含めて毎日、朝七時から夜一〇時まで働いていたが、単なる仕事中毒の人間ではなかった。彼は、周囲の人も気付いていたように、一緒に働く人達を彼と同じように働く気にさせる「牽引車」のような人間だった。それでいて、周囲と問題を起こした事はほとんどなかった。今回の開発でも、関係する技術者達が、頑張って仕事をする意欲を持ち続けたのには、いくつかの理由があった。その一つは愛国的感情で、ワーランドの表現では「大きな熊が迫ってきている」と感じて、ステルス爆撃機はその脅威から米国を守るのに必要だと感じたからだった。もちろん、技術的な難題に挑戦したいのも理由の一つだ。

これまでの開発作業と同じく、献身的に働く事は本人にとって負担が大きいが、家族の負担も大きかった。パティエルノがキヌーに、ステルス爆撃機の責任者になってほしいと切り出した時、キヌーはためらった。彼はその仕事を引き受ければ、妻や一〇代になったばかりの二人の娘にも、ほとんど会えなくなる事が分かっていた。キヌーは家に戻ると、妻と相談した。彼は仕事の内容は説明できなかったが、米国にとって重要な意味を持つ仕事だと話した。彼女は「あなたが決めれば良いわ」と言い、続けて「でも私達は家族である事を忘れないで」とキヌーに言った。キヌーは仕事を引き受ける事にした。

キヌーは後に「六年間、休みなしに、毎日二四時間働き続ける事になってしまった」と回想している。彼の妻にとって、その六年間は「地獄のような日々」だった事には彼も気付いていた。最終的に妻はキヌーに、これまでと同じ生活では駄目だとはっきり言い渡した。二人はパームスプリング市に行き、ゴルフ場の隣の分譲マンションを別荘用に購入した。キヌーは家族に約束した。家族は全員で毎週金曜日の夜、パームスプリング市のマンションに行き、日曜日の夜に家に帰る。その間は仕事もしないし、電話も受け付けない。それで結婚生活は破綻せずに済んだ。

しかしそれは六年後の事で、仕事を引き受けてすぐの一九八〇年の秋には、キヌーは爆撃機の仕事に集中し、ノースロップ社の提案書作成チームに全力で作業をさせていた。全翼機は、空力特性が良いので、所定の搭載量を積んだ状態での航続性能は素晴らしく、レーダー反射特性も悪くなさそうだった。ノースロップ社が自社の設計案に自信を持つのは当然だった。

一九八〇年の年末に、ロッキード社とノースロップ社の技術者達は、再びレーダー反射特性の比較試験のためにRATSCATにやって来た。前回の比較試験からほぼ五年が経過していた。RATSCATは設備が更新されていて、今回は必要とされる精密な計測ができそうだった。ある試験で、なぜか機体の模型のレーダー波の反射が強い時があった。フクロウの一群が、支持用の柱の上に取り付けられた機体模型を、獲物を見張るための止まり木に利用していた。フクロウが捕まえたネズミの死骸と、フクロウの糞が残されていたために、レーダー波の反射強度の測定値がおかしくなったのだ（ある技術者は、フクロウの糞を調べて、それが実際に導電性を有し、レーダー波を反射する事を確認した)。

フクロウを追い払うと、試験は続けられた。今回も両社のチームは、合板製の模型の表面に、金属性の機体と同じ導電性を持たせるためにシルバーペイントを塗って試験を行なった。両社の反射特性の比較試験の結果は、模型の表面のシルバーペイントの状態で左右されそうになった。ノースロップ社の模型の試験では、レーダー反射断面積が予想よりはるかに大きくなったが、その原因は不明だった。ノースロップ社側は、このままではロッキード社がこの二回目の競争でも勝利を収め、爆撃機の契約も獲得すると思った。

しかし、ロッキード社側はノースロップ社の窮状を知らなかったので、ノースロップ社の模型は、要求されているように、実機通りのドアなどの模擬がなされていない、と空軍に苦情を申し立てた。ノースロップ社はその苦情を受け入れて、喜んで再試験する事にしたが、その過程で原因を突き止めた。模型は実機の四〇パーセントの大きさだったが、それでも模型としては大きかった。模型の翼幅は二一メートル近くもあった。支柱の上に取り付けられた模型は、それ自身の重量でたわみ、表面の塗料に多くの細かな亀裂が入った。その亀裂がレーダー波を反射したので、レーダー反射断面積が大きくなってしまったのだ。ノースロップ社のチームはたわみを防ぐために合板の上にガラス繊維の布を貼って補強し、シルバーペイントを塗り直して再び試験を行なった。試験では前回よりもレーダー反射断面積は大幅に小さくなった。ロッキード社の抗議のお陰で、ノースロップ社は苦境を脱する事ができた。


両社は最終的な設計案を、一九八一年夏に空軍へ提出した。空軍はそれぞれの設計案を精査したが、その時点では、どの会社にその爆撃機を作らせるかより、その爆撃機を本当に作るかどうかが問題だった。レー

ガン大統領が就任すると、B‐1爆撃機は当初のB‐1A爆撃機の設計を一部変更して、B‐1B型として生産が再開される事になった。空軍内にはB‐1爆撃機の生産が確実に行われるように、ステルス爆撃機の開発を喜ばない人もいた。そうした人達は、ステルス爆撃機はまだずっと先にしか実用にならず、F‐117戦闘機ならレーダー探知を逃れる事ができるが、爆撃機のような大型の機体では難しいと主張した。

政治の分野では激しい議論が闘わされた。民主党は以前からB‐1爆撃機に反対していて、「国防に関して軟弱」と見られないために、ステルス爆撃機を支持していた。共和党はB‐1B爆撃機を生産するのが、戦力を維持する上で最も確実性が高いとして、B‐1B爆撃機を支持していた。ワシントンではB‐1B爆撃機は共和党の機体で、ステルス爆撃機は民主党の機体と冗談の種にする人もいた。他にも政治的な対立があった。下院はB‐1B爆撃機を支持し、上院はステルス爆撃機を支持していた。航空機業界では、B‐1B型機のメーカーであるロックウエル社は、B‐1B爆撃機の生産のためのロビー活動を繰り広げた。ノースロップ社、ロッキード社、ボーイング社も同様にB‐2爆撃機のためのロビー活動を行った（ボーイング社はB‐1B型機ではロックウエル社と組んでいたが、ステルス爆撃機の生産に加われば、複合材による軽量化技術などが入手できると考え、ステルス爆撃機支持派に回った）。ノースロップ社のCEOのジョーンズは、共和党のレーガン大統領の友人だったが、それもステルス爆撃機には悪い方向には作用しなかったのではないかと思われる。

結局、レーガン大統領はどちらの機体にするかは決めず、二機種とも生産する事にした。空軍は一〇〇機のB‐1B爆撃機を調達し、それに続いてステルス爆撃機を一三二機調達する事にして、下院と上院ですぐに承認された。まずB‐1B爆撃機が生産される事は、ステルス爆撃機の開発競争ではノースロップ社に有利な方向に作用した。ノースロップ社は自分達の設計で、問題が生じそうな所を調べて対処するのに、より多くの時間を確保する事ができた。一九八一年一〇月三日、空軍はステルス爆撃機の開発担当会社にノースロップ社を選定して、ノースロップ社と三六〇億ドルの契約を結び、後日、その事を明らかにした。

より正確に言えば、空軍は秘密保持のために、契約した事を一般向けに公表しなかった。ステルス爆撃機の契約についての情報は、一般の国民向けとして発表されたのではなく、ニューヨーク証券取引所との関係から、限定された内容だけが公表されたに過ぎない。最初は、ロイター通信がノースロップ社が大きな案件を受注した事を聞きつけ、詳細は不明としながら、短い記事で紹介した。ジョーンズCEOは、これは問題になると思った。ニューヨーク証券取引所が、ノースロップ社が株主や株式市場に、自社の大型案件に関する情報を隠したと判断すれば、ノースロップ社を上場廃止にするかもしれない。彼は国防総省に事情を連絡し、国防総省は弁護士を証券取引所に行かせて、国家の安全保障にかかわる情報なので、一般人向けには公表できないと説明させた。証券取引所側は「そうですか。ノースロップ社が公表しないのは自由ですが、その場合、当証券取引所はノースロップ社の株式を上場廃止にするまでです」と答えた。

ジョーンズは国防総省を説得して、ノースロップ社の受注に関する証券取引所の姿勢に対処するため、受注内容を明らかにしないが、受注した事は新聞社に発表する事を認めてもらった。二週間後に発表されたノースロップ社からの一二行のお知らせでは、ノースロップ社は敵地侵入用の有人爆撃機の開発に関する調査研究契約を受注した事、主な協力企業はボーイング社、ヴォート社、ゼネラル・エレクトリック社（それに加えてレーダー担当でヒューズ社）である事が書かれていた。簡単な内容だったが、証券取引所はその情報開示で納得した。又、事情通の関係者にとっては、他の情報と組み合わせれば、契約の内容を推察する事が出来た。翌週のアビエーション・ウイーク誌は、その契約はステルス爆撃機の開発の事だと報道し、ノースロップ社の株価は、二一・二五ドルから四二・五ドルに上昇した。

競争に敗北したロッキード社の反応は、五年前のＸＳＴ機の競争の時のノースロップ社の反応に似ていた。その時、ノースロップ社はＸＳＴ機の競争で用いられた判定条件は、ノースロップ側に不利になるように設定されていたと感じていた。今回、スカンクワークスのベン・リッチは、空軍は最初にロッキード社に対して、ステルス機爆撃機の開発は漸進的に段階を踏んで進めるよう言ったと抗議した。Ｂ‐52爆撃機やＢ‐１爆撃機と直接競合するような大型の機体の開発にすぐに取り掛かるより、Ｆ‐１１１戦闘爆撃機程度の中型の機体で、大型機より航続距離も兵器搭載量も少ない機体で良いと空軍は言ったと明かしたのだ。ステルス機に関連する技術がまだ発展途上なので、一挙に大型爆撃機を開発するのはリスクが大きいと空軍は考えて、そのようにロッキード社に言ったのだろう。リッチによれば、それを聞いたロッキード社は大型ではない機体を考えたのに、空軍は大型で、航続距離が長く、兵器搭載量も多く、リスクも大きなノースロップ社の設計案を採用してしまったのだ。

しかし、両社の比較を行った空軍の担当者のカミンスキーは、比較の結果は僅差ではなかったと言っている。当時、空軍の低被観測性機室の室長をしていたカミンスキーは「ロッキードは競争で惨敗した」と言っている。両社の設計案では、レーダー反射断面積は同程度で、小型のロッキード社案の機体価格は安かった。しかし、ノースロップ社の設計は空力特性が良いため、航続距離と兵器搭載量が優れていた。ロッキード社案の機体の航続距離は五七〇〇キロメートルで、ソ連の国土の北部より奥まで飛ぶには空中給油が必要だった。ノースロップ社案の機体の航続距離は九六〇〇キロメートルで、ソ連領内のどこへでも、空中給油を必要とせずに到達する事ができる。ロッキード社の平面を組み合わせた外形は、空力的特性を犠牲にしていたが、ノースロップ社の設計は、通常の機体と同等の空力性能を有しながら、ステルス性を持っている。今回は曲面が勝利した。

図 10.3　ノースロップ社の、ステルス爆撃機の競争に勝利した時の祝賀会の様子。演壇に立つのはアーブ・ワーランド。彼の後ろに立っているのは、左からジョン・キャッセン(髭を生やしている)、ジョン・パティエルノ、ウエルコ・ガシッチ。
(ノースロップ・グラマン社提供)

ノースロップ社はセンチュリー大通りの事務所のビルで、盛大な祝賀会を行った。舞台の上の「我々は勝った！」との短い勝利宣言が書かれた横断幕の下で、ジョーンズ、パティエルノ、キャッセン、ワーランド、キヌーを始めとする関係者が勝利を祝って乾杯を行った。

一方、ロッキード社にとって、敗北は大きな痛手だった。リッチは会社の経営陣に、ロッキード社が最初のステルス機の開発を担当すれば、それが次の爆撃機の開発の受注につながると言ってきた。そのため、ロッキード社はハブ・ブルー機の開発で一〇〇〇万ドルを負担し、F-117戦闘機を極めて短期間のうちに納入を完了すると言う、厳しい条件の契約も受け入れてきた。リッチが会長のロイ・アンダーソンと社長のローレンス・キッチンに、一〇〇〇万ドルの負担をしてくれる様に頼んだ時、二人がすぐに承知しなかったのは理解できる。ロッキード社はその時、L‐1011旅客機で、数十億ドルの損失を出したばかりだった。しかし、リッチはキッチン社長を説得し、キッチン社長はロッキード社の取締役会を説得して、将来のための投資としてその開発費の負担分を出してもらう事にした。F‐117型機では、その決断は大きな成果を上げたが、爆撃機はもっと大きな事業になるはずだった。B‐2爆撃機の三六〇億ドルの契約額は、F‐117型機の当初の契約額の三億五〇〇〇万ドルより百倍も大きい。

ロッキード社にとって、前回の成功が今回の失敗の原因となった。XST機の勝利に喜んだスカンクワークスは、平面を組み合わせる手法に固執した。ノースロップ社は新しい手法を試みる事にした。特に、タシット・ブルー機によって、ノースロップ社はB‐2爆撃機の競争での勝利につながる、三つの貴重な経験をする事が出来た。まず、設計者は全翼機を検討する機会を得て、レーダー反射特性の試験を行なって、全翼機は空力的性能が良いばかりか、ステルス性の上でも有利である事を確認した。二番目としては、タシット・ブルー機でノースロップ社の設計者達はレーダー探知対策として、徹底的に曲面の使用を追及した。曲面を使用する事は、機体の性能や安定性に良いだけでなく、広い範囲の周波数のレーダー電波に対して、ステルス性を確保する上でも有益だった。三番目には、B‐2機では航法と爆撃目標捕捉のためにレーダーを装備する事が必要だが、ノースロップ社はタシット・ブルー機で、ステルス機におけるレーダー装備方法を学ぶ事ができた。

タシット・ブルー機はB‐2爆撃機実現のための、重要な一段階だった。ノースロップ社はステルス機における曲面の使い方や機内にレーダーを搭載する方法を学ぶ事が出来たし、その上、全翼機の長所を知り、フライバイワイヤ方式の操縦装置の利点も認識する事が出来た。言い換えれば、F‐117型機の競争で敗れた事が、Ｂ‐２爆撃機の開発競争で勝利する上で重要な役割を果たしたのだ。第一ラウンドのＸＳＴ機における敗北に対する埋め合わせとして与えられたタシット・ブルー機の開発は、第二ラウンドの爆撃機の競争で勝敗を決する重要な役割を果たした事になる。

Ｂ‐２爆撃機の受注で、ノースロップ社はかつての輝きを取り戻した。また、創業者のノースロップの全翼機に対する信念の正しさが証明されたとも受け取られた。Ｂ‐２機が全翼機である事は、会社を創立したジャック・ノースロップが、いつも全翼機の製作に情熱を持っていたからだと言われる事もあった。しかし、真実はもっと興味深い。ノースロップ社のＸＳＴ機の最初の提案では、ロッキード社もそうだったが、ブレンデッド・ウイングボディ型（翼胴一体型）の機体だった。その後、タシット・ブルー機では、ノースロップ社は方針を変更して、全翼機ではなく、通常の主翼、胴体、尾翼がある形態を選択した。タシット・ブルー機で全翼機を提案したのはロッキード社であり、空軍の開発担当者はそれを見てノースロップ社に全翼機を勧めた。Ｂ‐２爆撃機を全翼機にするアイデアは、ノースロップ社ではなく、その競争相手のロッキード社がもたらした物だったのだ。

しかし、ノースロップ社の設計チームがステルス爆撃機の寸度を決めると、ジャック・ノースロップとの不思議な、ほとんど神秘的とも言えるつながりが分かった。搭載エンジンと主翼のアスペクト比を決めてから、主翼の大きさを決めた所、翼幅は五二・四メートルになった。全くの偶然だが、一九四〇年代にジャック・ノースロップが設計させたＹＢ‐49全翼型爆撃機の翼幅とぴったり同じだった。

その頃、ジャック・ノースロップはまだ存命だった。一九八〇年四月、ノースロップ社はジャック・ノースロップに全翼機型のステルス爆撃機の説明をするために、空軍から特別に許可を貰った。彼は当時八五歳で、パーキンソン病にかかっていた。彼は説明を聞く部屋に、足を引きずりながら入ってくると、体が不自由な事を謝った。説明が始まると、彼の衰えはどこかへ吹き飛んだ。彼は説明を熱心に聞くと、鋭い技術的な質問を次から次へと繰り出した。説明が終わって部屋を出る時、彼は振り返って「これで心安らかに死ぬ事ができるよ」と言った。彼の全翼機への夢は現実の物と成ったのだ。彼はそれから一〇か月後に亡くなった。

第11章　B‐2爆撃機の製作

ノースロップ社の技術者に中には、競争に勝って受注した事は、仕事全体の第一歩に過ぎない事が分かっている人もいた。一九八一年の競争に勝利した時の祝賀会で、キヌーは厳しい言葉で会場の雰囲気を引き締めた。参加者達にキヌーは「今日、君たちは走り始めた。そして、君たちはこれから八年か九年は走り続けなければならない。なぜなら、我慢して走り続ける事が一番大事な事だからだ」と話した。キヌーは以前にロッキード社にいて、Ｆ‐１０４戦闘機、Ｐ‐３対潜哨戒機、Ｌ‐１０１１旅客機の開発や生産に直接携わった事があり、大型で複雑な機体を製造するのは、どんなに大変な事かを良く知っていた。

まず、どの機体の場合もそうだが、設計を進めると、推進系統、空力設計、飛行制御系統など様々な部分で、設計の変更が必要な点が出てくるが、そうした変更は機体の別の部分にも影響して、ひいては機体全体にも影響する。航空宇宙関係の開発では、設計変更に当たってはシステム工学を利用して、各系統間の影響の度合いなど、設計変更の候補案の間の比較検討を行う手法が確立されていたが、今回のステルス爆撃機の開発では、新たにレーダー反射断面積への影響を考えねばならず、設計変更を行うのはますます複雑な作業になっていた。更に、ステルス爆撃機の製作ではこれまでより難しい課題があった。機体構造部品は、複合材の材料を準備し、それを成形、硬化させて製作する。航空機メーカーではこれまでも複合材は使用してきたが、今回ほど大規模に使用した事はなく、ステルス性を達成するには高い精度が必要だった。又、デジタル方式のフライバイヤ操縦系統も組み込まねばならない。キヌーはそれに加えて、ノースロップ社としては初めて、コンピューターによる設計・製造支援システムであるCAD／CAM方式を導入すると決めていた。全ての図面を、紙に描くのではなく、コンピューターの画面上で作成するのだ。また、複雑な曲面で構成されるステルス機を、高い精度で製造する事は、ノースロップ社の設計部門と製造部門の双方にとって、極めて挑戦的な課題だった。後にキヌーは「我々が大変な仕事に直面している事は分かっていた。会社として何を達成すべきか分かっていた。しかし、会社の中でそれが分かっていた人は多くなかったと思う」と言っている。

空軍は更に二つの難題をノースロップ社に要求した。一つは技術的な問題で、もう一つは、ある意味で哲学的、思想的とも言える秘密管理の問題だった。

一つ目の難題は、一九八一年にカミンスキーが主催した図上演習の結果でもたらされた物だった。カミンスキーは以前にはペリー国防次官の国防技術研究担当補佐官だったが、この時は空軍の全てのステルス機計画を管轄する、低被観測性機室の室長だった。国防総省の内部の、目立たない、少数の担当者しかいない小さな組織から始まったが、すぐにカミンスキーは米空軍の予算の約一〇パーセントを占める、ステルス機関連の数十億ドルもの契約を管理する立場になった。カミンスキーは米空軍が戦うであろう相手の能力を確認したいと考えた。ソ連は現在、どのような防空戦力を持っているだろう、今後の一〇年間に、ソ連はどのような新装備を配備するだろう。能力を向上させたソ連の防空網を突破するにはどの程度のステルス性が必要だろう、などの疑問に対する答えを得たいと思ったからだ。

カミンスキーが図上演習を行なったのには二つの目的があった。まず、ステルス機の存在は公表されているので、図上演習ではソ連がステルス機にどのように対応するのかを検討したいと思った。二つ目の目的としては、ソ連もステルス機を保有するようになったら、米国はソ連のステルス機にどのように対応すれば良いのかを検討したいと思った。前者の方が差し迫った問題のように思えたので、カミンスキーはソ連の防空システムの計画者の役割を演じるチーム（レッドチーム）を二つ編成した。一つ目のレッドチームは、ソ連の情報機関が非常に有能（又は米国の秘密保持が非常に弱体）な場合で、ソ連が米国のステルス機の状況を、実際の能力を含めて正確に把握していて、それに対抗できる防空体制を構築しようとする前提で検討する。二つ目のレッドチームは、米国から見てソ連が入手済みと思われる情報しか持っていない前提で検討する。どちらのレッドチームも、機体メーカーとレーダー製作会社の技術者から構成され、ＭＩＴから分離独立したレーダー研究センターであるリンカーン研究所が全体取りまとめを担当する。

レッドチームは幾つかの発見をした。一つは、ほとんどの場合、レーダー探知におけるクラッターの影響を過小評価している事だ。対空レーダーが航空機を探知しようとする場合、相手の機体の背景から何の信号も入ってこない状態は無い。現実の世界では背景雑音（バックグラウンドノイズ）が存在する。レーダーアンテナから発信されたレーダー波は、機体以外にも、地面、突起物、山岳などで反射されて、クラッターの原因となる。もしクラッターが予想以上に大きいなら、地表面に近い低高度を飛行する機体のレーダー反射は、もっとクラッターの中に埋没して、レーダーに探知されないかもしれない。レッドチームの二つ目の発見は、もっと困った内容で、ソ連の新型のレーダーは、高々度を飛行するステルス機を探知できるかもしれないと言う事だった。

この二つの発見を受けて、空軍は要求内容を変更する事にした。ステルス爆撃機は最高一万八〇〇〇メートルまでの高々度を飛行するだけでは不十分である。爆撃に行く途中で、地上から六〇メートル程度の低高度を飛行して、クラッターに紛れて探知を防ぐ必要があるかもしれない。その上、その低高度を最高でマッハ〇・八の速度で飛ぶ必要があるかもしれない。マッハ〇・八は亜音速ではあるが、低高度における飛行速度としては非常に速い速度である。

この要求事項の変更は、機体の設計には大きな影響があった。ノースロップ社のATB（先進技術爆撃機）設計案では、翼面荷重が小さい設計になっていた。翼面荷重は機体重量を主翼面積で割った値の事である。例えば、ハンググライダーは翼面積が大きく、機体全体の重量が小さいので、翼面荷重は小さい。旅客機は乱気流の影響を少なくするために主翼を小さくしているので、翼面荷重が大きい。戦闘機も翼面荷重が大きいが、これは飛行速度が大きいので、必要とされる揚力を得るのに翼面積は小さくて済むからである。[訳注1]

ノースロップ社の設計案では、全翼機の形態を採用したため主翼面積は極めて大きく、尾翼がない事もあって空力的な性能が良く、揚抗比が大きい。当初の設計では、翼面荷重は約一六〇キログラム／平方メートルだった。[訳注2]対照的に、B‐52爆撃機の翼面荷重は約六〇〇キログラム／平方メートルで、旅客機は五〇〇から七〇〇キログラム／平方メートル程度である。B‐2型機の翼面荷重が小さい事は、ハンググライダーが風の影響を強く受けるのと同じで、突風を受けると機体が大きく揺れたり、大きな荷重を受けたりする事を意味している。

空軍は低空飛行関連の要求を追加する事を、一九八一年初めにノースロップ社に通知した。ノースロップ社の設計チームは、初めはそれまでの設計のままで、追加された要求に対応できると考えた。しかし、検討を進めるとだんだんそのままの設計では難しい事が分かってきた。最終的に、設計チームはＡＴＢが低空を高速で飛行する場合、予想される最悪の突風を受けると、機体が壊れるか、制御を失って墜落する可能性があるとの結論に達した。キヌーは一九八三年初めのある日の夕方に、キャッセン、ワーランドを始めとする設計チームと会議を行い、この問題について議論した。会議の終わりに、キヌーは厳しい口調で「分かった、このままではだめだ」と宣言した。設計をやり直さなければならない。

この低空飛行における突風への対処は、開発全体を通じて最大の難関となった。しかし、ノースロップ社の設計チームはパニック状態に陥らなかったし、空軍の開発担当者も、キヌーが電話してこれまでの設計ではだめだと報告しても、慌てなかった。それでも厳しい状況である事には変わりはなかった。数か月後までに機体の最終的な形態を決める事になっていたので、設計チームは又しても長時間の残業をする事になった。ノースロップ社の技術者の中には、ボーイング社が空軍に、ノースロップ社は大型機の設計方法を知らないので設計変更はうまく行かないだろう、と告げ口をしたのではないかと疑う人間もいた。キヌーは社外から何名かの経験者に来てもらい、設計を助けてもらう事にした。その中にはスペースシャトルで今回と同様な、空力弾性も関係する、荷重と強度に関する問題を扱った事があるＮＡＳＡの技術者も何名か含まれていた。

ノースロップ社はこの件については、二つの問題を同時に解決しなければならなかった。一つは機体構造に関する問題で、翼に掛かる曲げ荷重への対処方法だった。キヌーは突風荷重に対処する観点からは、当初の構造設計は良くないと思っていた。当初の設計では、機体の後方部分にある桁に荷重が集中しすぎると思っていた。彼は荷重を機体の前方部分と後方部分で、もっと平均して負担するようにしたいと思った。そうするには、機体の中央部を大きく設計変更し、操縦室を前方に、空気取入口を後方に移動し、中央翼に強固な箱桁を設置できるスペースを確保する必要がある。その設計変更をすれば、機体の重量は何トンか増加す

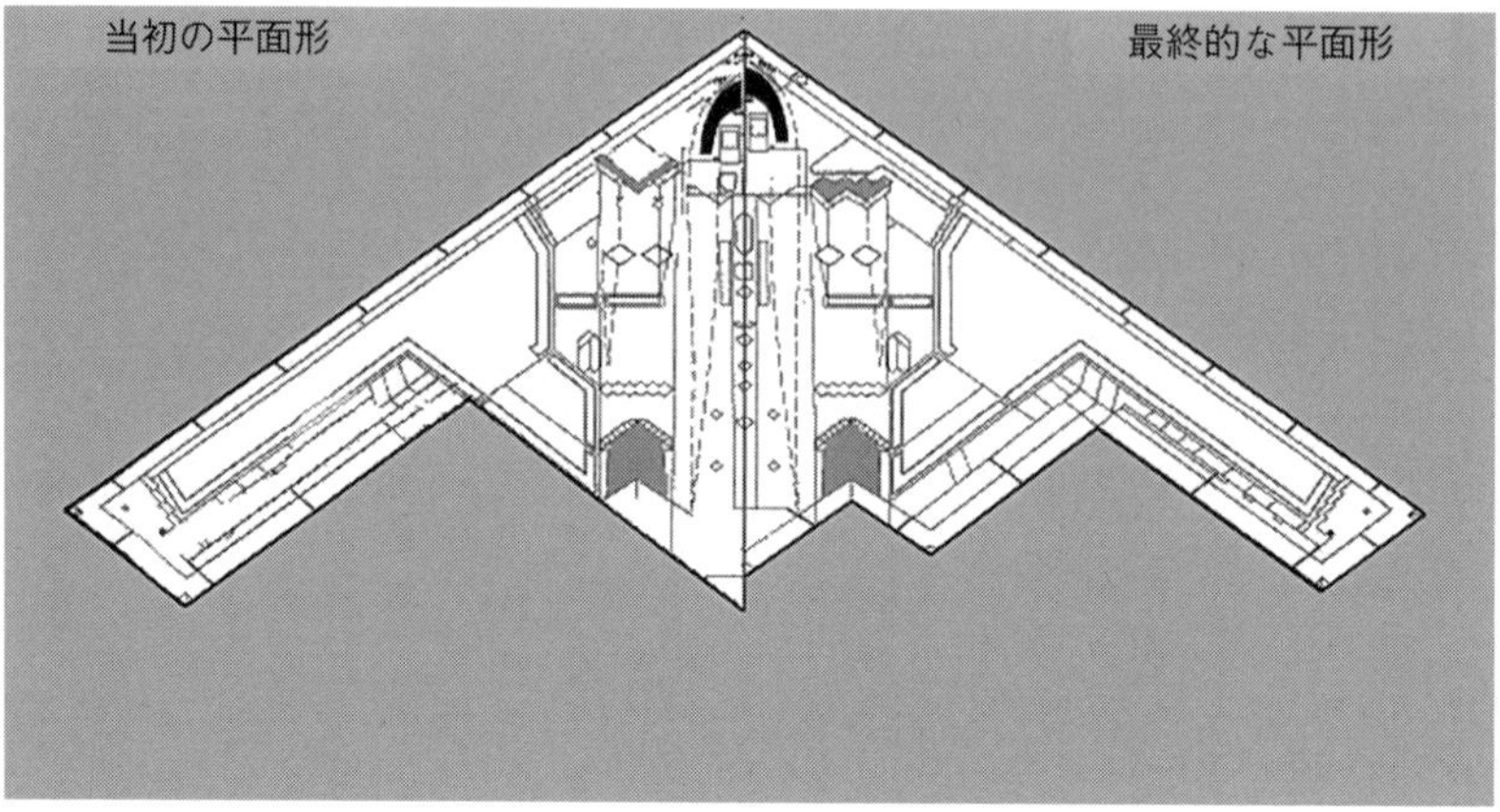

図 11.1　ノースロップ社の当初の平面形（左側）と、最終的なW形の平面形（右側）。（ノースロップ・グラマン社提供）

るが、機体はずっと構造的に強化され、主翼はこれまでより二倍近い荷重に耐えられるようになる。

もう一つは、翼に掛かる曲げ荷重を減らすために、操縦舵面を利用する上での問題だった。当初の設計では、操縦舵面は翼の外側部分だけについていた。設計チームは尾翼がない全翼機であるために、空力的に十分な制御能力を確保するのに苦労した。ヨー方向については、最終的には垂直尾翼や方向舵（ラダー）をあきらめて、翼端近くの舵面を上下に開く事で方向舵と同じ操縦が出来る様にした（垂直尾翼はレーダー波の反射上は不利）。しかし、ピッチ方向やロール方向については、低高度では、突風を受けると翼がたわんでねじれ、翼に対する気流の流れ方が変化するので、外翼に装備されている舵面の効きが低下してしまう。もっと機体の中央に近い位置に舵面を付ける必要があるが、現在の設計ではその場所がない。対策として、機体中央部のひし形の部分で、エンジンの排気が通る位置に切れ込み（ノッチ）を入れる事にした。これで突風の影響の少ない内翼に、縦操縦と横操縦に使用するエレボンを付ける場所が確保できた。その結果、上から見ると、機体はWを横に並べた、コウモリにも似た特徴的な形になった。

　舵面の位置が変更されただけでなく、その動かし方も変更された。アル・マイヤース率いる飛行制御系統グループは、舵面を動かす速さを、一〇〇度／秒まで大きくした（つまり水平位置から垂直位置まで一秒以下で動くと言う事だ）。この作動速度は、戦闘機の舵面の作動速度より大きく、このような大型機では前例の無い速さだった。[訳注3] Ｆ‐16戦闘機の舵面はＢ‐２機の舵面よりずっと小さいが、それでも作動速度は八〇度／秒である。何年か後の事だが、試験飛行を行う前の点検の際、格納庫の中で整備員が、パイロットがエレボンを動かすのを、椅子に座って見ていた。彼は椅子の背板にもたれて座っていたが、エレボンが最大速度で動いた時、舵面で引き起こされた風を受けて、彼は後ろに吹き倒されてしまった。

　機体の構造設計を変更し、平面形を変えて舵面を増設した事で、低高度飛行の問題は解決されたが、間もなく、設計上の問題がもう一つ出て来た。空軍は燃料、兵装を満載した状態で、世界中のどの大型飛行場からでも運用できる事を要求した。ノースロップ社はその要求について検討を行い、標高の高い飛行場で、気温が高い場合には、離陸で失速して墜落する場合がある事を発見した。それはキャッセンのレーダー反射対策班が、レーダー反射断面積を小さくするために翼の前縁を鋭く尖らせる事が必要だとしたためだった。前縁を鋭く尖らせた事で、迎角を大きくした場合、前から来る気流が翼の上面を真っすぐ後ろに流れず、外側向きに流れる。気流が横向きに流れると揚力が減少するので、離陸で機体が失速しやすくなる。標高が高い飛行場では、空気の密度が小さいために、特に失速しやすくなる。気流が真っすぐ後方へ流れるようにするために、ワーランドは翼の前縁に可動式の板やベーンなど、空力的な仕掛けを検討した。しかし、そうした方法はレーダー波の反射を大きくするので、キャッセンのレーダー波反射対策班には受け入れてもらえなかった。もう一つの可能性は、翼の前縁を丸くする事だったが、それもレーダー波の反射を増大させる。

電磁気学の専門家のケネス・ミッツナーは、直接的な関係が無さそうな難解な物理理論を用いて、実際の機体に適用できる解決策を考え出した。何年も前にミッツナーは、彼の用語を用いれば、「増分長さ回折係数（incremental length diffraction coefficient）」に関する論文を書いた。その論文では、ピョートル・ウフィムツェフの理論を基に、エッジ電流によるレーダー波の散乱の強さを計算する方法が示されていた。エッジ電流は、レーダー波が当たった時に、面の縁（エッジ）に生じる電流の事である。その理論による計算結果は、キャッセンの言葉では「理論の深い理解による予言」となった。彼の理論で計算してみると、レーダー波の散乱の大半はエッジの端部で生じ、中間の部分では少ない結果になった。航空機で言えば、レーダー波の反射、散乱のほとんどは、翼端で起こると言う事だ。

そのため、ノースロップ社は解決策として、外翼の前縁は翼端まで鋭く尖らせたままとし、中央翼の部分は前縁の厚みを増して丸くする事にした。前縁を丸くすると気流は滑らかに翼面に沿って後方へ流れる。外翼の鋭い前縁は、レーダー波の反射を低く保つ。機体を前方から見ると、機体の中央翼は丸みがあって厚く、外翼は薄いので、その形は「つまようじ」と呼ばれるようになった。

この「つまようじ」形の前縁は、中央の太くて丸い部分から、外側に向かって厚みが減って行く形状を決めるのが非常に難しく、ミッツナーの方法による計算と、レーダー波反射試験場での試験で、何度も修正を繰り返す事が必要だった。つまり、ミッツナーの難解な理論と、試験による試行錯誤を組み合わせたわけだ。最終的に「つまようじ」形の前縁にする事で、空力性能とレーダー反射特性を両立させる事が出来て、機体開発における設計上の最後の大問題が解決できた。

空気力学分野やレーダー波反射分野の問題以外にも、いくつか問題があった。レーダーに対するステルス化により、機体はレーダーで探知され難くなっても、目視、音、熱で探知されるのであれば、レーダーに対

図 11.2　B -2 爆撃機を正面から見る。翼が「つまようじ」に似た形をしている。翼端の上下に開いているのは、ヨー方向の操縦用の舵面。

（ノースロップ・グラマン社提供）

してステルス化した意味がなくなる。レーダー探知への対策が一番重要で、熱（赤外線）による探知対策の重要度はその次だが、レーダー対策に比べると重要度はずっと低い。熱による探知については、エンジンの排気が一番問題になる。Ｂ - ２型機ではエンジンとその排気口を翼の上に配置し、地上から直接見えないようにしているのに加え、空気取入口から入れた空気の一部を、エンジンを通さないまま冷たい状態でエンジン排気に混合して、排気口から出る排気の温度を下げている。熱による探知への対策の次は、目視による探知への対策も考える必要がある。高々度で飛行していて飛行機雲を発生させると、その先端に機体がいる事がすぐ分かってしまう。そのため、飛行機雲が発生する状況の時は、排気中にある種の化学薬品を噴射して、飛行機雲ができないようにする。又、高々度で飛行している時に、背景に溶け込んで見え難くなるように、暗い色に塗装されている。ノースロップ社は発見され難い塗装を検討するために、特別にコンサルタントを雇ったが、そのコンサルタントは熱心なバードウォッチャーでもあった。ケネス・ミッツナーは、彼自身もバードウォッチャーだが、「目視による発見を避ける方法について知りたいなら、まず鳥を研究するのが一番だ」と述べている。

設計チームは音響による探知については、あまり心配しなかった。カミンスキーの図上演習におけるレッドチームは、音響による探知について検討した結果、高い高度を飛行している旅客機が上空を通り過ぎて行く場合を想像すれば分かるように（ステルス爆撃機は旅客機の倍くらい高い高度を飛行する）、高い高度で飛ぶ場合には、背景雑音に紛れるので探知される可能性は低いと結論を下した。低高度では音速に近い高速で飛ぶので、機体の音が聞こえた時には爆撃機はもう頭の上に来ている。

この再設計により、数か月の期間と二〇億ドル程度の費用が余分に必要になったと思われる。一九八四年九月に、空軍はＡＴＢの公式の機体名をＢ - ２とした事を発表した。再設計に加えて、空軍がより厳しい秘密管理を要求したので、開発費は更に増加した。他のステルス機と同様に、Ｂ - ２爆撃機の内容も厳重な秘密にされていた。空軍の開発管理規則でも、開発計画に於ける優先事項は、⑴秘密保全、⑵性能、⑶日程、⑷コストの順と決められていた。

ノースロップ社は、他の機密度が高いステルス機の開発の場合と同じように、秘密保全のための面倒な手続きに悩まされた。新しく採用した人間は、保全審査が通るまで何もできず、別の場所でただ適当に時間を過ごすしかない。また、秘密保全に縛られるのがいやでやめてしまう人もいた。秘密文書の保存や配布管理も労力を要する。コンピューターにも秘密保全の処置が必要だし、建物は窓を全て塞ぎ、部外者は立ち入り禁止にし、出入口に警備員を配置しなければならない。表面には出ないが、個人の生活も監視対象になるし、家族に仕事の内容も作業場所も言う事はできない。

Ｂ－２爆撃機の開発では、ノースロップ社は保全管理体制を全く新しく構築する必要があった。ロッキード社のスカンクワークスは、多年にわたり極秘の機体を製作してきたので、設計部門だけでなく、製造部門についても保全管理規則に適合した施設があり、保全管理手順も完備していた。ノースロップ社はタシット・ブルー機を設計、製作したが、Ｂ－２爆撃機に比べると、関係者の人数も施設の規模も全く違っていた。ノースロップ社は極秘の機体を開発し生産するための社内の業務実施体制を、白紙から作り上げねばならなかった。

更に、国防総省はＢ－２爆撃機の開発については、もっと広い範囲に及ぶ保全管理体制を要求してきた。Ｆ－１１７型機では、スカンクワークスはそれまでと同じ、他とは隔離された状態で、自分達のやり方で開発と製造をする事ができた。ノースロップ社もタシット・ブルー機では、設計も製造も一つの建物の中だけで行ったので、スカンクワークスと同じように秘密保全はあまり負担にならなかった。こうした場所を限定する秘密保全の方法を、集中管理型保全管理と呼ぶ人もいる。秘密保全の対象を全て一か所に集め、そこだけをしっかりと管理する方式だ。しかし、Ｂ－２爆撃機の開発、製造体制は大規模なので、一つの建物には入りきらない。生産体制についても、ボーイング社とヴォート社は下請け会社として機体のかなりの部分を製作するが、その製作工場は他の州にある。更に、国防総省はそれまで以上に管理を厳しく行う事を要求した。ノースロップ社が保全管理を行う区域を、他から独立した一つの建物だけにして、その建物内だけを管理するだけでは不十分で、もっと広い範囲を管理する必要があった。保全管理対象の建物の内部でさえ、新しい管理規則では、書類一枚、部品一個でも一つの区画から別の区画に移す際は、全て保全管理事務所を通す事になった。

保全管理には費用がかかった。保全管理の費用は、B‐2爆撃機の開発費の一〇～一五パーセントにも達したと思われるし、それ以上に、作業の効率を悪くした。例えば、ノースロップ社はスカンクワークスと同様に、設計部門と製造部門の間で自由に交流できるようにして、両者が一体となって作業できるようにしたいと思った。しかし、保全管理でそれが出来なくなった。レーダー関連の技術者は極秘の区画で作業をしていて、製造現場の人間は直接、連絡する事ができなかった。ワーランドは「この保全管理が強要された事で、俺たちは窒息しそうだった。現場の連中は『これじゃ飛行機は作れない』と言っていた」と回想している。製造現場の人間は問題が起きても、それを解決するためにレーダー技術者と一緒に作業する事ができなかった。最終的には、製造現場側は現場で一緒に作業する事が多い構造設計の担当者に、レーダー関係者の極秘区画に入れる特別な許可を貰ってもらい、彼を介してレーダー関係の設計者と製造現場の間を取り持ってもらった。

保全管理を厳しくする必要性はあった。一九八一年、FBIはヒューズ社の技術者の一人が、B‐2用のレーダーを含む、ステルス性を有するレーダーに関する機密情報をマイクロフィルムにして、数年間に渡り共産圏に提供して一一万ドルの報酬を得ていた事を発見した。一九八四年にFBIは、B‐2型機の秘密情報をソ連に売ろうとしたノースロップ社の技術者を逮捕した。ノースロップ社のある工員が、自分で勝手に工場の屋根に上り、工場の上空を定期的に通過するソ連のスパイ衛星に見えるように、指を上げている手の下品な絵を描いて、スパイ行為に対する抗議の意思を表現しようとした事もあった。

しかし、B‐2機に関する厳しい秘密保全は、空軍は国家の安全保障のためより、政治的な批判を避けるために行っているのではないかと疑う人もいた。B‐1B爆撃機のメーカーのロックウエル社の幹部の一人は、「B‐2爆撃機と自社のB‐1Bを比較する事もできない。B‐2爆撃機については知る事を許されてないので、何もわからないのだ」と不平を漏らした事がある。空軍の民間人の顧問は、厳しい秘密扱いが必要な軍の開発計画は少なく、「ステルス機はそれには該当しない」と断定している。

国防総省の中にも、秘密保全にかかる費用が増え続けている事に気付いた人もいた。ステルス機の管理を緩和したいと思う人もいて、そうした人たちは、カミンスキーのレッドチームを使った図上演習では、米国は何を秘密のままにし、何を秘密指定から外すかを検討する事が、もう一つの目的になっていたと想像している。レーガン政権におけるペリー国防次官の後任者のリチャード・デラウアー国防技術研究担当国防次官は、B‐2機関連の情報の幾つかを秘密指定から外して、公表したいと考えた。レーガン大統領の科学顧問のジョージ・キーワースも同じ意見で、「秘密開発計画（ブラックプロジェクト）にしておいたのでは抑止効果は無い」と言っている。しかし、キャスパー・ワインバーガー国防長官は、B‐2爆撃機は厳重な秘密のままにしておく方針を変えなかった。

新奇で実用性が疑われる軍用装備品の開発に対する一般人や政治家からの批判が、秘密にされているステルス機にも向けられるようになると、普段は政府に同調的な「ディフェンスニュース」誌が、一九八五年に一つの警告を誌面に掲載した。そこには「今後数か月の内に、軍には秘密の兵器開発計画が数多く存在し、そのための数十億ドルもの巨額の費用が使われているのに、その事実が、高度に秘密な『ブラック計画』である事を理由に、軍の外部に明らかにされていない事が、納税者である国民に明らかになって来るだろう……一般国民が、秘密にされている軍の内部の情報を知り、驚かされるのも時間の問題だ」と述べられていた。実際、一九八六年一月に、民主党下院議員のジョン・ディンゲルはワインバーガー国防長官に、「急速に規模を拡大しつつある空軍のいわゆる『ブラック計画』について、空軍は議会に対しても実質的に全ての情報を隠してきた」と怒りを込めて抗議している。

ワインバーガー長官は秘密の開発計画（ブラック計画）の情報開示を求めるディンゲル議員の要求を無視したが、数か月後の一九八六年四月に上院軍事委員会からの手紙を受け取った。こちらは無視することは難しかった。手紙には「上院軍事委員会の共和党議員も民主党議員も、『ブラック（機密）の壁の後ろに隠された……軍の開発計画の規模が拡大しつつある』事を懸念しており、情報開示が制限されている予算の大部分が、B‐2爆撃機に割り当てられている事に注目している」とあった。手紙の最後には「会計年度ごとの予算額や総開発費のような最も基本的な数字さえ、これ以上秘密にしておく合理的な理由が存在するとは思われない」と締めくくられていた。委員会の職員の一人は「ステルス技術の一番のお手本は、空軍がその費用を隠す手法だ」と皮肉っている。

議会からの要請を受けて、国防総省は一九八六年六月にB‐2爆撃機の概要説明資料を公表し、総経費は三七〇億ドル（一九八一年時点に換算）で、一機当たりでは二・七七億ドルである事を明らかにした。キヌーが心配した通り、図面上の優雅な曲面を、実際の機体で実現する事の困難さがはっきりして来るにつれ、機体の製作費用は増え続けた。

まず初めに、図面を現物にする上での基本となる、高度な技術を要する現図にも関連する問題があった。この問題は、B‐2機では紙の図面ではなく、コンピューター上で設計がされていた事から生じた。ノースロップ社では何年も前から、会社の研究開発費でコンピューター支援設計（ＣＡＤ）システムの開発を進めてきた。ＣＡＤグループはそのシステムを、社内の設計、現図、製造の全ての段階で使用可能な、三次元用のシステムとして開発を続けていた。現図の場合は、図面上に表示された断面以外の場所の形状は、現図工が、設計図面上に図示された断面を基準に、その部分の線図を内挿して現図を作り、それを金属板に転写してきたが、ＣＡＤシステムでは機体の全ての形状データーを、コンピューター内の数値化された座標で定義するので、現図は不要である。キヌーはＣＡＤシステムの使用を決断した。Ｂ‐２爆撃機は全面的にＣＡＤで設計される最初の機体になると思われていた。

ノースロップ社のＣＡＤシステム開発チームのメンバーは、コンピューターと生産の双方の経験者で構成され、システムを完成させるのに三年間の期間を与えられていた。最初の三年間は設計作業に対応するだけで良かったが、四年目にはＢ‐２機の開発は製造段階に入る予定だった。その時点では、ＣＡＤシステムは、機体の四〇万点の部品の全てに対して、現図に相当する情報と製造用図面の双方を提供し、協力会社のボーイング社、ヴォート社や、機器製造業者についても、秘密保全対策がなされた通信回線で結んで使用される予定だった。

Ｂ‐２爆撃機の製造のために、ノースロップ社は一九八二年四月に、ロサンゼルス郡ピコリベラ市にある、フォード自動車の巨大な工場を購入した。それまではフォード社の乗用車を作っていた工員たちは、ステルス爆撃機を製造するためにノースロップ社に雇用された。Ｆ‐１１７型機と同様に、ステルス機では高い工作技術が必要だった。Ｂ‐２型機の内部には、箱型の構造部分があるが、それは難削材であるチタン製である。機体の外板の大部分は、アルミニウムより重量が軽い、炭素繊維とエポキシ樹脂を使用する複合材（ＣＦＲＰ）製である。ノースロップ社はこうした材料について、以前から研究をしてきたが、Ｂ‐２型機は翼幅が五二メートルもある大型機なので、それまでに無い大型の部品の製造や機械加工が必要になった。

ノースロップ社は新しい材料を調達し使用できる様にすると共に、次にその材料を使用した場合の成形方法や結合方法を確立する必要があったが、それには単にレーダーに映らない航空機を製作するのに必要な程度を越える、大規模な研究開発作業が必要だった。複合材の部品を作る際は、オートクレーブと呼ばれる巨大な加熱室内で、成形型に樹脂を含んだ炭素繊維の布を圧力をかけて密着させ、高い温度で硬化させる。ヴォート社と並んで主要な協力会社であるボーイング社は、巨大な主翼を製作するために、奥行きが二七メートルもある世界最大のオートクレーブを導入した。更に、ボーイング社は複合材部品の内部の空洞などの欠陥を、部品を傷つける事なく発見する方法（超音波探傷など）、複合材部品用の樹脂を含んだ炭素繊維の布をウォータージェットで切断する方法、リベットに代わる新しい締結金具を開発する必要があった。それまでの組立作業でのリベットガンの騒音が無くなり、Ｂ‐２型機の作業現場は物足りなさを感じるほど静かになった。

新しい複合材を使用するのに加え、ステルス機ではレーダー波を計算通りの方向に反射させるために、機体表面の曲面を、極めて高い精度で完成させる必要があった。ほとんどの航空機では、まず強度を負担する内部の骨組みを作り、その上に外皮を張ると言う、いわば内側から作って行く方式で機体を作る。しかし、こうして内側から作ると、外形形状については部品と組立作業時の誤差が足し合わされて、本来の意図した形状に対する誤差が大きくなりやすい。Ｂ‐２型機の外形形状に対する厳しい精度を実現するために、ノースロップ社は外側から内側へ向けて機体を作る事にした。そのために、製造用の治工具は、まず機体の外板などを結合して外形を作り、それに合わせて内部の骨組みを取り付ける方式を採用した。

一九八〇年から一九八五年の間に、ノースロップ社は従業員を、全社の従業員数の五六パーセントに相当

図11.3　パームデール工場のB-2爆撃機の生産ライン。
（ノースロップ・グラマン社提供）

する一万七〇〇〇人も増員した。一万二〇〇〇人が働くピコリベラ工場に加えて、ノースロップ社はカリフォルニア州パームデール市郊外に、一〇〇万平方メートルの敷地に床面積七万二〇〇〇平方メートルのパームデール工場を建設した。この工場は、空軍が用途を秘匿するために単に空軍四二番工場としている工場群の一部である。この空軍四二番工場はモハーベ砂漠内にあり、幾つかの工場、格納庫、滑走路を含む複合的な施設であり、灌木がまばらに生えているだけの砂漠の中では、周囲とは異質のハイテク施設である。ノースロップ社のパームデール工場は、フットボールのグラウンドを一六個合わせたより大きく、やがてB‐2型機の最終組立のために二四〇〇人が働く事になる。一九八七年の前半には、全国でB‐2型機の生産に関係する作業者は、合計して四万人以上いると推定されていた。

B‐2型機の生産に関連する工場は、全米各地に存在するが、そこで作られる部品などが最終的に集まってくるのはパームデール工場である。ピコリベラ工場は前部胴体と、翼の全ての前縁、後縁を製作する。ボーイング社はシアトル市で後部胴体と外翼を、ヴォート社はダラス市近郊で内翼を製作する。ゼネラル・エレクトリック（GE）社はシンシナティ市近郊でエンジンを、ヒューズ社はエルセグンド市でレーダーを製作する。ヴォート社とボーイング社の生産した部分は、巨大なC‐5輸送機に積み込まれてパームデール工場へ運ばれる。パームデール工場の組立ラインは一度に一五機の組立作業を行う事が出来、当初に予定されていた、年産二四機の生産が可能となっている。

ステルス機の生産が地域の経済に与えた効果は、中流階層の生活スタイルが代表的イメージとなっているカリフォルニア州南部の経済が、軍需産業に依存している事を改めて感じさせる事になった。一九八〇年代には、「ゴールデンステイト」と呼ばれるカリフォルニア州に、その名前のような好景気が戻ってきた。ノースロップ社のB‐2型機の製作による雇用の増加もあったが、それに加えて、航空機産業を支える機械加工工場や、南カリフォルニア全域に点在する、B‐2型機用の締結部品、測定器具、スイッチ、配線などの業種でも多くの雇用が生まれた。又、ステルス機はレーガン政権下での好況をもたらしたが、そのための準備作業は彼の前の大統領達の時から行われていた事を再認識させる事になった。ステルス機への予算の投入は、ニクソン大統領とフォード大統領の時代に目立たない形で始まり、カーター大統領の時に予算は大幅に増額されている。

経済が不況から好況に転じた原因はステルス機だけではない。カリフォルニア州南部では、一九八〇年代前半には、巨額の国防関連の生産が行われていた。そこには、ロックウエル社のB‐1B爆撃機、ロッキード社のトライデント潜水艦発射弾道弾、MX大陸間弾道弾のノースロップ社とロックウエル社の分担分（主契約者はマーチン・マリエッタ社）、それにロッキード社のF‐117戦闘機も含まれている。こうした受注作業が増えた効果は、不動産や住宅建築などの分野にも波及した。ロサンゼルス地区の航空宇宙関係の雇用は、一九七九年から一九八六年の間に四〇パーセント増加した。同じ時期の東部や中西部の製造業に於ける雇用の減少に比べると、この増加は目立っている。

一九八七年には、B‐2型機などによるノースロップ社の仕事量は急激に増加したので、ロザンゼルス・タイムズ紙が、「元は規模が小さかったノースロップ社が、今世紀末には米国の航空宇宙産業をリードする企業に成長する可能性がある」と書くほどになった。

ロサンゼルス・タイムズ紙がノースロップ社の将来は明るいと書いたが、B‐2機の前途には不安を感じさせる要因も現れてきた。B‐1B爆撃機の生産が決まったので、B‐2爆撃機の開発日程には多少の余裕が出て来た。空軍は爆撃機の戦力の不足を生じないように、まずB‐1B爆撃機を生産して基地に配備し、その数年後からステルス爆撃機の配備を始めようと計画していた。先にB‐1B爆撃機の生産を進めるのは、ロックウエル・インターナショナル社（伝統ある南カリフォルニアの航空機製造会社のノースアメリカン航空社が吸収合併された後の会社名）が、カーター大統領が一九七七年にキャンセルする前に、B‐1A爆撃機をすでに完成させていたからである。B‐1B機はB‐1A機の設計を一部変更した機体なので、開発期間は短

くて済む。Ｂ‐１Ａ爆撃機の調達をキャンセルした時、政府はその生産用治工具の処置については何も指示しなかった（それとは対照的に、国防総省がＳＲ‐71戦略偵察機の生産をキャンセルした時には、国防総省はロッキード社に全ての治工具を廃却させた）。そのため、ロックウエル社は治工具を保存する事にして、カーター政権の次の政権が生産を再開させてくれないか、様子を見る事にした。その狙い通り、レーガン大統領が就任すると、設計を一部変更してＢ‐１Ｂ型とした機体を生産をする事にしたので、ロックウエル社は保存してあった治工具を持ち出して、再び生産に使用する事にした。

国防総省としては、一九八二年から一九八四年の間はＢ‐１Ｂ型爆撃機の生産に全力を投じ、その間、ノースロップ社のＢ‐２爆撃機については、まだ設計的に不安が残る部分を検討して対処させる事にして、Ｂ‐２機への支出は抑える計画だった。Ｂ‐１Ｂ型機の生産終了が近付く一九八五年からはＢ‐２型機に重点を移して、その開発完了と生産開始に努力を集中する予定だった。当初の契約では、初飛行は契約から六年後の一九八七年の予定だった。これはロッキード社のＦ‐１１７型機の時より一年遅いが、Ｆ‐15戦闘機とは同じくらいであり、Ｆ‐16戦闘機やＦ‐18戦闘機の場合よりは一年早かった。Ｂ‐２型機のような大型で複雑な機体では、六年間かかっても遅いとは言えない。

国防業界の用語では、Ｂ‐２型機は「同時進行型の計画」、つまり機体の開発で、設計、製造、試験が、全体の日程計画の中で、必要な場合には同時並行的に行われる場合もある事を意味している。もし何か問題が起きると、この同時並行性のために、その問題の影響が大きくなる。一九八五年の時点では、すでに設計変更により開発期間とコストの双方が大きな影響を受ける状態になっており、製造作業が始まると、技術的な問題だけでなく、製造に関連した事項でも、何らかの変更が必要になると、それに対する対応は難しくなった。例えば、ノースロップ社は機体の四〇万点の部品の全てについて、その品質管理が正しく行われている事を確認しなければならなかったが、サンフェルナンド・バレー所在のある会社が欠陥のある締結部品を納入した際には、その締結部品は検査されないままボーイング社の分担部位に使用され、その分担部位はノースロップ社の最終組立ラインに運び込まれてしまった。欠陥部品は全て最終組み立てラインで交換しなければならなかった。ノースロップ社のB‐2型機担当の部長クラスのほとんどは技術部門出身者で、購入先の管理などには経験が無かった。ノースロップ社は担当副社長のパティエルノの補佐役に、資材購入業務の経験者を追加した。

問題がいろいろ生じたので、初飛行の予定は月単位の遅れを繰り返し、一九八九年になってしまった。ノースロップ社はまず飛行試験用に完全装備の機体を六機製造し、それに続いて年間三〇機のペースでの量産を開始したいと計画していた。初飛行が遅れる事は、飛行試験による機体の機能、性能などの確認が遅れる事を意味していた。飛行試験の結果、設計変更が必要な問題点が幾つかある事が判明した。例えば、エンジンの排気口の後方の主翼の上面は、予想より高い温度になる事が分かった（ロッキード社がハブ・ブルー機で遭遇したのと同じような問題である）。

国防総省が一九八六年に公表したB‐2型機の概要説明資料では、B‐2型機の価格は一機当たり二億七七〇〇万ドルだった。この機体価格の高さは、費用対効果の観点から、一機三億ドル近い機体で危険を冒して爆撃を行うほど価値の高いソ連の目標は何だろうと、国防総省を悩ませる事になった。前国防副長官で装備品調達担当だったロバート・コステロは、「クレムリンの男性トイレを爆撃したいなら、もっとずっと安く済む方法がいくつもある」と冗談で言っている。機体価格の上昇は議会でも問題視された。一九八七年には上院軍事委員会は、B‐2型機の生産に競争原理を導入して、最終組立を別の会社に担当させる事や、ノースロップ社以外の企業にも機体を生産させる事を検討するよう提案して、ノースロップ社を驚かせた。国防総省は議会の要請により、ランド研究所に、現状のノースロップ社との随意契約以外の契約の在り方を検討するよう依頼した。その検討結果を、ランド研究所の副所長のマイケル・リッチ（ロッキード社スカンクワークス責任者のベン・リッチの息子）が、ワインバーガー国防長官と議会に対して報告した。

議会でＢ‐２爆撃機に対する疑問の声が多い事や、開発で問題が多い事は、ノースロップ社の株主達を不安にさせた。ノースロップ社の収益の半分はＢ‐２型機によるものだからだ。Ｂ‐２型機の契約は原価加算契約だった。この方式の契約は、政府が機体を製造するのに必要なコストは全て支払い、それに、前もって取り決めた利益を上乗せする契約である。こうした契約では、会社は損失を出す事はなく、契約実行状況（予定額よりコストダウンが出来たなどの場合）や、製造作業の進捗度に応じて報奨金が支払われる。ノースロップ社は予定されていた作業進捗度を守れなかったので、一九八六年と一九八七年には利益分から二億一四〇〇万ドルを差し引かれた。一九八七年の第二四半期には、ノースロップ社の株価は五〇パーセント近く下がり、敵対的買収の標的になる可能性があった。

ノースロップ社の財政的な問題は、Ｂ‐２型機だけが原因ではなかった。ノースロップ社のＭＸ大陸間弾道弾の誘導装置の作業でも、日程の遅延とコスト超過を起こして国から契約違反で訴えられた。また、会長のトーマス・ジョーンズが主導して開発した、軽量で安価なＦ‐20戦闘機の販売でも、Ｆ‐16戦闘機との競合に負けて成果を上げられなかった。Ｆ‐５戦闘機の場合と同じく、ジョーンズ会長はＦ‐20戦闘機の開発を、国防総省との契約で行うのではなく、海外への販売を期待して、自社費用で行った。しかし、米国がＦ‐20戦闘機を購入しなかったので、どの国も購入しなかった。結果として、ノースロップ社は十億ドルの損失を出した。また、Ｆ‐20戦闘機の開発では、ノースロップ社はもともと技術者の人数が少なかったので、必要な開発要員を集めるのに苦労していたＢ‐２型機の開発チームと、人員の確保で競合する事になってしまった。更に悪い事には、ノースロップ社は海外販売活動で、韓国高官への贈賄が疑われてしまった。ノースロップ社は贈賄の容疑を否認したが、この件で一九七〇年代の忌まわしい贈収賄スキャンダルのイメージが復活してしまった。

一九八九年四月、苦境に立ったノースロップ社は、会長のジョーンズの退任を発表した。ジョーンズは、批判を受けたので退任するのではなく、年齢が六八歳になり、退任すべき年齢に達したからだと説明した。同年、空軍はB - 2型機の総経費が、一九八一年換算で四四〇億ドルで、インフレ分を含めると一三二機を調達するとして七〇〇億ドルに上昇し、一機当たりの価格は五億三〇〇〇万ドルになると発表した。安価な航空機を手掛けてきて、価格に厳しいジョーンズだったが、今やこれまでで最も高価な航空機を手掛ける事になってしまった。その原因は、空軍が開発に際して厳しい要求事項を譲らなかった事もあるし、ノースロップ社（空軍もだが）のステルス爆撃機製作の難しさに対する見込みの甘さもあった。理由はともあれ、ノースロップ社の経営を三〇年間担い続けて来たトーマス・ジョーンズの退任は、一つの時代の終わりを感じさせた。実際、ノースロップ社の会長が変わっただけでなく、B - 2型機を取り巻く時代そのものが変化したのだ。

ジョーンズは退任発表後も数か月はその地位に留まったので、B - 2型機の初飛行を会長として見届ける事ができた。B - 2型機のロールアウトの式典は、一九八八年一一月にパームデールの空軍四二番工場で行われた。式典では軍楽隊が華やかな演奏を行った（軍楽隊が演奏したのは、この時のために作曲された「ステルス機ファンファーレ」だった）。空軍の将官四一名を含む、二〇〇〇人の参列者が集まり、二〇〇人の武装警

備員と警備犬が警備に当たっていた。機体が牽引車で格納庫から引き出されると、参列者は熱狂的に迎え、報道陣の写真撮影が終わると、機体は再び格納庫へ戻された。空軍は報道陣が機体を前からしか見られないようにしていた。しかし、工場の上空からの撮影は禁止していなかった。アビエーション・ウイーク誌の敏腕編集者のマイク・ドーンハイム（彼自身もアマチュアのパイロットだった）は、報道用の飛行機をチャーターして、上空からＢ‐２型機を撮影させた。他の報道関係者は地上で拳を振り上げて抗議したが、無駄だった。

このロールアウトの式典はちょっとやり過ぎだと思った人もいた。一九八八年にはソ連のゴルバチョフ共産党書記長のグラスノスチ（情報公開）政策により、冷戦の対決状態は緩和され、Ｂ‐２型機のそもそもの必要性も少し弱まっていた。Ｂ‐２型機が公開される数か月前、レーガン大統領はモスクワを訪問し、ゴルバチョフ書記長と仲良く赤の広場を一緒に歩いた。クレムリンで一人の記者が、わずか五年前にレーガン大統領がソ連を「悪の帝国」と呼んだ事について質問すると、レーガン大統領は「それは別の時代、別の時の事を言ったのだ」と答えた。

ロールアウトが終わると、次はいよいよＢ‐２型機の初飛行を行わねばならない。今回もテストパイロットは、フライトシミュレーターで何千時間も試験をして、飛行制御系統の技術者と共に、フライバイワイヤ系統のソフトウエアに潜む不具合（バグ）を洗い出し、修正する作業を行った。Ｂ‐２型機は前にも書いたが、全翼機である事を初めとして、過去の機体と共通する点が幾つかある。飛行試験段階でも、昔からの問題がまた浮かび上がって来た。飛行制御系統の設計作業を行っている際に、技術者達は地面効果が心配になった。Ｂ‐２型機は翼が大きく、抵抗が少ないので、着陸で接地しようとしても、機体は浮いたままでなかなか接地しないかもしれない。ノースロップ社の年輩の社員には、一九四〇年代に全翼機のＹＢ‐49爆撃

図 11.4　1989年7月17日、モハーベ砂漠上空を初飛行中のB-2爆撃機。（米空軍提供）

機で同じ心配があった事を記憶している人も居た。そこで、現在は七〇歳代になっている、ＹＢ‐49型機のテストパイロットだったマックス・スタンレーに来てもらう事にした。設計チームはスタンレーに保全許可証を交付してもらい、彼にシミュレーターで試験してもらった。何回か着陸試験をすると、スタンレーはＢ‐２型機の着陸には問題ないと判断した。[訳注4]

　一九八八年に一般公開された時、機体はまだ完全に完成した状態ではなかった。エンジンさえまだ装備されていなかった。Ｂ‐２型機の初飛行は、当初の予定より一年半後の一九八九年七月に行われた。七月一五日の土曜日、多くの人が初飛行を見るために集まった。ずっと前に他の仕事に変わっていたキャッセンとワーランドもやってきたが、がっかりする事になった。飛行の直前に、燃料系統のフィルターが詰まっている事が発見され、飛行は中止になった。調査の結果、フィルターが詰まった原因は、作業員が燃料タンクの内側に燃料の漏洩防止用のシーラントを塗る作業をした時に、作業服から出た微細な糸くずだった事がすぐに判明した。

二日後、作業員が燃料タンク内の糸くずを取り除いて飛行可能になった機体は、前回よりずっと少ない人数の人達が見守る中、ついに初飛行を行った。ノースロップ社の主任テストパイロットのブルース・ハインドと、空軍のテストパイロットのリチャード・クラウチ大佐の操縦により、B‐2型機は空軍四二番工場の滑走路から離陸し、脚を下げたままモハーベ砂漠の上空を高度三〇〇〇メートルで一時間半飛行した後、四〇キロメートル離れたエドワーズ空軍基地に着陸した。無事に初飛行が終わった事をあっけなく感じた人もいたし、何年間もの努力が報われたと感激した人もいた。総括責任者のキヌーの目には涙が浮かんでいた。関係者はエドワーズ空軍基地のオフィサーズクラブでパーティを開いた。B‐2型機に関係した人間が会場に入ってくると、だれかれ構わずプールに放り込まれた。

B‐2型機は本格的な量産に入り、ノースロップ社は一九九三年末にミズーリ州ホワイトマン空軍基地に一機目の機体を納入した。ピコリベラ工場は一九九七年にB‐2型機の部品、組立品の製造を終え、翌年、最後のB‐2型機がパームデール工場の組立ラインから送り出された。二〇〇一年にピコリベラ工場は取り壊され、そこにショッピングモールが作られた。その場所が、フォード自動車の工場からステルス機の工場、そしてショッピングモールへ変わった事に、歴史の流れを感ぜずにはいられない。

第12章　秘密だったステルス機が脚光を浴びる

湾岸戦争はステルス機の真価が試される初めての機会となった。イラクは一九八〇年代に、ソ連式の統合防空システムの構築に数十億ドルを投じてきた。首都のバグダッドの市街地には、ベトナム戦争で米軍機に甚大な損害を与えたハノイ市の防空網の七倍の密度で対空兵器が配置されていた。バグダッドは世界でモスクワに次いで防御が固い町だった。

この防空網は襲来したF‐117型機を発見できなかった。一九九一年一月一七日の開戦初日の夜に、合計四二機のF‐117ステルス戦闘機は、その日に設定されていた全体の攻撃目標のほぼ三分の一を破壊した。戦争の全期間で、F‐117A戦闘機の出撃回数は全体の二パーセントに過ぎなかったが、イラク領内の攻撃目標の四〇パーセントに攻撃を加えている。出撃した内の八〇パーセントの飛行では、目標点の三メートル以内に爆弾を命中させている。作戦立案担当者は、目標点を特定の建物とか航空機の掩体壕としてではなく、そこの窓とか出入口などの特定の箇所を指示する事にした。米国本土でニュースの画像を見ていた人達は、第一波の攻撃で一機のF‐117戦闘機の投下した誘導爆弾が、イラク空軍の指揮所の建物の換気用ダクトに突入していく映像を見る事ができた。

ステルス機によって、米国は圧倒的な航空優勢を獲得する事ができた。五〇年前の第二次大戦では、米国の第8航空軍はドイツ上空へ侵攻した機体の二〇機に一機は失っていたし、爆撃できた機体も、目標の三〇〇メートル以内に爆弾を投下できたのは三分の一に過ぎなかった。イラクでは、ステルス機は爆弾を換気用ダクトを目標にして、そこに突入させる程の精密な爆撃を行なったが、一機の損失も無かった。誘導爆弾二発を搭載したF-117戦闘機は一機で、第二次大戦における合計六四八発の爆弾を搭載した一〇八機のB-17爆撃機と同等の戦果を上げる事ができた。湾岸戦争においても、ステルス機で無い機体の場合には、一か所の目標を攻撃するのに、八機の攻撃機と、護衛用に三〇機の戦闘機と電子戦機が必要で、ステルス機の四〇倍近い戦力の投入が必要だった。それに対し、F-117戦闘機は、護衛用の機体なしで、二一機で三七か所の目標を攻撃した。ステルス機により作戦計画が全く変わってしまった。対空防御が厳しい目標に対して、何十機、何百機の機体を使用しなくても、一機で複数の目標を攻撃し破壊できるのだ。

イラクとの戦闘における米国と同盟国の人的被害は予想よりずっと少なかったので、F-117型機を装備するために要した費用は、十分にその価値があったと評価された。ステルス機に対する賛辞が、軍からも民間からも数多く寄せられた。ヴァニティ・フェア誌は、アニー・ライボビッツ撮影の湾岸戦争の英雄の写真特集ページに、F-117A型機を特別扱いで掲載した（誌面ではF-117型機を「ステルス爆撃機」と紹介しているが、実際にこの機体は爆撃を任務とする機体なので、そう表現しても間違いではない）。その記事では、「スマート爆弾（誘導爆弾）を落とすにはスマートな（ハイテクな）機体が必要だ。イラク軍のレーダーにとって、ステルス機は蝶くらいにしか映らないが、B-52爆撃機のように大きな被害をもたらす。ステルス機は空軍のとっておきの攻撃手段であり、国防総省にとってコミックのバットマンに出て来るバットプレーンのような存在だ」とほめている。端的に言えば、F-117型機は技術的に大成功だった。記事は「好ましい戦争など存在しないが、少なくとも湾岸戦争はベトナム戦争ほどひどくなかった」と締めくくっている。

ベトナム戦争と比較された事で分かるように、ステルス機は米軍の自信回復に役立った。当時の米国を取り巻く国際情勢は、米国の優位性を国民に感じさせていた。ベルリンの壁は取り壊され、東ヨーロッパには民主化の流れが拡がり、ソ連邦自体の在り方がゆらいでおり、その年の終わりには、流血の事態はほとんど起きないまま、ソ連邦はばらばらに分裂してしまう。ステルス機は、冷戦に勝利した事と、湾岸戦争に一方的に勝利した事の、双方を象徴する誇らしい存在だった。米国民は、ソ連を封じ込めて冷戦に敗北させた事や、イラクを屈服させた事を可能にしたのは、冷戦期に米国が技術開発に努力した結果であり、ステルス機はその技術開発の輝かしい実例だと感じた。

スカンクワークスを発足させ、その精神的支柱だったケリー・ジョンソンは、一九九〇年一二月二一日に、八〇歳で亡くなった。湾岸戦争開戦の一か月前だった。彼は、最初はうまく飛ぶとは思わなかったスカンクワークス製のステルス機が、決定的な戦果を上げるのを見届ける事は出来なかった。

湾岸戦争やソ連邦の崩壊の時にはB‐2型機はまだ実戦配備されていなかったので、F‐117のように賞賛される事はなかった。米ソの冷戦はノースロップ社がB‐2型機の量産を始めようとしていた時に終結したので、B‐2型機の開発当初に想定されていた存在理由は無くなってしまった。議会、ジョージ・ブッシュ大統領、ビル・クリントン大統領は、何度もB‐2型機の全面的キャンセルを考えた。ずっと極秘にされていた機体だが、この頃になるとノースロップ社は、議会のB‐2型機反対派に対抗するための広報戦略の一環で、報道関係者をB‐2型機の生産ラインの見学に招き始めた。結局、議会はすでに数十億ドルを投

入したＢ‐２型機の計画を中止するのをためらい、生産のキャンセルを求めない事にした。しかし、国防総省は調達機数を減らす事に決め、当初計画の一三二機から七五機に減らし、最終的には二〇機に試験用の一機を加えた二一機だけを購入する事にした。当初の調達予定から見れば、わずかな機数である。開発費を含む最終的な総費用四五〇億ドルを二一機だけで負担すると、一機当たりの価格は天文学的数字になり、「二〇億ドルの機体」と呼ばれるようになった。

一方、ソ連邦の解体に伴い、Ｂ‐２型機はその能力に見合った任務を探さねばならなくなった。空軍はリビアのような、発展途上国で無法国家と認定している国に対して、通常兵器による攻撃にＢ‐２型機を使用する事を検討したが、そのような任務に一機二〇億ドルの機体を使用する事は妥当とは思えなかった。[訳注1]では、二〇億ドルの機体で、危険を冒しても攻撃するのに値する目標とは、いかなる目標だろうか？（それに比べて、Ｆ‐１１７型機の価格は、試作機の費用も含めて、一機一・一億ドルだった）整備の手間と費用が大きい事もＢ‐２型機では問題だった。飛行試験の結果では、雨、雪、湿度、高温や低温により電波吸収材が劣化し、機体のステルス性が低下する事が分かった。そのため、Ｂ‐２型機を運用する際は、空調完備の格納庫に入れ、飛行後には整備作業に長い時間と多額の費用が必要だった。開発中の飛行試験の時には、Ｂ‐２型機は一飛行時間当たり整備に八〇人時（マンアワー）が必要だった。一九九六年にホワイトマン空軍基地に配備されると、その値は一飛行時間当たり一二四人時（マンアワー）に跳ね上がった。その結果、配備されたＢ‐２型機で、任務可能状態だったのは平均してわずか四分の一の機数に過ぎなかった。

Ｂ‐２型機が実戦に参加したのは一九九九年で、バルカン半島のコソボ紛争に対してだった。米国のミズーリ州からバルカン半島まで、空中給油を利用して無着陸で往復し、最初の八週間でセルビアに於ける攻撃目標の三分の一を破壊した。紛争の全期間を通して、ＮＡＴＯ側の合計三万四〇〇〇回の出撃の内、Ｂ‐２

型機の出撃回数は五〇回だったが、全体の一一パーセントの目標を破壊した。その中にはセルビア共和国内の、他の機体が二週間攻撃しても破壊できなかった、ドナウ川にかかる重要な橋も含まれている（コソボ紛争ではＦ‐１１７型機が一機撃墜されたが、それはレーダーで探知されたからではなく、空軍が作戦行動で手間を惜しんだからである。Ｆ‐１１７型機は同じ飛行経路を何度も繰り返し飛行したので、セルビア軍の防空部隊は機体が来るのを予測できた）。九月一一日のテロの後には、Ｂ‐２型機はアフガニスタンに出撃し、その後、第二次湾岸戦争（イラク戦争：二〇〇三年）にも出撃している。

一九九一年の湾岸戦争で、ステルス機は初めて大規模な戦闘に参加したが、そのずっと前から米軍はステルス技術を他の種類の兵器に使用できないか検討を進めていた。ロッキード社もノースロップ社もステルス性を持つ巡航ミサイルを検討していた。ロッキード社は一九七〇年代に、ハブ・ブルー機と同じ設計方針を適用したシニアプロム計画を、ノースロップ社は一九八〇年代に、タシット・ブルー機を上下逆にした形の巡航ミサイルを、三軍統合スタンドオフ攻撃ミサイル（ＴＳＳＡＭ）用に研究していた。空軍は最終的には、どちらの会社のミサイルも採用しなかった。

米海軍もステルス技術を利用したいと考えたが、あまり良い結果は得られなかった。ロッキード社はステルス艦「シーシャドウ」を建造し、南カリフォルニアのサンタバーバラ海峡で評価試験が行われた。最終的には、「シーシャドウ」もその設計思想も採用されなかった。このステルス艦で問題だったのは、海面はレーダー波を様々な方向に反射し、一部はレーダーの方向に戻って来るが、ステルス艦に当たったレーダー波の反射波は、発信したレーダーの方向には戻らないので、レーダー画面で見ると、全体には海面からの反射が表示されている中で、ステルス艦が居る場所だけが反射信号がないので、穴が開いているように見える事だ。又、海軍はA‐12ステルス艦上攻撃機を開発しようとした（ロッキード社のスパイ機、A‐12とは別の機体である）。マクドネル・ダグラス社とゼネラル・ダイナミックス社のチームが、一九八八年に競争に勝って機体の開発を受注した。この機体はB‐2型機のほぼ半分の大きさの機体で、平面形は単純な三角形をしている。開発費の超過、開発作業の遅れに、冷戦の終結が重なり、国防総省は一九九一年にこの機体の開発をキャンセルしたが、数十億ドルが無駄になった。

一方、空軍はステルス性を、戦闘機にも取り入れたいと思った。F‐117型機は機種記号が「F」ではあるが、実際は攻撃機であり、敵機との空中戦を主目的とする戦闘機ではない。空軍はこの新しい戦闘機を、先進戦術戦闘機（ATF）と呼ぶ事にしたが、その開発には航空機メーカー七社が名乗りを上げた。一九八六年、空軍はATFを開発する会社の選考対象を、ロッキード社とノースロップ社の二社に絞った。この二社は、またしてもステルス機の開発で競う事となった。ロッキード社はボーイング社及びゼネラル・ダイナミックス社と、ノースロップ社はマクドネル・ダグラス社とチームを組んだ。ATFの要求内容は厳しいものだった。アフターバーナーを使用しなくても超音速で巡航が可能な事、外部燃料増槽無しでも航続距離が長い事、格闘戦で勝利できる高い運動性を持つ事、そして、当然だがレーダー反射断面積は極小である事が要求された。

ロッキード社は、前回のATBの競争で、平面を用いた設計で曲面を用いた設計に負けた事を反省し、その教訓を活かす事にした。ロッキード社のATFの設計案では、F‐117型機と同じく、大きな平面がエンジンの空気取入口周辺などに使用されているし、二枚の垂直尾翼は外側に傾いている。しかし、前部胴体、操縦席回り、後部胴体などにはきれいな曲面が使用されている。ロッキード社はF‐117型機の開発経験を重視して、開発の総括責任者に、それまでＦ‐１１７型機の量産段階の総括責任者だったシャーマン・マリンを任命した。一九九〇年に、ロッキード社のＹＦ‐22型機とノースロップ社のＹＦ‐23型機のそれぞれ二機の試作機を使用して飛行試験による比較が行なわれた結果、ロッキード社の機体が優れていると判定された。量産型のＦ‐22型機は一九九七年に初飛行し、二〇〇五年に部隊に配備された。ステルス機であるジョイントストライク・ファイター（統合打撃戦闘機：ＪＳＦ）の開発競争では、ロッキード社はノースロップ社とチームを組んでＸ‐35型機（量産機の名称はＦ‐35型）を開発し、ボーイング社の機体（Ｘ‐32型機）に勝利した。Ｆ‐35型機の空軍、海軍、海兵隊に対する配備は、二〇一五年に始まった。

二〇一一年、空軍は次世代の新型ステルス爆撃機の開発担当社を募る事を発表した。今回もノースロップ社（現在はノースロップ・グラマン社）と、ロッキード社（現在はロッキード・マーチン社。ボーイング社とチームを組んで参加）の争いとなった。今回はノースロップ社が、Ｂ‐２型機の流れをくむ全翼機を提案して勝利し、Ｂ‐21型機として開発を担当する事になった。これまでの開発担当会社の実績を引き継ぐ形の決定だった。ロッキード社は小型機であるステルス戦闘機を、ノースロップ社は大型機であるステルス爆撃機を担当する。ノースロップ社は再びパームデール工場の大幅な増員を始めた。Ｂ‐21型爆撃機の生産を極秘のうちに行うためだが、自動化を進めるので、Ｂ‐２型機の時ほどの人員は必要としないと見込まれている。

ロッキード社とノースロップ社は、ステルス性を持つドローン（ＵＡＶ：無人機）でも競合した。こうしたドローンは、アフガニスタンのような防空体制が弱い地域だけでなく、イランのような防空体制が整った地域でも使用する事を目的としている。スカンクワークスはＲＱ‐１７０型機を、ノースロップ・グラマン社はより大型で航続距離の長いＲＱ‐１８０型機を開発した。どちらの機体も全翼機で、Ｂ‐２型機よりも空力的な特性とステルス性の両立がもっと進んでいる。どちらの機体に関しても、その内容は秘密になっている。ＲＱ‐１７０型機は二〇〇七年に、アフガニスタンのカンダハル空軍基地に於いて粒子の荒い画像が撮影されており、その画像は二〇〇九年にアビエーション・ウイーク誌に掲載された。ＲＱ‐１８０型機も二〇一三年一二月のアビエーション・ウイーク誌に不鮮明な写真が掲載された。

ステルス性は別の場面でも大きな役割を演じている。二〇一一年のオサマ・ビン・ラデン殺害作戦では、ＵＨ‐60ブラックホーク・ヘリコプターが使用されたが、この時の機体には明らかにステルス化改修が施されている。又、ステルス性を持つＲＱ‐１７０型無人機により、ビン・ラデンの潜伏先の状況について、重要な情報が得られている。

現在では米国だけがステルス技術を独占している訳ではない。二〇一〇年には、ロシア連邦のステルス機、スホーイＳｕ‐57型戦闘機（設計局内名称はＴ‐50）が初飛行し、翌年には中華人民共和国のステルス機、Ｊ‐20型戦闘機が初飛行した。又、ロシア連邦も中華人民共和国も、ステルス機への対抗手段として、ステルス機を探知できる新型の防空レーダーを開発したと報じられている。

冷戦の終結は国家的には喜ばしい事だったが、航空宇宙産業には厳しい状況がもたらされる結果となった。南カリフォルニアの航空宇宙産業はまたしても厳しい不況に陥り、数十万人の従業員が職を失い、残った人達も次は自分の番ではないかと不安に思う状況になった。南カリフォルニアの航空宇宙産業は、一九七〇年代前半の暗黒の日々から、一九八〇年代の好景気を経て、一九九〇年代前半の景気後退と、好不況の波を一通り経験した事になる。

一九九四年の時点では、カリフォルニア州の航空宇宙産業は、最盛期の一九八〇年代中期に比べると、従業員数の三分の一を削減していた。航空宇宙産業が集中しているロザンゼルス郡では、航空宇宙産業の従業員数は半分に減少し、ほぼ一九七〇年代初期の人数に戻った。一九九三年に公開された映画『フォーリング・ダウン』では、マイケル・ダグラス演じる主人公の航空宇宙技術者は、レイオフされて理性を失い自滅への道をたどる。映画の公開の前年の一九九二年には、黒人のロドニー・キングに対するロサンゼルス市警の暴行によりロサンゼルス暴動が起きている。暴動は人種差別による暴行が引き金だったが、不況による経済的混乱も暴動が悪化した原因の一つである。南カリフォルニアは、炎上する建物、立ち昇る黒煙、通りをパトロールする武装した兵士がイメージされる地域になったが、その原因はソ連との戦争ではなく、米国の国内の治安の悪化によるものだった。

国防予算が削減されると、航空宇宙関係の企業間の合併が増え、それにより更に多くの従業員が職を失った。一九九三年末に、レス・アスピン国防長官は、国防副長官のウィリアム・ペリー（一五年前にステルス機の開発を推進したあのペリー本人）に、主だった国防関連企業十数社の経営者との夕食会を設定させた。その夕食会の席上、ペリー副長官は全部の会社に十分な仕事を与えるだけの予算は、これからは期待できないと話した。現状では国防総省が維持できる二倍の数の国防関連企業があるので、合併するか破綻するかどちらかだと言ったのだ。冗談めいた表現が好きなマーチン・マリエッタ社の会長のノーマン・オーガスティンは、ペリー副長官の夕食会は「まるで最後の晩餐」の様だったと言っている。

オーガスティンはペリー副長官の発言の意味を理解した。一九九五年、マーチン・マリエッタ社は、すでにゼネラル・ダイナミックス社の軍用機部門を吸収していたロッキード社と合併し、新しくロッキード・マーチン社となった。ノースロップ社は一九九四年にグラマン社を買収し、ノースロップ・グラマン社となった。この航空宇宙産業の再編成の動きの中で、幾つかの会社がより規模が大きい同業他社に吸収されたが、生き残った内の二社が、ステルス機の製造会社であった事は偶然ではない。

　数が減った軍事企業が、少ない予算を獲得しようと激しい競争をするようになると、各社は自社の製品を民間向けに販売したいと思うようになった。しかし、刀や剣の製作から鋤や鎌の製作に転換するのは難しくないが、ステルス機やレーザー誘導爆弾の民間向けの用途を見つける事は難しい。オーガスティンは冗談めかして「民間に売ろうなどと馬鹿な事はした事はありません」と言い、それに続けて、「なぜロケット技術者は、練り歯磨きを売る事ができないのでしょう？　彼らは練り歯磨きの市場、研究開発方法、販売方法を知らないからです。それ以外の事なら何でもうまく出来るのですが」と話している。


　しかし、ステルス機は航空宇宙産業の不況を食い止めるのに少しは役立っていたし、冷戦が終結したので、軍はステルス機に関係する情報を少しずつ公開し始めた。スカンクワークスは、それまでは秘密の存在だったのが、一般の人々の注目を浴びる事になり、少し戸惑っていた。スカンクワークス流の仕事のやり方は、他の会社の管理者層の間で流行になった。スカンクワークスの責任者のベン・リッチは、スカンクワークスの先進的な航空機の開発の歴史を本に書き、ベストセラーになった。[訳注1] いくつもの会社が、自社の「スカンクワークス」を作ろうとした。スカンクワークスは、官僚主義的な手続きを廃止して、まだ内容がはっきりしないが先進的な開発計画を行う組織を意味する流行語となった。

　ロッキード社はステルス機のメーカーとしては、最初に有名になった会社だが、ノースロップ社はロッキード社以上にステルス機の恩恵を受けた会社かもしれない。ステルス機に取り組む事でノースロップ社は変化した。Ｂ‐２型機以前は、ノースロップ社は限られた狭い分野を手掛けるだけの、小規模な航空機メーカーに過ぎなかった。五〇年前のジャック・ノースロップのYB‐49全翼式爆撃機以後、大型の爆撃機を製造した事はなく、手掛けてきた戦闘機は小型で安価な、海外向けに設計された機体だった。B‐2型機によって、ノースロップ社は、生産面でも、計画管理面でも、最大級の航空機開発プロジェクトを担当できる大手企業になり、最新の世代のステルス機であるF‐22戦闘機、F‐35戦闘機、B‐21爆撃機などの開発で、競争に参加できる会社になった。

ステルス機によりノースロップ社は経営的に救われたと言えよう。一九八〇年代には、ノースロップ社は或る程度の受注量は確保していたが、F‐20戦闘機の受注に失敗したので、B‐2爆撃機でも競争に負けていたら、会社の経営は傾いていたかもしれない。冷戦の終結により、ノースロップ社はより大きな会社に買収されてもおかしくなかった。しかし、ステルス機によりグラマン社を買収できるまでになった。

そして一九九七年七月、ステルス機の二大メーカーであるロッキード・マーチン社とノースロップ・グラマン社は、合併しようとしている事を発表した。その後、司法省と国防総省は両社の合併を中止させたが、その理由としては、ステルス機の独占よりも電子機器の分野での独占を危惧した事が大きかったと思われる。合併が阻止された事で、ステルス機メーカー二社の間の競合関係が維持される事となった。

――――

その頃になると、ロッキード社でもノースロップ社でも、最初にステルス機開発に携わった人達のほとんどは、開発チームを離れてばらばらになっていた。社内で別の機種の仕事に変わった人もいるが、ほとんどは退職して会社を去っていた。デニス・オーバーホルザーは、何年も前にロッキード社を退社して、自分のコンサルタント会社を経営していた。ベン・リッチは一九九〇年一二月にスカンクワークスの責任者を辞め、アラン・ブラウンも翌年、スカンクワークスを辞めた。ノースロップ社では、キヌーは一九九二年に、キャッセンとワーランドは一九九三年に、ケネス・ミッツナーは一九九五年に退職した。キャッセンはオーストラリアに移住した。伝説となったキャッセンとワーランドの激しい口論がノースロップ社の設計室に響く事は無くなり、リッチの笑い声がロッキード社の廊下に流れる事は無くなった。その廊下さえ無くなってしまった。ロッキード社はスカンクワークスをエドワーズ空軍基地に近い、アンテロープバレーにあるパームデール市に移転させ、歴史あるバーバンク工場を閉じてしまった。

米国は、苦労して入手したステルス機開発の貴重な経験を失ってしまったのではないか、と心配している人もいる。ソ連邦が解体した現在では、ステルス機を緊急に必要とする事態の可能性は低くなったかもしれない。しかし、もし必要になった場合には、過去の知識、経験を取り戻す事は容易な事ではない。ロザンゼルス・タイムズ紙はステルス技術に関する「頭脳の枯渇」を危惧する記事を掲載した。その記事では、ステルス技術に関する知識は、理論的に完全に解明されてはいなくて、「神秘的な秘法」であり、若い技術者がステルス技術の基礎を勉強しても、それだけでは「キャッセンやリッチのような、経験に基づく実務的な知識」を会得できない、と述べている。それが正しいかどうかは別にして、ステルス機の世界にも世代交代の波が押し寄せている事は明らかだ。

こうした時代の変化の中で、ステルス機の評判が高くなると、昔から「成功すれば自分の手柄、失敗すれば他人のせい」と言われているように、ステルス技術を自分が発明したと言う人が多くなりそうだった。誰がステルス機を初めて考え出したかを確定する事は、並外れて個性的な人物たちが関係しているので難しい。強い個性を持つ人でなければ、ステルス機を実現できなかった。ステルス機のような、それまでとはかけ離れた冒険的な機体を実現するには、野心と自己主張の強さが必要なのだ。

一九七九年にロッキード社はステルス機に関する特許を出願し、一九九三年に承認された。出願者はシェラー、オーバーホルザー、ワトソンだった。特許の内容としては、「真空中または空気中を移動するための物体で、外形形状が主として平面の組み合わせで構成されている物を対象とする。外表面の平面要素あるいは平面パネルは、相手の受信機の方向へ反射される電波エネルギーが少なくなるような角度に設置する」となっている。それ以前は、航空機のレーダー反射断面積の減少を対象として出願された特許のほとんどは、外形形状ではなく、材料を対象とした特許で、十分な効果がある物はほとんどなかった。ロッキード社の出願した特許には、ロッキード社の設計手法の核心となる考え方が示されている。「物体の表面で丸みを帯びた部分は例外的かつ僅かであり、物体の表面形状は平面で構成される」と記述されていた。

ノースロップ社はB‐2型機が初飛行する少し前の一九八九年四月に、B‐2型機に関する特許を出願し、一九九一年に承認された。この特許の対象は、「航空機の外部意匠」、つまりB‐2型機の形状に限った内容だった。出願資料には説明文は無く、様々な角度から見たB‐2型機の外形図のみが入っていた。出願者はワーランド、キャッセン、キヌーの順に記載されていた（この順番を巡ってもキャッセンとワーランドの間で論争になった。キヌーはお手上げだとして、その論争には加わらなかった）。出願者にシェラーや空力設計者のハンス・グレルマンも加えたいと思う人もいたが、出願者を追加し始めると、どんどん多くなりそうな事がすぐに明らかになった。ノースロップ社の社内では、ワーランドを始めとして、オーシロをもっと評価すべきだと考える人もいた。総括責任者のキヌーの周囲でも、オーシロを特許出願者に入れなかった事に対する埋め合わせの意味で、彼を社内表彰しようとした人もいた。オーシロ自身が特許の出願者に入らなかった事をどう感じていたかは分からないが、彼は不満を漏らす人間ではなかった。彼は後に、ステルス機に関する彼の仕事についてのインタビューを受ける事も断り、表面に出ない事を選んだ。彼が設計に寄与したステルス機のように、オーシロは自分が目立たない事を選んだのだ。

特許権を譲り受けたのは、法人としてのロッキード社とノースロップ社だった。技術者達は、特許出願者もそれ以外の人も、個人として特許で巨額の収入を得る事は無かった。関係者の何名かは、その後、会社の上層部に昇進していったが、大半の人は、恵まれた待遇を受けてきた事に満足し、退職後は南カリフォルニアや北カリフォルニアの海岸に近い地域、オレゴン州やワシントン州の太平洋沿岸に移って行った。ほとんどの人が、退職後にはつつましやかな生活を送った事には驚かされる。ステルス機でお金を儲けたのは会社であって、関係した科学者や技術者個人ではなかったのだ。

もう一人、重要な役割を果たした人で、ほとんど注目されていない人がいる。一九八九年、ゴルバチョフがグラスノスチ（情報公開）政策を進めていた時期に、ピョートル・ウフィムツェフはストックホルムでの国際会議への出席を許された。その会議にはＵＣＬＡの工学部長のニック・アレクソポウロスが出席していた。アレクソポウロスは、ＵＣＬＡの卒業生でもあるジョン・キャッセンに電話をして「信じられないかもしれないが、ウフィムツェフがここに居るんだ！」と知らせた。キャッセンはその場でアレクソポウロスに、ウフィムツェフを米国に招待したいので、彼にそう伝えるよう頼んだ。キャッセンはノースロップ社などの航空宇宙関係の企業から、ウフィムツェフを米国に呼ぶための資金を提供してもらい、翌年、ウフィムツェフは長期有給休暇を貰って、電磁気学の講義をするためＵＣＬＡにやって来た。ウフィムツェフは、ステルス技術についてキャッセン、アラン・ブラウンと話をした際に、彼の理論が現実の航空機に適用された事を知って驚いた。その事を知った時、彼は「敵国が僕の理論を利用したんだ！」と叫んだとブラウンは言っている。それに続けて彼は「それにしても、誰かが利用してくれたんだ」と言ったとの事だ。

米国の科学者達は、ウフィムツェフは人間味の無い、生粋の共産主義者だろうと思っていた。しかし、ウフィムツェフは古風で魅力的な紳士であり、彼の科学に対する情熱の強さで周囲の科学者達に尊敬されるようになった。ウフィムツェフは南カリフォルニアが気に入り、妻と二人の子供を呼び寄せて住む事にした。彼は最初はロサンゼルスが好きになれなかった。「僕は、ここは都市だろうかと思った。ここは村であって、都市ではない。都市と言えばモスクワであり、オデッサも都市と言えるかもしれない。しかし、ロサンゼルスは大きな村にすぎない」と言っている。しかし、数年後には彼は考えを変えて「そう、ロサンゼルスは村だよ。でも素晴らしい村だ」と言うようになった。彼の家族も南カリフォルニアが好きになった。ソ連邦解体後の混乱で、彼が祖国に戻り研究生活を送れる見込みは無くなり、彼はロサンゼルスに残る事にした。ニューヨーク・タイムズ紙が、彼の理論がステルス機の実現に貢献した事を紹介すると、ロシアの保安機関がウフィムツェフが所属していた研究所にやってきて、彼の上司になぜ彼を海外に出したのか質問したとの事だ。

皮肉な事に、その後、ウフィムツェフはノースロップ社のB-2型機開発グループで働くようになった。

結び　ステルス機を実現できた秘密

　ＤＡＲＰＡがハーベイ計画の名前で敵に探知されない航空機の開発を始めてから五年後、米国では三機種のステルス機の設計図が出来上がっていた。それぞれが大きく異なった設計だった。角ばったＦ‐１１７戦闘機、ぼってりとして不格好なタシット・ブルー機、無駄を削ぎ落した外形のＢ‐２爆撃機の三機だ。

　なぜステルス機はこの時期に出現したのだろう？　なぜステルス性を実現しようとする目的は同じなのに、ロッキード社とノースロップ社はこのように大きく異なる設計にたどり着いたのだろう？　一般的には、一九七〇年代にデジタルコンピューターの性能が、ステルス機の設計に必要な計算ができる程度まで向上したからだと言われている。当時のロッキード社のコンピューターは、レーダー波の反射パターンを平面についてなら計算できた。それがハブ・ブルー機やＦ‐１１７型機が、平面を組み合わせた外形になった理由だと言うのだ。この説では、それ以後、より高性能なコンピューターが利用出来る様になったので、ノースロップ社はＢ‐２型機に曲面を使用したとしている。一九九一年にベン・リッチは「ノースロップ社のＢ‐２型機のような、曲面を使用したステルス機の設計で必要な、三次元的形状に対するレーダー波の反射パターンの計算は、その当時は不可能だった」と言っている。

この説では、ノースロップ社はそうした高性能のコンピューターを持っていて、それに使用して設計をしたと考えている。実際にはノースロップ社はそのような高性能のコンピューターを持っていなかったし、設計でもそうしたコンピューターを使用していなかった。ＸＳＴ機の競争では、平面を使用したロッキード社の設計案と同じ時期だったが、ノースロップ社の設計はすでに部分的だが曲面を使用していたし、その二年後に設計されたタシット・ブルー機は、曲面をもっと多く使用していた。ノースロップ社が曲面を使用したのは、ロッキード社より高性能のコンピューターを持っていたためではなく、むしろ、コンピューターへの依存度が低かったためである。

更に、ある会社が別の会社より、設計におけるコンピューターへの依存度が高かったと言うだけでは、大事な点を抜かしてしまう事になる。依存度に違いがあるにしても、それはなぜなのだろう？　その答えは、設計を主導した人たちの設計への考え方が違っていたためであり、設計分野間の力関係が異なっていたためである。また、その疑問に答える事で、なぜロッキード社が最初のステルス機の競争ではＦ‐１１７型機で勝利し、ノースロップ社は次の競争でＢ‐２爆撃機で勝利したかも説明できる。

ロッキード社がステルス機開発の第一ラウンドでＦ‐１１７型機で勝利したのは、単にあの伝説的なスカンクワークスが担当したからと言うより、むしろスカンクワークス内の反対を押し切ったからだった。従来からの、空力設計者が設計をリードすべきだとするスカンクワークス内の保守派の意見を押し切り、ロッキード社はレーダー技術を理解する若い技術者をリーダーに起用し、機体の設計ではコンピューターによる計算結果を重視した。レーダー反射特性を重視した結果、飛行安定性が悪くなったが、それを飛行可能にするため、飛行制御系統（操縦系統）にはフライバイワイヤ方式を採用した。ノースロップ社は空力設計者の発言力が強く、コンピューターの計算結果と、直感と粘土で考えた形を融合させる方針を採用した。フライバイワイヤ方式は採用せず、そのために競争に敗れた。しかし、その設計方針は良かったと考えたノースロップ社は、ステルス機の設計における曲面の使用方法を研究し、B‐2型機の勝利につなげた。端的に言えば、レーダー波反射特性と空気力学的特性を両立させた事が、ロッキード社が最初の競争で平面を利用したF‐117型機で勝利できた理由で、ノースロップ社が次の競争では曲面を使用したB‐2型機で勝利できたのも、同じくレーダー波反射特性と空気力学的特性を両立できたからだ。

この二度の競争の中間に、タシット・ブルー機の開発が行われた。この機体はほとんど忘れ去られ、その設計は次に利用される事は無かったように見える。実際にはタシット・ブルー機は、平面で構成されたF‐117型機と、全翼機のB‐2型機の間をつなぐ存在だった。B‐2型機が全翼機である事は、ジャック・ノースロップの全翼機への願望に影響されたためと言われるのは、根拠のない想像に過ぎない。実際の事情は、もっと興味深いものだ。ノースロップ社が最初のステルス機（XST）で提案した機体は、ロッキード社と同じく、ブレンデッド・ウイングボディの機体だった。次のタシット・ブルー機では、ノースロップ社は全翼機ではなく、通常の胴体、主翼、尾翼から構成されている形態を採用した。タシット・ブルー機に全翼機を提案したのは、ロッキード社だった。空軍の開発担当者は、その提案を見て、ノースロップ社に全翼機を勧めたのだ。つまり、ステルス機で全翼機の形状を採用するアイデアを最初に考えたのは、ノースロップ社ではなく、その競争相手のロッキード社だったのだ。

これらの二つの会社の間で、ステルス機の設計方針は幾つかの点で異なっていたが、共通点が一つあった。それは、設計室内に響く、激しい議論だった。ステルス機開発で得られた教訓の一つは、異なる視点の衝突が、技術革新を産む原動力となる事である。技術者はいつも冷静で理性的ではない。リチャード・シェラーはロッキード社のスカンクワークスの空力優先の保守派の技術者とやり合ったし、少し違った点はあるが、ノースロップ社でジョン・キャッセンがアーブ・ワーランドと論争をしたように、ステルス機の設計では、個々の設計者の間や、異なる設計分野の間の創造的な緊張関係が良い結果をもたらした。

両社には別の共通点もあった。機体を製造する現場が非常に重要であり、その現場を機能させるためには技術部門と生産部門が密接に連携しながら作業する必要があると考えた事だ。両社とも機体の製造でいろいろ苦い経験をし、ステルス機を設計して、図面やコンピューターの情報にする事も難しいが、それを実際の機体に作り上げる事には、別の種類の難しさが有る事を学んだ。特殊な材料を使用し、前例の無い高い精度の部品と組立を必要とするステルス機を、安定した品質で量産する事は、設計とはまた違う難しさがあるのだ。それが分かると、なぜF－117型機もB－2型機も機体の製造で様々な問題に直面し、米国以外の国では、米国でステルス機が完成してから一〇年後になっても、自国のステルス機を作るのに苦労しているかが理解できる。

最後に、この両社にはもう一つ、その所在地と言う分かりやすい共通点がある。両社の本拠地は南カリフォルニアにあり、三〇キロも離れていない。その事から、ステルス機の開発については、なぜその時期に開発が始まったかだけでなく、なぜその地域で始まったかも考える必要があるかもしれない。南カリフォルニアには多くの航空宇宙企業が存在していたが、南カリフォルニア以外の場所にも、ボーイング社、フェアチャイルド社、グラマン社、ゼネラル・ダイナミックス社、マクドネル・ダグラス社など、戦闘機や爆撃機を手掛ける大手企業がいくつもあった。しかし、どの会社もステルス機を作っていない。ステルス機がこの地域で作られた事は、創造的で枠にとらわれない南カリフォルニアの文化は何を実現できるかの実例であり、ここだから作れたと言えるかもしれない。

それでは、ノースロップ社エルセグンド工場のステルス機により、冷戦に勝利出来たのだろうか？　陽光あふれる南カリフォルニアのバーバンクやホーソンなどに位置する航空宇宙企業が、ソ連に対して、彼らが米国には技術的にも経済的にも対抗できず、彼らの防衛システムに致命的な欠点がある事を知らしめたから勝利できたのだろうか？　良く取り上げられるのが、一九八〇年代にレーガン大統領が提唱したミサイル防衛システムである戦略防衛構想（ＳＤＩ：Strategic Defense Initiative）だ。ＳＤＩは宇宙空間配備のレーザーや粒子ビーム兵器のような新しい指向性エネルギー兵器を投入する事により、ソ連をして、勝利が期待できないまま、経済的に対応できない高度技術（ハイテク）による軍拡競争に無理やり引き込んだと考える評論家もいる。

ステルス機はＳＤＩ以上の脅威をソ連に感じさせたかも知れない。何より、米国がＦ‐１１７型機やＢ‐２型機に投じた金額は、ＳＤＩに投じた二五〇億ドルのほぼ倍の金額である。また、ステルス機はＦ‐１１７型機が一九八三年に実戦配備されたが、ＳＤＩが実用化されるのは、早くてもそれより一〇年以上先と見込まれていた。ステルス機はソ連にとっては特に強い脅威だった。ソ連は昔から奇襲攻撃を恐れていて、数十年間に渡り、毎年数十億ルーブルを投じて大規模な防空システムを全土に張り巡らせていた。ソ連に与えた影響が分かる数字がある。一九五〇年代と一九六〇年代に大規模な防空網の構築を行った後、一九七〇年代は防空関連の予算の増加は抑えられていた。しかし、Ｆ‐１１７型機が実用化されると、ソ連は防空網の強化に乗り出し、新型のレーダー、地対空ミサイル、迎撃機を配備するために、防空関連の予算を、毎年八パーセントずつ増加させた。

しかし、なぜ冷戦が終結したかについては、単純な説明は出来ない。多くの要因が関与している。アフガニスタン侵攻、ポーランドの労働組合「連帯」の活動、原油価格の暴落、民族主義の台頭、ソ連経済の全般的不振など多くの要因が考えらえる。ステルス機そのものは、冷戦の終結に直接的な役割を果していないと思われるが、後に米国で「軍事における革命（ＲＭＡ：Revolution in Military Affairs）」と呼ばれるようになる、広い意味での「軍事と技術に関する革命」の一部として、ソ連に不安感を持たせる原因の一つになったと思われる。ソ連の軍事理論家達は、ステルス機と精密誘導兵器の組合せは、ソ連に対する重大な脅威であると感じた。ステルス機と精密誘導兵器の組合せは、ソ連の梯団攻撃戦術に対して、後方の部隊への攻撃を可能にする事で、その有効性を失わせると考えられた。また、ステルス機は、ソ連の軍事産業が在来型の兵器を大量に生産する事を指向しているのとは対照的に、急速な発展をしつつある高度技術（ハイテク）を利用して大きな効果を得ようとする考え方を象徴する存在だった。ソ連軍参謀総長のオガルコフ元帥は、ソ連邦の指導部に変革を訴え続けたが、その結果、参謀総長の地位を失った。

もちろん、ステルス機はそれほど革命的な存在だったか、と疑問に思う人もいるだろう。航空戦において、まず攻撃側が優位に立つと、次に防空側が盛り返すと言った、攻撃側と防御側の優勢と劣勢の変化が繰り返され続けて来た流れの一つの様にも思える。ステルス機の開発に要した時間は、他の革命的とされる多くの新兵器と同じく、とても短期間とは言えない。ステルス機は一九八〇年代のレーガン政権下における軍事力強化の産物のように見えるが、開発計画は一九七四年に開始され、フォード政権、カーター政権下でも努力が続けられた。

一九七〇年代は、しばしば閉塞感に支配された停滞期のように見なされる。ベトナム戦争やウォーターゲート事件により、国民の政府への信頼感が薄れ、米国の産業は西ヨーロッパや日本の企業との競争に脅かされていた。しかし、その同じ時期に、パーソナルコンピューター（パソコン）、家庭用電気製品、生物工学（バイオテクノロジー）関連製品などの新しいハイテク産業の出現により、米国の経済は活気を取り戻し始めていた。そのため、ステルス機に代表されるような米国の軍事技術の革新的進歩にとっても、一九七〇年代は重要な時期だった。特にベトナム戦争はステルス機の出現を促した。ベトナム軍のソ連製の防空システムが米軍機に対して優勢であった事の認識と、米軍の戦略検討グループが、米軍の問題点に対する技術的な解決策に力を入れた結果が、ステルス機の開発につながった。

また、ステルス機の発想の原点は、ステルス機が配備される三〇年以上前の一九五〇年代における、レーダー波吸収材料とレーダー波の反射理論の研究にまでさかのぼる事ができる。弾道ミサイルの場合は、一九二〇年代に液体燃料ロケットの実験が始められたが、弾道ミサイルが実現したのは一九五〇年代だったのと比べていただきたい。また、ステルス機の開発では、幾つかの点で昔に戻った所がある。技術者自身が手作業で回路基板の配線の変更作業を行い、昔の翼型を集めた資料から古い翼型を探し出し、全翼機を復活させている。

ステルス機により冷戦に勝利できたとする意見に反対する人もいる。冷戦を終わらせるどころか、ステルス機を開発する事で、軍拡競争を激化させ、世界を最終戦争すれすれまで追い込む事で、冷戦を長引かせたと言うのだ。こうした観点から言えば、冷戦では水爆、中性子爆弾、X線レーザーなどのような、人間を殺傷するより強力な手段を求めて、数兆ドルもの資金と、優秀な頭脳集団を無制限につぎ込んだとも言える。そうした見方からすれば、ステルス機も冷戦における軍備競争の一部分にすぎないとみなす事もできる。米国はステルス機の開発のために膨大な資金と人員を投入したが、それは全て、実際には起こらなかったソ連の西ヨーロッパへの侵略に対処するためだった。

この論理では、米国が予算の配分を間違えた事が、財政赤字を大きくしただけでなく、ハイテク産業分野を制覇し始めた日本や西ドイツなどに対して、米国の産業を著しく不利な状況に陥れた事になる。ステルス機から派生した技術が、ボーイング社の旅客機の炭素繊維複合材製の主翼などに利用されているが、そうした例を除けば派生技術が民生用に利用された例は少ない。ステルス機に費やされた五〇〇億ドルの費用は、教育や医療分野はもとより、電子工学分野とか分子生物学の分野に投資した方がずっと良かった事になる。もっと厳しい意見として、ステルス機、特にB‐2爆撃機は、数十億ドルの無駄遣いであり、批判を避けるために秘密にされ、地元の有権者を喜ばせるために開発が進められ、担当した会社に巨額の利益をもたらしただけで、軍事的には何の役にも立たなかったと言う人もいる。

しかし、ステルス機は革命的な役割を果たす可能性があった。核兵器の代替え手段として、核戦略の行き詰まりからの脱出手段となり得たかもしれないのだ。ソ連も米国も、軍事戦略立案者はステルス機と精密誘導兵器の組合せは、通常兵器を用いて正確な攻撃を確実にできるので、核兵器と同等の有効性があると考えた。ステルス機と精密誘導兵器により、通常爆弾で目標を破壊できるので、巨大な破壊力を持つ核爆弾を使用する必要が無くなる。端的に言えば、ある米国の戦略立案者が言ったように、ステルス機などの新技術は、核兵器を「大きすぎて無駄で不適切」にしてしまうだろう。

この軍事戦略の基本的な見直しは、広い支持を集められなかった。米国は核兵器に依存する戦略を止めるのではなく、ステルス機を含む新しい通常兵器を、核兵器を補う兵器として力を入れる事にした。B‐2爆撃機自体が、核攻撃用のステルス機であり、それまでの核戦略の考え方の根強さを示している。

だからと言って、ステルス機の開発が無意味だったと言う事にはならない。ステルス機は、米国の技術分野での優越性を示した事で、戦略的に大きな意味があった。ステルス機は軍事技術が大きく進歩した事を示す実例であり、湾岸戦争での活躍は世界を驚嘆させた。ステルス機、民生技術分野のパソコン、インターネット、携帯電話により、米国は経済面や軍事面において、競合する可能性のある他国に対して、米国の優越性を見せつけた。米国と競争しようとする国は、米国の新技術を開拓する無限とも思える能力に競争を挑むのか、それとも後塵を拝するのに甘んじるかどちらかを選ばねばならない。

米国が冷戦を戦ったのは、自由主義経済が社会主義国家の計画経済より優れている事を証明するためだったが、ステルス機の開発そのものは、自由な市場経済の産物と言うより、国と企業の大規模な共同作業の産物である。アイゼンハワー大統領はこの国と企業の一体化を、以前から感じていた。一九六一年の退任演説で、彼は「巨大な規模の永続的な軍事産業」の出現に対して警告を発している。陸軍元帥だったアイゼンハワーは、この軍事産業の巨大化を、国の私企業への危険な介入であり、私企業の利益の追求が国家の政策に影響するものとして、懸念を表したのだ。アイゼンハワーはこの国と企業の一体化を「軍産複合体」と呼んだ。これ以後、この言葉はアイゼンハワーが意図した通り、否定的な意味で受け取られる事になる。

最近の研究者は、軍産複合体が政府と民間企業の連携の受け皿の役割を果たし、技術革新を推進する原動力になるとして、より肯定的な見方をしている。「隠れた発展指向型国家（hidden developmental state）」、「起業家型国家（entrepreneurial state）」、「複合型技術革新（innovation hybrids）」などと呼ばれる政策は、ステルス機が開発されていた一九八〇年代前半に、日本がハイテク分野で米国をリードするのに貢献したとされる日本の通商産業省の政策と全く同じと言える。日本の通商産業省が消費者向け製品の技術開発を推進したのは当然だが、ステルス機は軍事力の向上を目的とし、民間分野での競争力向上はほとんど意識していなかった。しかし、後にハイテク社会の牽引車となるパソコンとインターネットは、ステルス機と同様に、国防総省の予算により民間が行ったコンピューター技術の研究から生まれている。

ステルス機は、企業と軍の連携、公的機関と民間企業の連携、米国の技術的優位への努力を象徴する存在である。技術的優位性を追求するために、将来性が不確実で、成果を得るまでに長い期間を必要とする研究開発に、多額の投資が行われた例がいくつもある。例えば、国防総省は一九五〇年代に、ミシガン大学のウイロー・ラン研究所とオハイオ州立大学のアンテナ研究所に対して、レーダー波の反射特性と反射断面積の研究に資金を提供している。これらの研究所の研究成果は、後のステルス機の開発のための理論的基礎として役立った。国防総省はその後、ノースロップ社のレーダー反射断面積の研究グループにも研究費を提供している。

ノースロップ社のレーダー理論研究グループには、ノースロップ社自身も最初は研究費を出している。技術革新が国家からの資金と民間の長期的展望に立つ研究開発活動の双方により実現した例の一つである。ノースロップ社の場合は、一九六〇年代初めには会社の経営者達は、レーダー波反射特性の研究の重要性について疑問を持っていた。経営者達にとって、レーダー波の反射の知識がどのように役立つのか、ステルス機のような革新的な機体につながるのか、予測できなかった。それでも、その研究に投資を続ける事にしたのだ。同様に、ロッキード社もステルス機の研究の初期には、会社の研究費で研究を行った。タシット・ブルー機やB‐2爆撃機に搭載されたステルス機用のレーダーを製作したヒューズ社は、ヒューズ奨学生制度を設けていた。この制度は、各地の大学で科学や工学の分野でより高い学位を取得したい社員を支援する制度で、奨学生は学位取得後にヒューズ社に戻る事は要求されず、自由に転職する事ができた。このヒューズ奨学生の中には、ノースロップ社のステルス機開発の中心的メンバーとなったジョン・キャッセンとケネス・ミッツナーもいる。

こうした民間企業と軍の連携、公的機関と私的機関の連携に当たっては、特定の個人が重要な役割を演じた事があった。ステルス機の開発は、会社の会長や軍の将軍が長期の戦略的な構想で始めたのではない。また、新技術を実際に使用する立場の兵士やパイロットが言い出した訳でもない。どちらと言えば、中間層に当たる技術者や開発を担当する管理職からの声により開発が始まった。こうした人達は、新技術を戦略や政策に利用可能にする事を任務とする人達であり、また、戦略や政策に必要とされた新技術の実用化を担当する人達でもある。ステルス機の開発に参加した人達は、政府側のＤＡＲＰＡ、国防技術研究開発担当国防次官（ＤＤＲ&Ｅ）、空軍も、民間側のロッキード社やノースロップ社も、政府側と民間側、軍と企業の間の開発担当者としての一体感はとても緊密だったと感じている。

開発を担当した中間層の人達から見ると、開発を完遂する過程は、技術者、物理学者、テストパイロット、現場の作業員などの数多くの無名の人達が、長い時間を掛けて技術開発に取り組み、個人的な事情を犠牲にして努力してきた過程とも言える。この本では、全員について触れる事はできなかったが、できるだけ多くの人々を紹介するように心掛けた。担当した人達はステルス機の実現に成功したが、そのためには、長時間の労働により家庭生活、健康、周囲との人間関係を犠牲にし、秘密を守る事を個人の権利より優先して努力を続けてきた。

従って、ステルス機の開発では、設計室での激しい議論や、試験飛行における危機一髪の事態など劇的な場面もあったが、開発の過程の大半は、感動的でも英雄的でもなく、地道な努力の積み重ねだった。開発作業のほとんどは、技術作業や試験を行っては、会議の実施、設計報告書の作成、説明会の開催を繰り返し、その間に人里離れた、粗末な宿舎しかないＲＡＴＳＣＡＴとかエリア51への出張が時々あるだけだった。一瞬の天才的なひらめきでステルス機が実現したのではない。実際、ロッキード社とノースロップ社の機体が、ステルス性を実現するために、異なる設計方針を採用した事は、誰が設計しても成功できる単純な方法は無い事を示している。ステルス機が戦略的に重要な意味を持ち、技術的に極めて難しかったが故に、多くの有能な人達が、開発を成功させるために、考えられないほど長い時間、懸命に働いた結果、ステルス機を実現させた。それこそがステルス機の真の秘密である。

この本の作成にご協力いただいた方々への謝辞

まず初めに、南カリフォルニア大学（ＵＳＣ）とハンチントン図書館が行う、カリフォルニア州を始めとするアメリカ西部における航空宇宙産業の歴史研究計画を一緒に立ち上げてくれた、ビル・デベレルとダン・ルイスに感謝したい。デベレルは私がＵＳＣに勤めるのに当たり力を貸してくれた。ルイスはハンチントン図書館で、資料を探すのを助けてくれた。南カリフォルニアにおける航空宇宙産業の歴史を記録に残そうと何年間も一緒に作業したが、二人のユーモアにはいつも楽しませてもらった。最初の資料を探す段階から、シャーマン・マリンは助言し手伝ってくれた。彼はまた、航空宇宙産業における仕事と生活の実態を詳しく教えてくれた。この産業史を研究しようとする我々の活動に、アメリカ国立科学財団、ノースロップ・グラマン財団、ロッキード・マーチン財団を始めとする、幾つかの財団に助成金を支給していただいた。しかし、この本の作成のための調査や執筆活動にはそうした助成金を使用していない事、ノースロップ・グラマン社とロッキード・マーチン社はこの本の内容に何の干渉もしていない事をはっきりと申し上げたい。

また、インタビューに応じていただいた方々に感謝している。非公式にお話を伺った方もあったが、多くの方には歴史的事実を口述で残すための公式のインタビューに応じていただき、中には何回もインタビューに応じていただいた方もある。インタビューさせていただいたのは、アンドリュー・ベーカー、アラン・ブラウン、ジョン・キャッセン、マルコム・キュリー、ケン・ダイソン、ウェルコ・ガシッチ、トーマス・ジョーンズ、レス・ジョンキー、ポール・カミンスキー、ラリー・キブル、ジェームス・キヌー、ケント・クレサ、ロバート・ロシュク、ハル・マニンガー、ケネス・ミッツナー、トム・モーゲンフェルド、シャーマン・マリン、ロバート・マーフィー、デニス・オーバーホルザー、ウィリアム・ペリー、マギー・リーバス、ケビン・ランブル、スティーブン・スミス、ピョートル・ウフィムツェフ、アーブ・ワーランドの各氏である。こうした口述の記録は、ハンチントン図書館の航空宇宙史研究計画の資料として保存されている。リチャード・シェラーには関連資料を提供していただき、質問に対して回答を電子メールで送っていただいた。アラン・ブラウンとアーブ・ワーランドにも資料を提供していただいた。アラン・ブラウン、ジョン・キャッセン、シャーマン・マリンは、本書の原稿の一部、又は全てに目を通して、修正が必要な個所を指摘していただいたが、この本の内容については全て私の責任である。ロバート・ロシュクにも技術的内容について教えていただいた。また、「ステルス機の開拓者の会」が、関係者の語った内容や担当作業の説明を保管されてきた事に感謝申し上げたい。

友人の歴史家のグレン・ブゴス、ルース・シュワルツ・コーワン、ジョン・ハイルブロン、ダン・ケブルス、ビル・レスリー、パトリック・マックレイ、ピーター・ニューシュル、ニック・ラスマンには助言と激励をいただいた。ボルカー・ジャンセンには、何名かとインタビューをしていただいた。トニー・チョン、レイン・カラファンティス、ミヒール・パンジャには原稿を見ていただき、貴重なご意見をいただいた。特に、ミヒール・パンジャとは親しくいろいろ話をさせていただき、南カリフォルニアの航空宇宙産業全般、特にステルス機関係については詳しく教えていただいた。

フーバー協会、スミソニアン協会のアメリカ航空宇宙博物館、ロナルド・レーガン大統領記念図書館の資料管理担当者の方々にはご協力いただいた。ハンチントン図書館では、ブルック・エンゲブレットソン、マリオ・エイナウディ、ブルック・ブラックには特にお世話になった。本書の中の写真については、ノースロップ・グラマン社のトニー・チョンとロッキード・マーチン社のメリッサ・ダルトンとケビン・ロバートソンに、またスクラッチ、トンプソン、ジェシカ・コンウェイにお世話になった。

私の出版代理人のアンドリュー・スチュワートには、私がこの本で書きたい内容を適切に表現する上で、賢明なる指導をしてもらった事に深く感謝している。オックスフォード大学出版局では、本書の執筆についてチモシー・ベントに通常の編集者の枠を超えるご指導をいただき、インディア・クーパーには文章の校正で、ジェリン・オーサンカには原稿を書籍に仕上げる際にお世話になった。

最後に、妻のメデーニアと子供のデーンとカーデンに、私の執筆を辛抱強く支援してくれた事に、重ねて感謝の意を表したい。

技術用語の解説

アスペクト比（縦横比）：主翼の翼幅と気流方向の長さ（翼弦長）の比。矩形翼では翼幅を翼弦長で割った値。矩形翼以外では、翼幅の二乗を翼の面積で割った値。

エルロン（補助翼）：航空機の主翼の後縁部についている舵面。左右の主翼で反対方向に動く。左右の主翼の揚力を同じでなくする事で、機体の横方向の傾き（ロール角）を制御するのに使用される。

エレベーター（昇降舵）：航空機の水平尾翼についている舵面。縦方向の姿勢（ピッチ角）を変えるために使用される。

エレボン（elevons）：三角翼機や全翼機の舵面で、エレベーターとエルロンの機能を兼ね備えた舵面（左右を同じ方向に動かせばエレベーター、逆に動かせばエルロンの役割をする）。

クラッター：レーダー画像における背景雑音。レーダー波が地表面、岩石、樹木、建造物などに反射する事で生じる。標的からの反射信号は、この背景雑音が大きいと、そこに埋没して識別が難しくなる。

スーパークリティカル翼型（超臨界翼型：supercritical airfoil）：飛行速度が音速に近くなった時に、抵抗の急激な増加が少ない翼型。

舵面（コントロールサーフェス）：航空機の主翼や尾翼についている舵面。エルロン（補助翼）、エレベーター（昇降舵）、ラダー（方向舵）が一般的で、機体の縦（ピッチ）、横（ロール）、偏揺れ（ヨー）方向の姿勢を変えるのに使用される。

チャイン：航空機の胴体から横に張り出した、ひれ状の部分。主翼の一部と見なせるが、主翼に比べると幅は狭い。

ピッチ角（縦揺れ角）：機体の左右軸回りの回転角で、機首の上下方向の角度の事。

平面形：機体を上から見た時の外形形状

ラダー（方向舵：rudder）：機体のヨー方向（機首の左右方向）の向きを制御する舵面。通常は垂直尾翼についている。

ロール角（バンク角）：機体の縦軸回りの回転角で、翼の左右方向の傾きの角度の事。

ヨー角（偏揺れ角）：機体の垂直軸回りの回転角で、機首を水平面内で左右に動かした時の角度の事。

翼型（翼断面形）：航空機の主翼や尾翼の断面形。その形状により翼を通過する気流の流れ方が変わるので、揚力や抗力も影響を受ける。

翼面荷重（wing loading）：機体重量を翼面積で割った値。

ECM（電子対抗手段：electronic countermeasures）：相手のレーダーによる探知を妨害する手法で、相手のレーダーを妨害したり、欺瞞したりするための電波を送信する事で行う。

MTI（移動目標探知指示装置：moving target indicator）：受信したレーダー反射波の周波数における、発信したレーダー波からのドップラー偏移分を利用して、静止目標と移動目標を区別できるレーダー装置。

ＰＩＯ（パイロット誘起振動：pilot-induced oscillation）：パイロットの操舵に対する機体の応答で、飛行制御コンピューターのフィードバック回路の増幅度が大きすぎる場合などに生じる機体の周期的な運動。ひどい時は機体が制御できなくなる（飛行制御コンピューターを使用しない場合でも、高速時など機体の操舵に対する応答性が敏感な時に、パイロットが正確に制御しようとしすぎると、操舵と機体応答の間の時間的ずれのために生じる事もある：訳者）

ＲＡＭ（レーダー波吸収材料：radar-absorbing material）：レーダー波を吸収して反射させない（又は弱くする）ために、機体の外面に使用される。グラファイトなどを含侵させたゴムやＦＲＰなどが用いられる。

ＲＣＳ（レーダー反射断面積：radar cross section）：レーダー画面上に機体が表示される際の、機体の像の信号の強さの程度を示す指標。機体の反射と同じ強さの反射をする金属（完全導体）の球の断面積の値で表される。単位は平方フィートや平方メートルが用いられる。レーダー反射断面積は、レーダー波の周波数、偏波、機体に当たるレーダー波の到来方向と入射角により変化する。

略語

ADP：ロッキード社の先進開発計画部門（Advanced Development Programs）。愛称はスカンクワークス

ARPA：高等研究計画局（Advanced Research Projects Agency）。DARPAの前身の機関

ATB：先進技術爆撃機（Advanced Technology Bomber）

DARPA：国防高等研究計画局（Defense Advanced Research Projects Agency）

DDR&E：国防省の国防研究技術部長（Director of Defense Research and Engineering）。後に担当国防次官の職になった。

ECM：電子対抗手段（Electronic Counter-Measures）

GFRP：ガラス繊維強化樹脂（Glass Fiber Reinforced Plastics）

IR&D：社内研究費（Independent R&D）

MIT：マサチューセッツ工科大学（Massachusetts Institute of Technology）

PIO：パイロット誘起振動（Pilot-Induced Oscillation）

RAM：レーダー波吸収材料（Radar-Absorbing Material）

RATSCAT：レーダー目標反射試験施設（Radar Target Scatter Site）

RMA：軍事のおける革命（Revolution in Military Affairs）

UCLA：カリフォルニア大学ロサンゼルス校（University of California, Los Angeles）

XST：生存性向上実験機（Experimental Survivable Testbed）

訳　注

はじめに

訳注1　Paul Kennedy『Engineering of Victory』（日本語訳は『第二次世界大戦　影の主役』、日本経済新聞出版社）に詳しく述べられている。

訳注2　ＳＰＯ：System Program Office、ＦＳＤ：Full-scale Development、ＰＤＲ：Preliminary Design Review、ＩＯＣ：Initial Operational Capability

第1章　ステルス性の発想の原点

訳注1　近接信管：砲弾から高周波の電波を周囲に発信し、戻って来る反射波の受信までの時間から相手までの距離を測定する。距離が設定された値になったら、砲弾を爆発させる。対空砲火に利用する場合は、航空機を直撃しなくても、近くて爆発すれば破片で相手の機体に損害を与える事ができるので、損害を与える確率は格段に向上する。

訳注2　ＮＡＴＯの識別名称（コードネーム）：ソ連製のミサイルにはソ連側の名称があるが、西側では分かりやすくするために、西側としての名称を決めている。空対空ミサイルはＡＡ、空対地ミサイルはＡＳ、地対空ミサイルはＳＡを頭にして、続き番号を設定している。ＳＡ - ２ミサイルの場合、ソ連側の名前はＳ - 75である。

訳注3　陸軍航空隊は、一九四七年に空軍として独立した。

第3章　ステルス機の構想の始まり

訳注1　スプートニク：一九五七年にソ連が打ち上げた世界初の人工衛星。米国は全く予想していなかったので、ソ連のロケット技術の高さにショックを受けた。人工衛星打ち上げが可能なロケットは、そのまま大陸間弾道弾に転用できるので、米国は自国の大陸間弾道弾の開発と、ソ連のロケット開発や配備の状況の把握に必死になった。

訳注2　ロッキード社はU‐2偵察機でも同様にして、途中から割り込んでベル社から仕事を奪っている。

第4章　ロッキード社の設計案　折り紙細工のような機体

訳注1　マルコム・ロッキードは一九一八年に自動車の油圧式ブレーキを発明し、特許を取得している。それまで自動車のブレーキは機械式だった。自動車の技術に大きな貢献をした。

訳注2　日本でも全日空のL‐1011トライスター機の導入に関連して、田中元総理などの政治家、全日空、丸紅などの会社の役員が逮捕されたロッキード事件として有名。

訳注3　日本ではゼロ戦の堀越次郎、飛燕の土井武夫はジョンソンより一年前の一九〇三年に生まれ、一九二七年に東京大学航空学科を卒業して企業に入り設計者になっている。日本も米国と同じ時期に航空機設計者の教育、育成が始まっていた事になる。

訳注4　DARPAは開発費の34パーセントを負担し、空軍と担当会社の各33パーセントより多く負担することで、計画の主導的立場を確保した。

訳注5　ジョンソンは後にF‐117型機の国防総省に対する説明会に、スカンクワークスの一員として参加している。ジョンソンは良く考えた結果、F‐117型機の設計が優れている事を認めたと思われる。彼は自分の第一印象を大事にするが、いつまでもそれにとらわれる頑迷な人物ではなかった。

第5章　ノースロップ社の設計案　理論とイメージの融合

訳注1　ＧＩビル：米国で一九四四年に成立した退役軍人援助法により、戦争から復員した若者に対して奨学金が支給される制度。二百万人が給付を受けたとされる。

第6章　レーダー反射試験場での対決

訳注1　兵庫県の面積（八三九六平方キロメートル）よりやや小さい程度である。

第7章　ハブ・ブルー機とＦ‐１１７型機

訳注1　ＰＩＯ：ＰＩＯはコンピューターが制御に関係していない機体でも生じる。低空を高速で飛行する場合のように、操舵に対して機体が敏感に応答する状況で、パイロットが姿勢を精密に制御しようとする場合、機体の動きに対する修正量が大きく、しかもタイミングが遅いと、機体が予想していたより大きく動くので、それを修正しようとして更に大きな修正操舵をする事を繰り返す事がある。そうすると機体は希望する姿勢を中心に姿勢の変化を続け、ひどい場合は運動が発散して機体を破損する。ＰＩＯは縦操縦だけでなく、横操縦で起こる事もある。

訳注2　エレボン：通常の主翼と尾翼を持つ機体では、機体の横の傾きは主翼の補助翼（エルロン）を、機首の上下は水平尾翼の昇降舵（エレベーター）を動かして制御する事が多い。ハブ・ブルー機は水平尾翼が無いので、主翼の後縁の舵面を、左右同じ方向に動かして機首の上下を、左右を反対に動かして横の傾きを制御する。エルロンとエレベーターを合わせた機能を持つこの舵面はエレボンと呼ばれる。

訳注3　エアデーター：大気に関連する諸元。気圧（静圧）、ピトー圧（総圧）、気温、横滑り角、迎角など。エアデーターから航空機が飛行している周囲の大気の状態や、大気に対する機体の運動状態（高度、速度など）が分かる。

訳注4　保全適格証：国家の秘密に指定された情報、機材などを扱う仕事に従事する人間には、その取扱い資格を審査し、許可されれば保全適格証が交付される。許可されなかった人は、その業務に従事する事はできない。日本でも同様の制度がある。保全適格証の交付を受けるには、当然ながら、秘密を他に明かさないなどを誓約する必要がある。

第8章　秘密保持と軍事戦略への影響

訳注1　人類終末兵器：英語ではDoomsday Machine。核兵器保有国が敵国から攻撃を受けて、自国が滅亡しそうになった時、保有している大型の核兵器を自国内で爆発させる事で、人類全体を滅亡させようとする場合の、大型の核兵器の事。ある意味、核戦争の抑止になると思われるが、実際に使用する事は無意味としか言いようがない。

第9章　もう一つのステルス機「タシット・ブルー」

訳注1　揚抗比：揚力（L: lift）と抗力（D: drag）の比（L／D）の値の事。機体の空力的な洗練度を表す指数である。エンジンが止まった時に滑空すると、滑空距離と低下高度の比はL／Dの値と同じ値になる。一般的な旅客機では二〇弱程度が多い。抗力の内容は、形から決まる形状抵抗と、揚力の発生に伴う誘導抵抗に分かれるが、翼を平面で構成すると形が良くないので、形状抵抗が曲面の滑らかな翼より大きくなる。そのため、平面で構成した主翼を用いる機体は形状抵抗が大きくなり、結局は揚抗比が小さくなる。

訳注2　E‐8ジョントスターズ：ボーイング707旅客機をグラマン社が改造した機体。大型機で、機内スペースが大きいので、レーダー信号を機内で処理する事が可能で、その情報を基に地上部隊や対地攻撃機を管制する管制官も搭乗できる。一七機が調達された。

第10章　Ｂ‐２爆撃機を巡る平面対曲面の争い

訳注１　空軍の軽量戦闘機（ＬＷＦ）の開発競争で、ノースロップ社はＹＦ‐17戦闘機で挑戦したが、ＧＤ社のＹＦ‐16戦闘機に敗れた。ノースロップ社はＹＦ‐17戦闘機を基にした戦闘機を海軍用に提案した。海軍はノースロップ社は空母機の経験が無かったので、マクドネル・ダグラス社を主契約者、ノースロップ社を従契約者にしてＦ‐18戦闘機として採用した。ノースロップ社はＦ‐18戦闘機の生産の一部を担当する事になった。輸出用のＦ‐18Ｌ戦闘機では、どちらの会社が主契約会社になるかについて、両社で紛争になった。結局、Ｆ‐18戦闘機をマクドネル・ダグラス社が主契約会社となって、カナダなど数か国に輸出している。

第11章　Ｂ‐２爆撃機の製作

訳注１　翼面荷重：戦闘機は空中戦で大きなＧを掛けて旋回する場合などには、主翼が大きな揚力を発生する事が必要である。そのため、機動性を重視した機体（Ｆ‐15やＦ‐22など）では翼面荷重は旅客機ほど大きくない。例えば、９Ｇを掛けて旋回する場合には、主翼は機体重量の９倍の揚力を発生する必要がある。

訳注２　Ｂ‐２型機は最終的には主翼面積は四七八平方メートル、最大離陸重量は一五二・二トンになったので、翼面荷重の最大値は三一八kg／㎡である。

訳注３　舵面の作動速度：パイロットが操作した時、舵面がすぐに動いて、機体が反応してくれる事が、正確な操縦を行う上では望ましい。舵面の動く速度が遅いと、機体の応答が遅れ、ＰＩＯを起こす原因になる。油圧で舵面を動かす場合、様々な条件下で、舵面を所定の速度で動かせるよう、油圧系統の設計には注意が必要である。

訳注４　実際にＢ‐２型機を着陸させて見ると、接地の際の引き起こしは不要だった。進入時の姿勢を保って接地させると、地面効果で接地の際の降下率は小さくなり、穏やかな接地になる事が分かった。通常の機体のように、引き起こしをすると接地位置が前に伸びるようである。

第12章　秘密だった機体が脚光を浴びる

訳注1　その後、二〇一一年と二〇一七年にはリビアへの爆撃に使用されている。

訳注2　「Skunk Works: A Personal Memoir of My Years at Lockheed」（一九九四年　Little, Brown and Company社発行）日本では翻訳されて「ステルス戦闘機　スカンクワークスの秘密」の題名で一九九七年に発行されている。

訳者あとがき

第二次大戦では航空機や艦艇の探知、測距などのためにレーダーが使用され始めました。第二次大戦を終わらせたのは原子爆弾ですが、勝利をもたらしたのはレーダーだと言われるほど、レーダーは戦場において大きな役割を果たしました。戦場では戦闘情報の把握が必須ですが、目視、音響、赤外線などの方法は、様々な制約が多く、測距や精度の確保が困難だったりします。それに対して、レーダーは全天候性があり、目標の方位に加え、距離や高度の測定も可能なので、現在では探知装置の主力となっています。また、レーダーは、民間用として、航空管制、気象観測、天文学、自動車の安全運転補助（そして自動車の速度違反の判定にも！）などに広く使用されるようになりました。

戦場におけるレーダーの役割が大きくなると、それに対抗する手段も出現します。電波的に妨害したり、欺瞞したりする方法がすでに第二次大戦中に用いられました。また、潜水艦のシュノーケル吸気口を電波吸収材で覆い、レーダー波を吸収して反射させない方法も使用されましたが、航空機には厚さが過大なため採用できませんでした。

第二次大戦後、防空側の能力が、レーダー照準の高射砲や、レーダー誘導の対空ミサイルで向上すると、攻撃側の航空機も、レーダー探知対策が必要となり、ＥＣＭやチャフが用いられました。しかし、防御側も対抗策を講じるので、決定的な防衛方法には成りませんでした。ステルス性の重要さは認識されていましたが、ステルス性だけでレーダーに探知され撃墜されるのを防ぐには、ＲＣＳを通常の機体の一万分の一程度に減らす事が必要なので、とても不可能だと考えられていました。

それでも、米国ではソ連との冷戦を行なっていたので、ソ連の軍事力に対抗するために、レーダーによる探知を避けつつ攻撃する能力を持つ事で、ソ連軍に脅威を与えたいとする考えは続いており、ステルス性の実現が可能ではないかと考える人達が出てきました。米国は第二次大戦中、レーダーの開発や研究に、大学、研究所も参加して実用化を急ぐと共に、理論面でも研究を進めてきました。戦後もレーダーの機能、性能の向上と平行して、理論的な研究も進めて来ました。そのような状況の中で、米空軍の先端技術担当部門は、ステルス性の飛躍的向上の可能性に注目しました。その結果はＦ‐１１７戦闘機として具現化し、ステルス機の有効性を実証しました。続いてＢ‐２爆撃機、Ｆ‐22戦闘機、Ｆ‐35戦闘機が実用化されました。日本でもＦ‐35戦闘機が導入されましたし、これから国際共同開発される次期戦闘機にもステルス性は取り入れられると思われます。ロシア、中国でもステルス戦闘機が作られています。

この本は、当初は実現困難と考えられたステルス機が実現するまでの過程を描いたものです。作者のウェストウィックは一九六七年にカリフォルニア州サンタバーバラに生まれ、物理学の学士号を取得した後、歴史学の博士号を取得しています。理系の素養のある歴史家として、科学や産業の歴史に興味があるようで、何冊かの本の著述や編集を行っています。サーフィンの愛好家で、共著でサーフィンの歴史も書いています。彼そんなウェストウィックなので、カリフォルニアの航空産業史を研究するのには適した人物と言えます。彼は軍、民の多くの関係者へのインタビューを行い、その結果、ステルス機の開発史に興味を持ち、この本を執筆しています。関係者から直接話を聞けた事で、貴重な情報を得る事ができました。もちろん、ステルス性の詳細な実態、技術的内容の詳細は秘密になっていますので、この本でもそこまでは踏み込んでいません。しかし、開発の過程をたどる事で、設計の考え方は推測する事が出来、また、秘密を守るための厳しい制約の中で、設計者を始めとする関係者達がいかに苦労しながら、開発に取り組んだかが、具体的に詳しく理解できます。

しかし、この本を読むと、それぞれの技術者の力だけで、開発が成功するわけではなく、次の条件が必要だった事が分かります。開発を成功させるには、

一、技術的に難しい開発に対して意欲的な姿勢の企業である事
二、綜合的に様々な技術の蓄積があり、それを利用できる人材が存在する事
三、開発に対して、社内の各部門の能力を結集できる事
四、適切な開発担当者を会社の上層部が選び出し、信頼して経営資源を投入して開発を推進させる事
五、顧客が適切な要求を出し、開発を適度に管理しつつ、開発する企業に協力していく事

米国には優れた技術を持ち、立派な実績を上げてきた航空機メーカーが数多くありましたが、ステルス機に関しては、これらの条件のどれかを欠いた企業はステルス機を実現できず、ステルス機の開発では取り残されました。米国でも開発が開始されたにもかかわらず、途中で行き詰まって中止されてしまった例もあり、新しい技術を適用する、先端的な航空機の開発はいかに難しいかをうかがい知る事ができます。

開発を成功させるのには様々な条件はありますが、それでも最大の原動力は、アイデアを実現するために

奮闘する技術者と言えるでしょう。この本では、個性豊かな設計者達の苦闘が描かれていますが、それは日本でも製品開発を担当されている方々に共通するのではないでしょうか。

驚くのは中心的な設計技術者が、自分が中心となって機体をまとめた事のない、若い技術者ばかりで、それも社外から来た技術者や、航空機設計技術者ではなく、レーダー技術者だったりした事です。ロッキード社のシェラーも、ノースロップ社のキャッセンも、担当分野では優秀でも、自分で機体をまとめ上げた経験はなく、そうした訓練も受けていませんでした。どのようにして会社の上層部は、未経験の技術者の可能性を見抜き、彼等を信じて手腕を振るわせる事にして、そこに会社の経営資源を投入したのでしょう。それを決断した会社の上層部の見識と勇気には敬意しかありません。

ステルス機はRCSを一万分の一にまで小さくする事が必要なだけに、基本的なアイデアが正しい事はまず必要ですが、それだけでは実現しません。細部にいたるまで、細かな配慮が必要で、それを実現させる担当の設計者達の技量が要求されます。あらゆる突起物は許されませんし、外面上の段差、隙間も最小にする事が必要で、細部にこだわった設計が必要です。機体の製作においても、部品も組立作業も高い精度が必要です。実用機にするには、生産設計を熟知している設計技術者が多数必要となります。基本設計だけでは航空機は実現しません。数十万点の部品一つひとつを丁寧に設計する事により、コストを抑えながら、実用機としての機能、性能、安全性、耐久性が成立するのです。また、設計図面から実際に機体を製作する際には、高い技術を持つ生産技術者と現場の作業員が必要です。熟練した技術者や作業員の社外からの確保が日本より有利な米国でさえ、秘密保持を要求される条件下で、多数の要員を確保する事には苦労しています。いずれにせよ、ステルス機を現実に製作するには、会社としての総合的な力量と、設備、人員に対する投資が必要になります。

この本は、設計の担当者だけではなく、彼等を抜擢し、経営資源を投入してきた経営者達の物語でもあります。いつ実現するか分からない技術開発に向けて、人材を確保して技術の蓄積を行ない、不確定性の高い開発に、人、物、金をつぎ込む決断は容易な事ではありません。かと言って、保守的な姿勢では競争に敗れてしまいます。社運をかけて成功した経営者達には賛辞しかありませんが、苦渋の決断をしながら成功せずに衰退した会社にも同情を感じてしまいます。

革新的な航空機を設計する時、基本的なアイデアはあるにしても、前例のない機体に設計者は悩んだはずです。設計について考えて考え抜いた時に、設計者はこれしかないと、「腹をくくる」境地に達したのではないでしょうか。だから、ロッキード社のシェラーも、ノースロップ社のキャッセンやワーランドも、激しい議論をしながら、周囲から何と言われても、自分の考えを貫き通し、上司もそれを認めてくれたのではないでしょうか。独断的や頑迷である事と紙一重かもしれませんが、それくらい思いつめないと、新しい技術革新は実現しないのかもしれません。課題を与えられ、挑戦し、解決する事は技術者にとって生きがいであり、だからこそ開発に参加した人達は、自分の生活を犠牲にしてまでも仕事に打ち込んだのでしょう。

また、開発では技術的なアイデアを推進する人材が不可欠ですが、細部設計の段階では数百人、数千人の設計チームが必要になります。設計を現実の機体にするには、生産技術、製造現場、品質保証、資材調達などの関係者との連携が必要ですが、それだけではありません。開発を進めて行けば、様々な思いがけない事態が生じ、技術的、日程的、コスト的、更には工作上や資材調達でも問題が出てきます。それに対処する設計チームのリーダーには、広い視野を持つ技術的リーダー（開発計画管理者）が必要です。この開発計画を管理する技術者は、基本設計とは別の素質が必要で、基本的な設計コンセプトを追及する設計者の意向を組みながら、問題の解決方法について社内、社外の関係者の理解を得つつ、開発を進めて行ける判断力、理解力、調整力を持つと共に、リーダーシップを発揮できる事が必要です。この本では、大規模開発に於ける計画管理担当の技術リーダーの役割にも注目していただきたいと思います。

技術部門だけでなく、生産技術、製造現場も新しい技術に挑戦が必要でした。ノースロップ社はステルス機で必要な高い精度の外形形状を実現するために、ＣＡＤ／ＣＡＭシステムを新しく開発しました。それまでの石膏型や現図のアナログの製造方法から、デジタル技術による製造方法への転換が必要だったのです。

この本では、新しいアイデアを実現するのに、南カリフォルニアの風土、文化も貢献しているのではないかとしています。余談ですが、訳者も以前、ロサンゼルスのバーバンクにあるロッキード社（現在はジョージア州に移転）を訪問した事があります。スカンクワークスの建物の横も通りましたが、当然ながら見学は出来ませんでした。その際に、カリフォルニアの湿気の少ない、温暖な気候に、ここは天才的な構想が生まれそうな土地だと感じました。風土、文化が全てではありませんが、何らかの影響は有り得るかもしれません。日本は別の風土、文化なので、それを認識し、対応を考える事も良いかもしれません。

航空機の開発は、設計者、それを支える会社の意思決定を担う方々、生産を担当する部門、顧客など関係する全ての方々の力により実現します。航空機に限らず、製品開発に関係されている方々に、この本が参考になり、勇気を与える事になれば翻訳担当として幸いです。

や・ら行

わ行

英字

ま行

た行

な行

は行

さ行

索　引

あ行

か行

◉著者紹介

ピーター・ウェストウィック（Peter Westwick）

南カリフォルニア大学（USC）の歴史学のリサーチ教授（訳者注：research professorは助教授に相当するらしい）で、ハンチントン図書館とUSCの米国西部における航空宇宙関連の歴史研究計画の責任者。

何冊かの本の著者、編者であり、著書の『Into the Black; JPL and the American Space Program, 1976-2004』はA.I.A.A.（アメリカ航空宇宙学会）と米国宇宙航行学会（American Astronautical Society）の出版賞（book prizes）を受賞している。

◉訳者略歴

高田　剛（たかだ つよし）

1944年中国東北地区（旧満州国）生まれ。

名古屋大学工学部、同大学院（修士課程）で航空工学を専攻。

1968年川崎重工業㈱に入社。設計部門を主に、飛行試験部門での技術業務も経験（約890時間の試験飛行に従事）。設計部門では対潜哨戒機、輸送機などを担当。救難飛行艇の開発にも参加。子会社で航空機の製造にも関与。

趣味はグライダーの飛行と整備。自家用操縦士、操縦教育証明、整備士、耐空検査員。飛行時間は約1,100時間。

訳書『月着陸船開発物語』

　　『史上最高の航空機設計者 ケリー・ジョンソン 自らの人生を語る』

　　『点火！ 液体燃料ロケット推進剤の開発秘話』

　　（以上プレアデス出版）

ステルス
ステルス機誕生の秘密

2023年7月7日　第1版第1刷発行

著　者　ピーター・ウェストウィック
訳　者　高田　剛
発行者　麻畑　仁
組版・装丁　松岡　徹
印刷所　亜細亜印刷株式会社
製本所　株式会社渋谷文泉閣

発行所　㈲プレアデス出版
〒399-8301　長野県安曇野市穂高有明7345-187
TEL 0263-31-5023　FAX 0263-31-5024
http://www.pleiades-publishing.co.jp

落丁・乱丁本はお取り替えいたします。定価はカバーに表示してあります。

ISBN978-4-910612-08-9　C0098　　Printed in Japan